U0851775

高等职业教育人工智能与大数据专业群人才培养系列教材

Python 程序设计及应用

胡兴铭　刘　珍◎主　编
王明超　侯红梅　曾安斌◎副主编

中国铁道出版社有限公司
CHINA RAILWAY PUBLISHING HOUSE CO., LTD.

内 容 简 介

本书基于 Python 3.11 版本，系统地介绍了 Python 程序设计相关基础知识与实战项目开发。全书以案例教学为导向，以培养读者能力为宗旨，理论结合实际，帮助读者能轻松掌握 Python 程序设计相关内容。

全书共 14 章，包括 Python 概述、Python 基本语法、条件控制结构、字符串、循环结构、列表和元组、字典和集合、函数、模块和包、异常处理、文件操作、面向对象编程、多进程和多线程、网络编程。

本书案例丰富，以项目为引导，内容组织合理，配套资源丰富，适合作为高等职业院校 Python 程序设计相关课程的教材，也可作为中等职业院校及技工技师院校 Python 程序设计相关课程的教材，还可作为计算机相关技术爱好者的自学参考书。

图书在版编目（CIP）数据

Python程序设计及应用/胡兴铭,刘珍主编.—北京：中国铁道出版社有限公司，2024.8
高等职业教育人工智能与大数据专业群人才培养系列教材
ISBN 978-7-113-30684-7

Ⅰ.①P… Ⅱ.①胡… ②刘… Ⅲ.①软件工具-程序设计-高等职业教育-教材 Ⅳ.①TP311.561

中国国家版本馆CIP数据核字（2023）第216821号

书　　名：Python 程序设计及应用
作　　者：胡兴铭　刘　珍

策　　划：翟玉峰　　**编辑部电话**：（010）51873135
责任编辑：谢世博
编辑助理：史雨薇
封面设计：刘　莎
责任校对：苗　丹
责任印制：樊启鹏

出版发行：中国铁道出版社有限公司（100054，北京市西城区右安门西街 8 号）
网　　址：https://www.tdpress.com/51eds/
印　　刷：东港股份有限公司
版　　次：2024 年 8 月第 1 版　2024 年 8 月第 1 次印刷
开　　本：787 mm×1 092 mm 1/16　**印张**：21.25　**字数**：565 千
书　　号：ISBN 978-7-113-30684-7
定　　价：59.00 元

高等职业教育人工智能与大数据专业群人才培养系列教材

编审委员会

前　言

Python 语言是当今最流行的面向对象编程语言之一，在网络爬虫、科学计算、数据处理和人工智能等诸多领域得到广泛的运用。Python 是一种解释型、面向对象、动态数据类型的高级程序设计语言，其语法简洁、功能强大、易学易用、代码可读性强，其编程模式非常符合人类思维方式和习惯，在众多高级语言中拥有十分出色的编写效率。Python 是一种跨平台的计算机程序设计语言，支持命令式编程、函数式编程，完全支持面向对象程序设计。它拥有大量功能强大的内置对象、标准库和扩展库，使得各领域的科研人员、策划人员甚至管理人员能够快速实现和验证自己的思路与创意。随着版本的不断更新和新功能的添加，Python 语言越来越多地被应用于独立的、大型项目的开发。本书在内容组织上深入浅出、图文并茂、精心设计了大量案例。本书具有如下特点：

1. 案例丰富、项目引导

本书选取了大量案例，均来源于实际开发项目，注重理论与实际相结合，体现“教学做一体化”的思想，方便读者快速上手，注重培养读者的实操能力。

2. 内容组织合理

本书内容按照由浅入深的顺序编排，课程内容丰富，涵盖 Python 概述、Python 基本语法、条件控制结构、字符串、循环结构、列表和元组、字典和集合、函数、模块和包、异常处理、文件操作、面向对象编程、多进程和多线程、网络编程等相关知识点，使读者循序渐进掌握 Python 程序设计。

3. 教学资源丰富

本书配套备有丰富的教学资源，包括课后习题答案和源代码等，读者可登录中国铁道出版社教育资源数字化平台 https://www.tdpress.com/51eds/ 免费获取相关资源。

本书由深圳鹏城技师学院胡兴铭、刘珍任主编，由深圳鹏城技师学院王明超、四川工商学院侯红梅、中慧云启科技集团有限公司曾安斌任副主编。

由于编者水平有限，书中难免存在疏漏和不足之处，敬请读者批评指正。

编　者

2024 年 4 月

目录

第 1 章

Python 概述

本章导学：

Python 是一种高级编程语言，它具有简单、易读、易学等特点，在数据科学、人工智能、Web 开发、游戏开发等领域得到了广泛的应用。例如，在 Web 开发中使用 Python 框架（如 Django 或 Flask）可以快速搭建简洁、易用的 Web 应用。Python 可以与其他语言（如 C、C++）进行无缝集成，这使得开发者可以利用其他语言的高效性能和底层功能，同时仍然享受 Python 的简洁和易用性。例如，科学计算库 SciPy 和机器学习库 Scikit-learn 就是在 Python 基础上构建的，利用了其他语言的底层优势。Python 的优势包括简洁易读的语法、丰富的库和第三方包、大型社区支持，具有跨平台性及可扩展性。这些优势使得 Python 成为一个广泛应用于科学计算、数据分析、Web 开发、人工智能等领域的强大编程语言。本章主要讲解 Python 语言的特点、运行环境安装、Python 开发工具、Python 编码规范。

学习目标：

- 了解 Python 的发展历史。
- 了解 Python 的应用领域。
- 掌握 Python 的运行环境的安装。
- 掌握 Python 开发工具的使用。
- 了解 Python 的编程规范。

1.1 认识 Python

1.1.1 Python 定义

1989 年 12 月，Guido van Rossum 决定开发一门新的解释型程序语言，作为 ABC 语言的替代品。ABC 语言是由荷兰的 CWI（荷兰语名为 Centrum Wiskunde & Informatica，国家数学与计算机科学研究所）开发的，Guido 在 CWI 工作并参与了 ABC 语言的开发。尽管 ABC 语言具有良好的可读性和易用性，但未能流行起来。Guido 决定开发一门名为 Python 的新语言，取名来自他喜爱的电视剧 *Monty Python's Flying Circus*（20 世纪 60—70 年代 BBC 播放的室内情景幽默剧）。他希望 Python 能够实现他的理念，即一种介于 C 语言和 Shell 之间、功能全面、易学易用、可扩展的语言。

Python 是一门解释型语言，这意味着计算机不能直接识别 Python 代码，而需要将其翻译成计算机可以执行的机器语言。为了实现这一目的，Python 使用了解释器。与编译型语言不同，解释型语言的代码不会在运行之前进行预先编译。相反，Python 代码以文本的形式存储，并且在运行时逐行解释执行。这意味着在运行 Python 程序时，解释器会逐行读取代码，并将其翻译成机器语言并立即执行。相对于编译型语言，解释型语言的优点是更加灵活和易于调试。由于代码不需要预先编译，开发人员可以更快速地进行开发和测试。此外，解释型语言还具有更好的跨平台特性,因为解释器可以在不同的操作系统上运行。然而,解释型语言的执行速度通常较慢，因为每次运行程序都需要将代码解释成机器语言。这与编译型语言在运行之前已经将代码转换成机器语言的方式不同。尽管如此，Python 通过使用解释器和一些优化技术，在性能方面也取得了很大的改进。

总之，Python 作为一门解释型语言，不需要预先编译，代码以文本形式存储，并且在运行时逐行解释执行。这使得 Python 具有更高的灵活性和可调试性，但可能会牺牲一些执行速度。

1.1.2 Python 版本

Python 经历了的发展历程和版本信息见表 1-1。

表 1-1 Python 版本

发布版本	源自	年份	所有者	GPL 兼容
0.9.0 至 1.2		1991—1995 年	CWI	是
1.3 至 1.5.2	1.2	1995—1999 年	CNRI	是
1.6	1.5.2	2000 年	CNRI	否
2.0	1.6	2000 年	BeOpen.com	否
1.6.1	1.6	2001 年	CNRI	否
2.1	2.0+1.6.1	2001 年	PSF	否
2.0.1	2.0+1.6.1	2001 年	PSF	是
2.1.1	2.1+2.0.1	2001 年	PSF	是
2.1.2	2.1.1	2002 年	PSF	是
2.1.3	2.1.2	2002 年	PSF	是
2.2 至 3	2.1.1	2001 年至今	PSF	是
3.0 及更高	2.6	2008 年至今	PSF	是

1991 年，第一个 Python 解释器诞生了。这个解释器是用 C 语言实现的，并且能够调用 C 库文件，这使得 Python 可以方便地与其他编程语言进行交互。

1995 年,Guido 在弗吉尼亚州的国家创新研究公司（CNRI）继续他在 Python 上的研究工作，并发布了该软件的多个版本。这些版本的发布进一步改进了 Python 的功能和性能。

2000 年 5 月，Guido 和 Python 核心开发团队转到 BeOpen.com，并组建了 BeOpen PythonLabs 团队。同年 10 月，PythonLabs 团队转到 Digital Creations（现为 Zope 公司）。2001 年，Python

软件基金会（PSF）成立，这是一个专为拥有 Python 相关知识产权而创建的非营利组织。Zope 公司现在是 Python 软件基金会的赞助成员。

所有的 Python 版本都是开源的，这意味着任何人都可以查看和修改 Python 的源代码。在历史上，大多数 Python 版本都是 GPL（通用公共许可证）兼容的，这使得开发人员可以自由地使用和分发 Python 的代码。

Python 3.0 是现在和未来的主流版本。相对于 Python 的早期版本，Python 3.0 进行了较大的升级。为了不带入过多的累赘，Python 3.0 在设计时没有考虑向下兼容，这意味着许多早期 Python 版本设计的程序无法在 Python 3.0 上正常执行。第一个 Python 3.0 的版本发布于 2008 年，之后的版本不断改进和更新。截至目前（编者写稿日期），最新版本为 Python 3.11，这个版本继续提供了更多的功能和改进，以满足不断发展的编程需求。

本书基于 Python 3.11。Python 3.11 相对于之前的版本，如 Python 3.10，具有更好的性能和一些有用的新特性。Python 3.11 的性能相比 Python 3.10 平均快 10% ～ 60%。根据 Python 官方的 Python 基准测试套件，Python 3.11 的运行速度比 Python 3.10 快 1.25 倍。这意味着在 Python 3.11 下，程序可以获得更快的执行时间，从而提高运行效率。另一个 Python 3.11 中的有用特性是更详细的错误信息。当程序发生错误时，Python 解释器会提供更详细的错误信息，以帮助开发人员更快地定位和解决问题。这对于程序调试和错误修复非常有帮助，可以节省开发时间并提高代码质量。Python 3.11 的这些新特性使其成为开发者的首选版本。它不仅提供更好的性能，还提供更好的调试和错误处理功能，为开发过程带来了更大的便利，Python 版本与发布时间见表 1-2。

表 1-2　Python 版本与发布时间

版　本	发布时间	版　本	发布时间
Python 3.0	2008-12-03	Python 3.6	2016-12-16
Python 3.1	2009-06-27	Python 3.7	2018-06-12
Python 3.2	2011-02-20	Python 3.8	2019-10-14
Python 3.3	2012-09-29	Python 3.9	2020-10-04
Python 3.4	2014-03-16	Python 3.10	2021-10-04
Python 3.5	2015-09-13	Python 3.11	2022-10-24

1.1.3 Python 语言特点

Python 是一种代表简单主义思想的语言，这使得它非常易于学习和使用。阅读 Python 代码就像阅读英语一样，使得开发人员可以快速上手。此外，Python 官方还提供了详细的说明文档，为开发人员提供了丰富的参考资料和指导。Python 是开源软件之一，遵循 FLOSS（自由 / 开放源码软件）原则。这意味着任何人都可以自由地使用、复制、修改和分发 Python 的源代码。这为开发人员提供了极大的自由度和灵活性。Python 是完全面向对象的语言，这意味着函数、模块、数字、字符串都是对象，并且支持继承、重载、派生等面向对象的特性。这使得 Python 具有强大的代码复用性，可以提高开发效率。Python 还具有良好的可扩展性，如果需要某段关键代码运行更快或者希望保护某些算法的机密性，可以使用 C 或 C++ 编写这部分代码，并在 Python 程序中调用它们。这种混合编程的方式使得 Python 既能享受高级语言的简洁和易用性，又能充分利用底层语言的性能优势。

Python 拥有丰富的库，这些库可以帮助开发人员处理各种工作。这些库包括数学计算、数据分析、图形处理、网络编程等，大大提高了开发效率。

Python 是跨平台的，可以在不同的操作系统上运行，如 Windows、Linux、UNIX 等。只需要在对应的平台上安装 Python 解释器，即可运行 Python 程序。这使得开发人员可以在不同的环境下灵活地开发和部署 Python 应用程序。

1.1.4 Python 应用领域

Python 在自动化运维、科学计算、Web 开发、大数据、人工智能、数据分析和数据挖掘等领域都有广泛的应用。其简洁易读的语法、丰富的第三方库和强大的功能使得 Python 成为程序员和数据科学家们的首选语言。无论是处理海量数据、构建复杂的应用系统还是实现高效的算法和模型，Python 都能提供强大的支持和便捷的开发环境。

Python 在自动化运维方面非常强大。它可以用于系统自动化管理，包括自动化配置、部署、更新、备份和监控等。同时，Python 还可以用于网络自动化管理，如绘制网络拓扑图、设备配置、故障诊断和流量监控等。此外，Python 还可以用于数据自动化管理，包括自动化数据采集、处理、分析和可视化等。最后，Python 还可以用于应用自动化管理，如自动化应用部署、测试、维护和升级等。

在科学计算领域，Python 也有广泛的应用。例如，在航空航天领域，可以使用 Python 计算飞行器的运行轨道。在建筑领域，可以使用 Python 进行建模，推算建筑物之间的受力关系等。为了方便科学计算任务，Python 还提供了许多成熟的第三方科学计算库，如 NumPy、SciPy 和 Pandas 等。

Python 在 Web 开发方面也非常强大。有许多成熟的 Web 框架可供选择，如 Django、Flask 和 Tornado 等，可以快速搭建企业级的 Web 应用。这些框架提供了丰富的功能和易于使用的 API，使得开发 Web 应用变得更加高效和简便。

在大数据领域，Python 也有很好的应用。使用 Python 可以快速高效地处理海量数据，包括数据清洗、数据变换、数据分组和数据聚合计算等。此外，Python 还可以调用接口，基于大数据集群进行数据并行处理，以提高处理速度和效率。

在人工智能领域，Python 可以说是首选语言。许多人工智能项目和框架都是基于 Python 开发的。例如，AlphaGo 就是基于 Python 深度学习框架 Tensorflow 开发的，它的实现原理是深度学习。Python 提供了丰富的人工智能库和工具，如 Tensorflow、PyTorch 和 Keras 等，用于实现各种人工智能算法和模型。Python 的语法特性和丰富的第三方库使得人工智能的开发更加高效和便捷。

在数据分析和数据挖掘领域，Python 也有很强的功能。Python 可以方便地处理大规模的数据，进行数据清洗、数据变换、数据分组和数据聚合计算等。特别是 Pandas 库提供了强大的 API，可以对数据进行处理、分析。此外，Python 还提供了快速可视化工具，如 matplotlib 和 seaborn 等，可以快速实现数据的可视化。

1.2　搭建 Python 开发环境

Python 官方安装包内置开发与学习环境 IDLE，可以实现程序的编写和调试，IDLE 提供了语法高亮（使用不同的颜色显示不同的语法元素，例如，使用绿色显示字符串，橙色显示 Python 关键字，紫色显示内置函数）、交互式运行、程序编写和运行以及简单的程序调试功能，基本可以满足初学者使用。对于大型项目开发，目前比较流行的开发工具还有 PyCharm 和 VS Code，这些开发工具则是提供了代码联想和提示等功能，使得代码的编写和项目管理更加方便一些。

1.2.1　软件下载与安装

在 Python 官方网站下载 Python 3.11.3（根据自己计算机操作系统选择 32 位或 64 位）并安装，如图 1-1 所示。

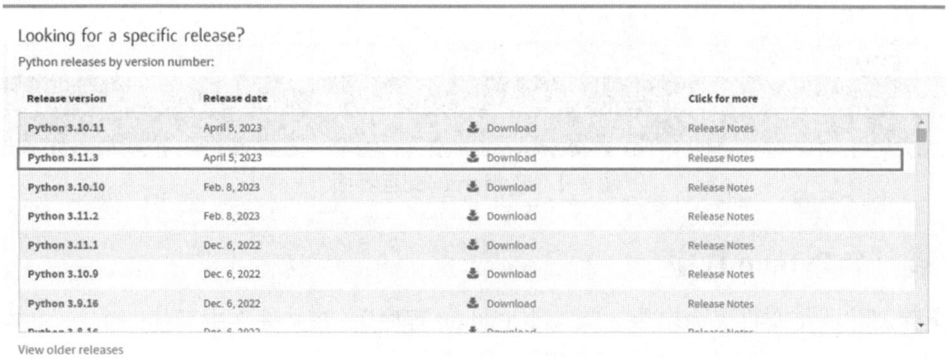

图 1-1　选择 Python 版本

勾选“Add python.exe to PATH”复选框，将 Python 加入环境变量，并单击“Customize installation”按钮自定义安装，如图 1-2 所示。

图 1-2　Python 安装界面

根据提示执行安装，当出现“Setup was successful”对话框时，说明安装成功，如图 1-3 所示。

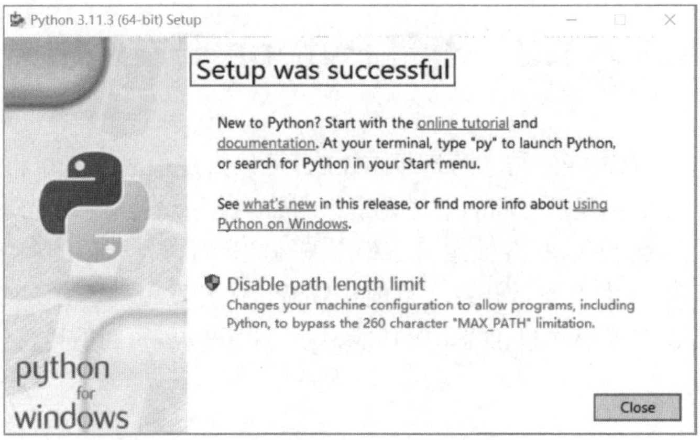

图 1-3　安装成功对话框

安装完成后，单击 Windows 操作系统的“开始”菜单，搜索 Python 3.11 运行，出现 Python 的交互界面，如图 1-4 所示。

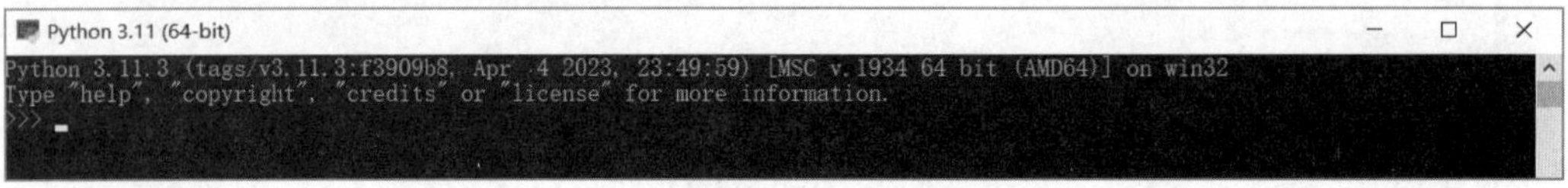

图 1-4　Python 的交互界面

1.2.2　第一个 Python 程序

在桌面新建一个文件夹命名为“第一个 Python 程序”，在文件夹中新建一个 txt 文本文件，命名为“hellopython.txt”，在文本中输入以下内容并保存：

```
print("hello Python!")
```

代码解析：执行该命令会打印文本“hello Python!”，如图 1-5 所示。

图 1-5　新建文本文件

修改文件后缀名，将文件重命名为“hellopython.py”，单击文件地址栏输入“cmd”按【Enter】键进入终端命令行窗口，输入以下命令并按【Enter】键执行 Python 文件：

```
python hellopython.py
```

执行 Python 文件结果如图 1-6 所示。

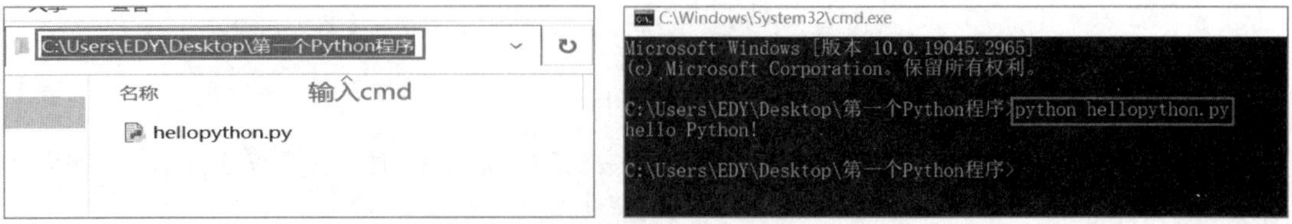

图 1-6　执行 Python 文件

在终端打印显示内容“hello Python!”，表示第一个 Python 程序运行成功。

1.2.3　运行 Python 的方式

运行 Python 代码的方式主要有解释器运行、交互运行、集成开发环境（IDE）三种方式。

1. 解释器运行

解释器运行是指在命令行中输入“python 文件名 .py”来执行 Python 程序。这种方式适合运行较大的程序，可以将整个程序放在一个 py 文件中，直接执行即可。同时，在命令行中还可以通过传递参数来运行不同的程序。

2. 交互运行

交互运行是指在命令行中直接输入“python”关键字，进入 Python 交互式环境，在交互式环境中输入 Python 代码，会将代码执行结果显示在下方，这种方式适合快速验证 Python 语法或者局部代码，方便调试，如图 1-7 所示。

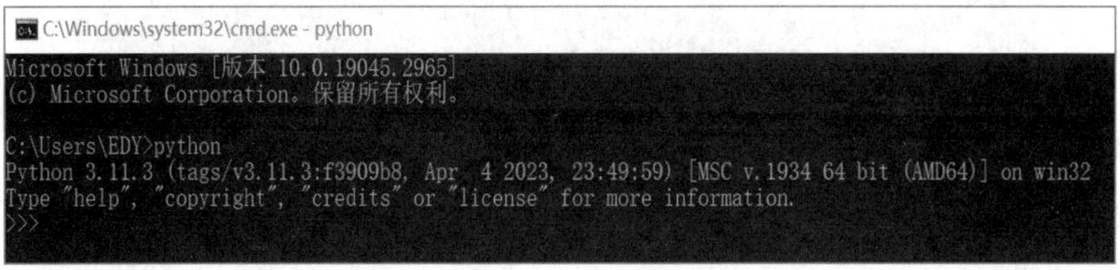

图 1-7　Python 交互环境测试

3. 集成开发环境（IDE）

IDE 是一种集成了开发软件需要的所有工具的开发环境，包括图形用户界面、代码编辑器、编译器、解释器和调试器等。IDE 可以提供更加便捷和高效的开发环境，适合开发较大的程序或者团队合作开发。

1.3　Python 的开发工具

1.3.1　Python 的开发工具介绍

在进行 Python 开发时，使用专业的开发工具可以大大提升工作效率，帮助开发者更加高效地编写、调试和运行 Python 代码。下面介绍几个常用的 Python 开发工具。

1. PyCharm

PyCharm 是一款专业的 Python 集成开发环境，提供了丰富的功能和易于使用的界面。PyCharm 有两个版本，免费的社区版本和面向企业开发者的专业版本。社区版本中包含大部分功能，包括智能代码补全、项目导航、错误检查和修复、代码质量检查、智能重构、图形化调试器和运行器等。PyCharm 的强大功能和良好的用户体验使得开发者可以高效地开发 Python 程序。

2. Jupyter Notebook

Jupyter Notebook 是一种交互式的 Web 应用程序，可以将文本注释、数学方程、代码和可视化内容组合到一个易于共享的文档中。Jupyter Notebook 对于数据分析和机器学习非常有用，可以方便地编写和执行 Python 代码，并且可以实时查看代码的输出和可视化结果。Jupyter Notebook 的优势在于它可以将代码和文档整合在一起，方便共享和展示。

3. Visual Studio Code

Visual Studio Code 是一款全功能的代码编辑器，兼容 Linux、Mac OS 和 Windows 平台。它可以通过安装插件来扩展功能，对于 Python 的支持也非常好。在 Visual Studio Code 中，可以安装 Python 插件，快速单击安装按钮即可成功安装，并且它可以自动识别 Python 的安装和库。Visual Studio Code 提供了代码补全、语法高亮、调试等功能，使得开发者可以快速编写和调试 Python 代码。

1.3.2 PyCharm 的下载与安装

1. PyCharm 的下载

访问 JETBRAINS 官网，单击“Developer Tools”选择“PyCharm”进入 PyCharm 显示页面，如图 1-8 所示。

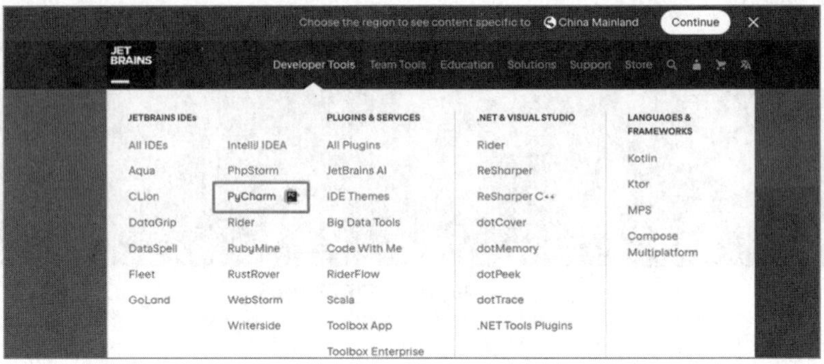

图 1-8　PyCharm 显示页面

下拉页面找到“PyCharm for Education”下载 PyCharm 安装包，如图 1-9 所示。

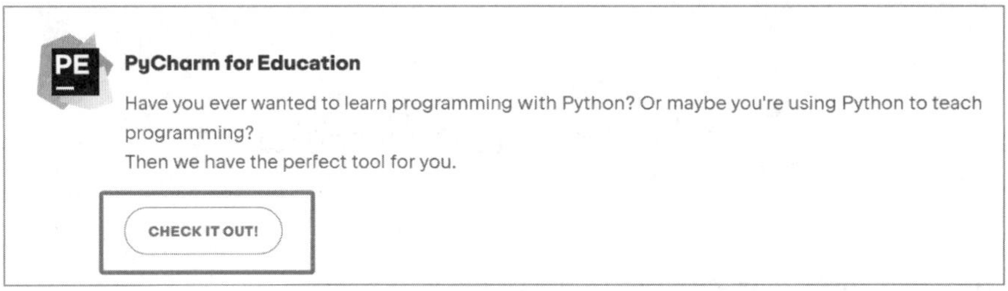

图 1-9　选择 PyCharm 类型

在跳转的页面中，单击“Download free”按钮跳转到对应类型下载页面，如图 1-10 所示。

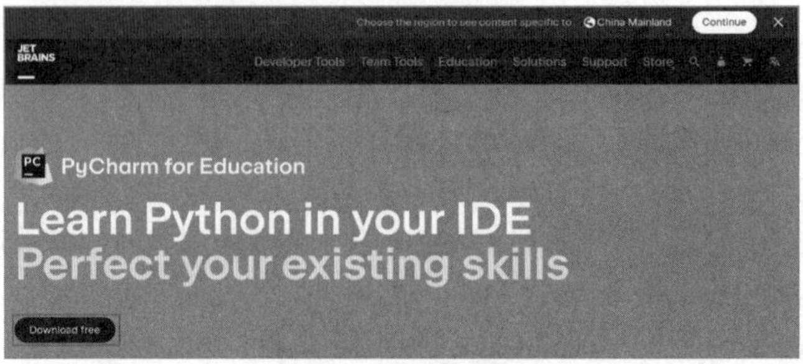

图 1-10　跳转下载页面

在跳转的页面中，单击“Download”按钮下载安装包，在“Other versions”可以选择其他版本，如图 1-11 所示。

图 1-11 下载 PyCahrm 安装包

2. PyCharm 的安装

下载完成后，双击 PyCharm 安装文件根据指导页完成安装，安装过程如图 1-12（a）~（d）所示。

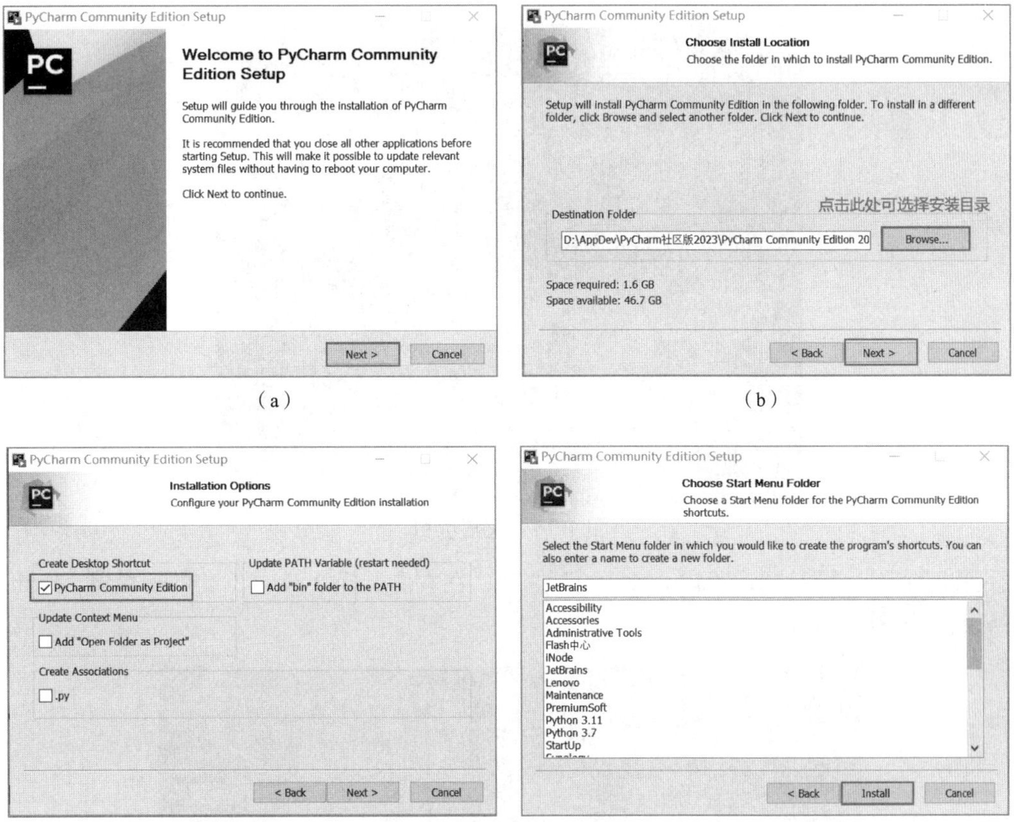

（a） （b）

（c） （d）

图 1-12 安装 Pycharm

安装完成后单击“Finish”按钮关闭页面。

3. PyCharm 的使用

双击桌面 PyCharm 图标，单击“New Project”按钮可新建项目，单击“Open”按钮可打开项目，如图 1-13 所示。

单击“New Project”按钮后，在弹出的窗口选择项目目录，选择“Add Interpreter”配置解释器，如图 1-14 所示。

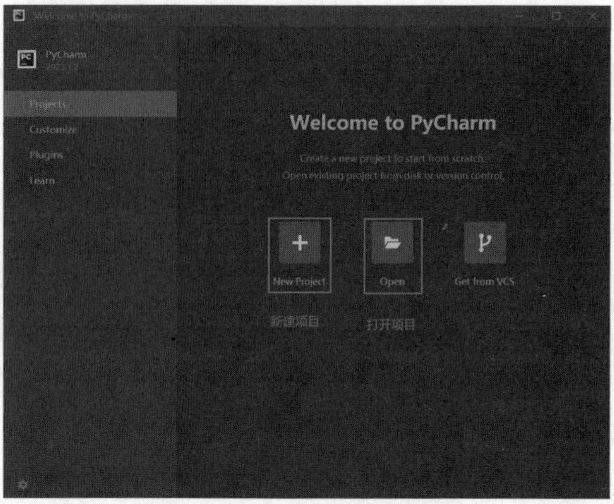

图 1-13　PyCharm 启动页

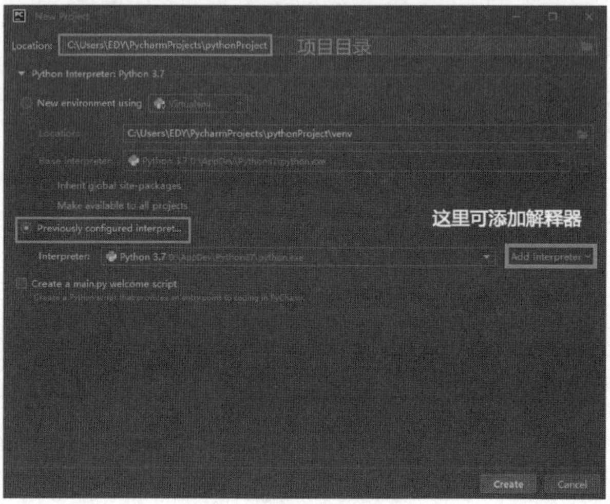

图 1-14　配置项目

在弹出的窗口选择“System Interpreter”选项，在右侧选择 Python 3.11 的解释器（Python 的安装路径），如图 1-15 所示。

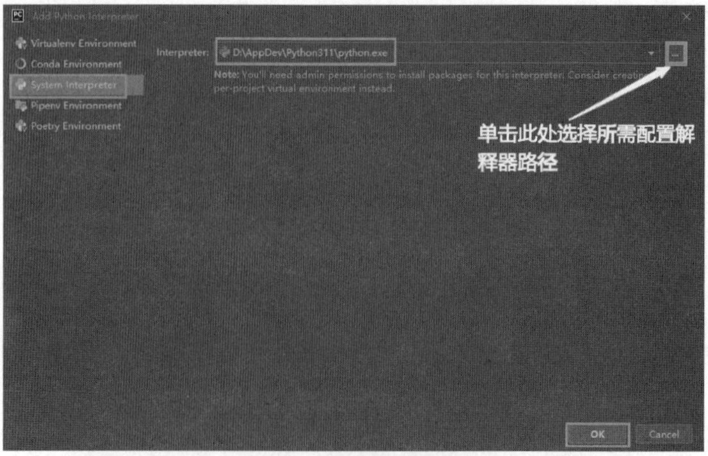

图 1-15　配置解释器

取消勾选创建 main.py 文件，单击“Create”按钮完成项目创建。在项目文件夹上右击选择“New”可新建文件和文件夹等，其中 Python File 是 Python 文件，Directory 是文件夹，如图 1-16 所示。

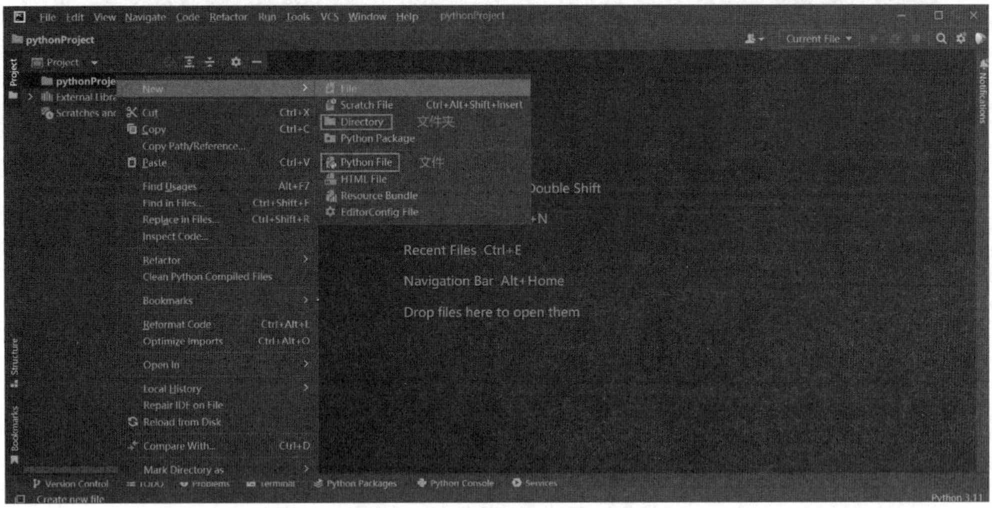

图 1-16　创建 Python 文件

单击“Python File”命令新建一个 Python 文件，命名为“hello”，在文件中输入以下代码：

```
print("Hello World!")
```

编写 Python 文件如图 1-17 所示。

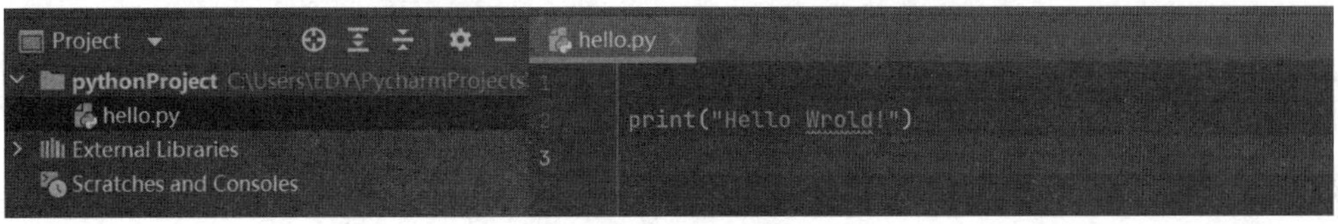

图 1-17　编写 Python 文件

在编辑区域右击选择“Run hello”命令执行“hello.py”文件，如图 1-18 所示。

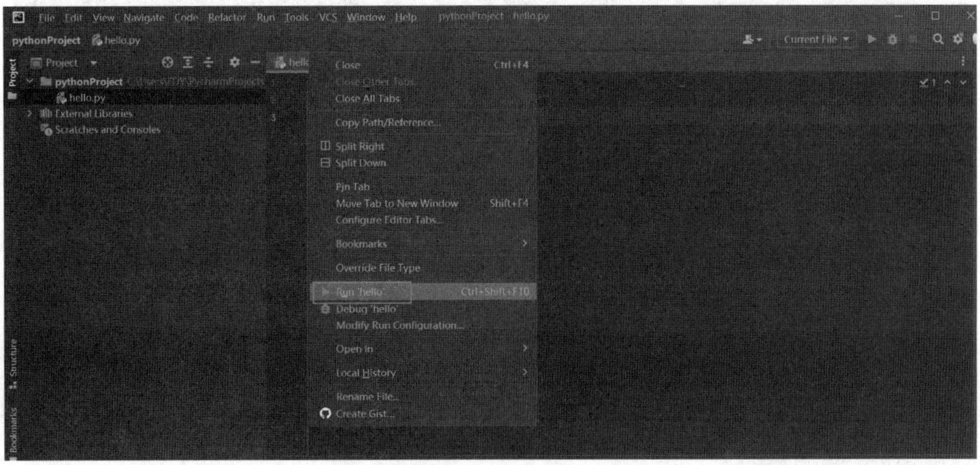

图 1-18　执行 Python 文件

在控制台查看运行结果，如图 1-19 所示。

图 1-19 查看运行结果

1.3.3 Jupyter 的安装与使用

1. Jupyter 的安装

在安装好 Python 并配置好环境变量的前提下可通过 pip 安装 Jupyter Notebook，按【Win+R】组合键弹出“运行”对话框，在框内输入“cmd”后单击“确定”按钮进入终端命令行界面，如图 1-20 所示。

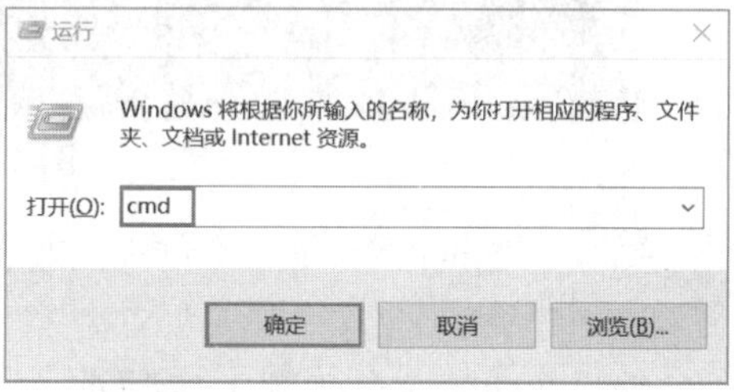

图 1-20 “运行”对话框

在命令行中输入以下命令安装 Jupyter Notebook。

```
pip install jupyter notebook
```

pip 默认配置的是国外的镜像，有时下载速度很慢，此时可切换到国内镜像源，比如清华镜像源，命令如下：

```
pip install -i https://pypi.tuna.tsinghua.edu.cn/simple jupyter notebook
```

输入命令并按【Enter】键进行安装 Jupyter Notebook，如图 1-21 所示。

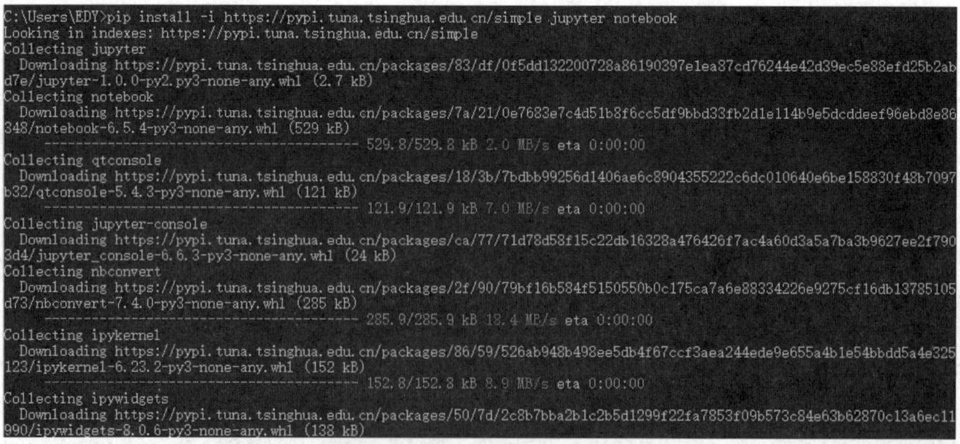

图 1-21 配置国内镜像源安装 Jupyter Notebook

2. Jupyter 的使用

安装成功后在命令行输入以下命令可启动 Jupyter Notebook。

```
jupyter notebook
```

Jupyter Notebook 启动界面如图 1-22 所示。

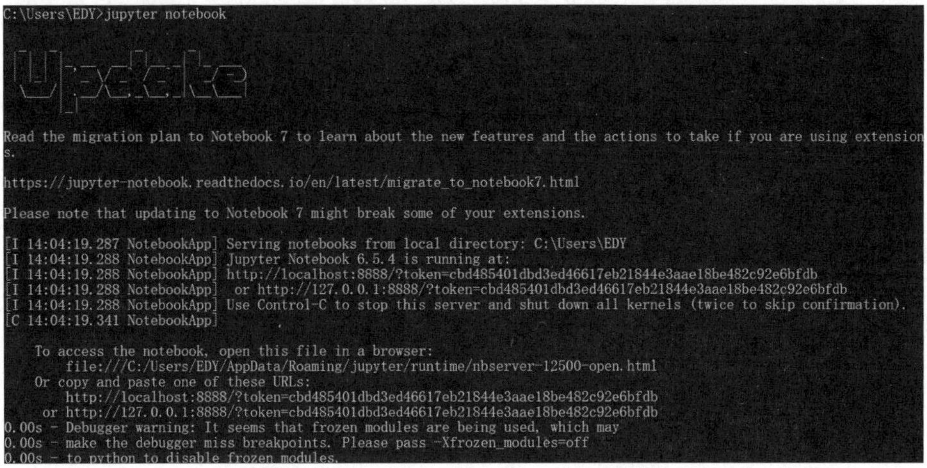

图 1-22　Jupyter Notebook 启动界面

此时会在浏览器上打开一个页面，可进行文件的管理、代码的编辑等，如图 1-23 所示。

图 1-23　Jupyter Notebook 文件管理

单击“New → Python 3”选项创建 Python 文件，如图 1-24 所示。

图 1-24　创建 Python 文件

单元格类型为“代码”，表示可以输入 Python 代码，输入完成后可单击“运行”按钮或者按【Shift+Enter】组合键运行代码，运行结果会在代码下方显示，如图 1-25 所示。

单元格类型为“Markdown”，可输入符合 Markdown 语法的文本内容，例如，标题、公式、列表等，如图 1-26 所示。

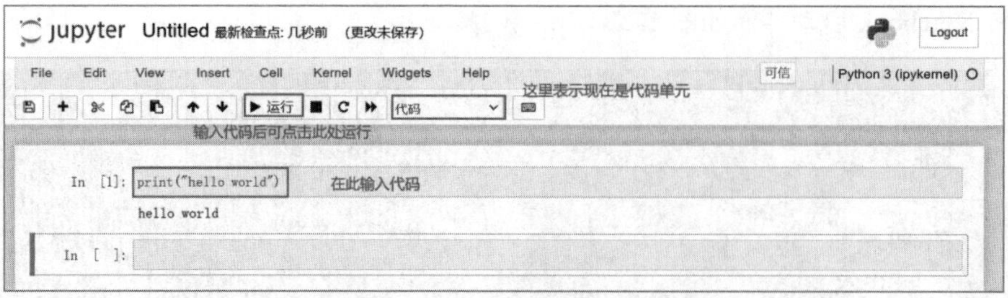

图 1-25 Jupyter 运行 Python 界面

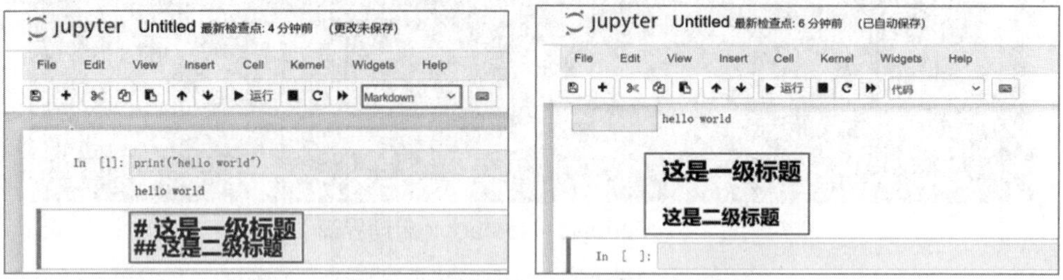

图 1-26 Jupyter 运行 Markdown 界面

1.4 Python 的编程规范

1.4.1 PEP8 的定义

PEP 是 Python Enhancement Proposal（Python 增强提案）的缩写，它是 Python 语言的改进机制之一。每个 PEP 都是一份技术文档，旨在为 Python 社区提供指导，推动 Python 语言向更好的方向发展。其中，PEP8 是一份针对 Python 语言编订的代码风格指南。它提供了一系列规范和建议，帮助开发者编写清晰、易读、一致性强的 Python 代码。PEP8 的目标是提高代码的可读性，并使得不同开发者编写的 Python 代码更加统一，便于维护和合作开发。

1.4.2 PEP8 的准则

PEP8 并不是强制性的规范，但是它是 Python 社区广泛接受的代码风格指南。遵循 PEP8 可以使得代码更加易读、易维护，并且提高开发效率。在实际开发中，许多 Python 开发工具（如 PyCharm）都提供了 PEP8 的代码检查功能，可以帮助开发者自动检查代码是否符合 PEP8 规范。下面详细描述 PEP8 准则中的几个方面：

1. 缩进

使用 4 个空格进行缩进，而不要使用制表符，这样可以确保在不同编辑器或环境下代码的缩进保持一致。

2. 折行

使用折行符（\）来确保每行代码不会超过 79 个字符。这样可以提高代码的可读性。

3. 空格

不要在各种右括号前添加空格。不要在函数的左括号前添加空格，如 func (1)。不要在逗号、冒号、分号前添加空格。在操作符左右各加一个空格，但不要为了对齐增加额外的空格。函数默认参数的赋值符左右省略空格。

4. 注释

对于行注释，注释符号“#”后至少有两个空格，用于与代码分隔开。对于函数、类等块注释，通常跟随其定义，并使用注释符号“#”或三引号注释。对于文件注释，通常使用三引号注释，在文件顶部的声明之下，用于对文件内容进行注解。

5. 模块和包的相关规范

导入语句应该放在文件顶部，在文档注释之后，在模块全局变量之前。优先导入标准库，然后是相关的第三方库，最后是本地应用库。尽量避免在一条导入语句中引入多个包。

6. 命名规范

变量命名不要使用字母“l”（小写的 L）、“O”（大写的 O）作为单字符变量，以避免与数字 0 和 1 混淆。函数命名应该小写，用下画线分隔单词。类命名一般使用首字母大写的约定。包和模块的命名要短，使用小写字母，避免使用特殊字符，尽量保持简单。常量命名通常使用大写字母和下画线分隔的方式，用于定义模块级别的常量。

遵循 PEP8 准则可以使得 Python 代码更加易读、易维护，并且保持统一的编码风格。在实际开发中，许多编辑器和 IDE 都提供了 PEP8 的代码检查功能，可以帮助开发者自动检查代码是否符合 PEP8 规范。

1.5 项目实训

1.5.1 实训需求

在 Windows 环境下完成 Python 3.11 的安装，并实现第一个 Python 程序，在命令行启动 Python 交互式环境，并打印“Hello World!”。

1.5.2 实训步骤

（1）下载 Python 3.11.3。

（2）安装 Python 3.11.3。

（3）启动 Python 交互式环境。

（4）打印“Hello World!”。

1.5.3 实现效果

完成 Python 的下载和安装，启动 Python 3.11，输入执行命令。

```
print("Hello World!")
```

运行结果如图 1-27 所示。

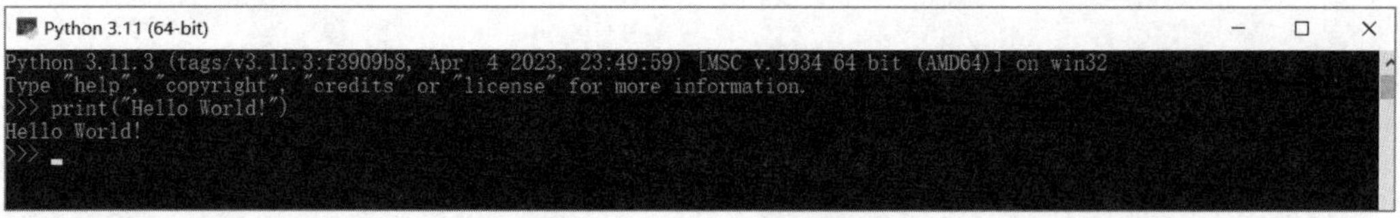

图 1-27　运行显示结果

小　结

本章首先介绍了 Python 的发展历史、版本和语言的特点，接着详细介绍了 Python 的环境安装和配置方法，对常用的几种开发工具进行了详细的讲解，最后对 Python 的编程规范进行阐述。

习　题

一、选择题

1. 以下关于程序设计语言的描述，错误的选项是（　　）。
   A. Python 语言是一种解释型编程语言
   B. 汇编语言比机器语言更加便于记忆和书写
   C. 程序设计语言经历了机器语言、汇编语言、高级语言三个阶段
   D. 编译和解释的区别是一次性翻译程序还是每次执行时都要翻译程序
2. 以下选项不属于 Python 语言特点的是（　　）。
   A. 支持中文　　B. 跨平台　　C. 语法简洁　　D. 执行高效
3. Python 交互式环境的退出命令是（　　）。
   A. esc()　　B. close()　　C. 回车键　　D. exit()

二、上机实践

1. 下载安装 Python 的最新稳定版本。
2. 使用 pip 工具安装扩展库 pandas、openpyxl 和 pillow。
3. 下载、安装和配置 PyCharm。

第 2 章 Python 基本语法

本章导学：

Python 语言是一门面向对象、解释型计算机程序设计语言，其特点是提供了丰富的内置对象、运算符和标准库对象。庞大的扩展库更是增强了 Python 的功能，其应用几乎已经渗透到了所有领域和学科。

学习一门语言，首先需要熟悉它的基本语法，这需要大量的代码练习和实践。本章将学习 Python 的基本数据类型、算术运算符、比较运算符、逻辑运算符，以及 Python 常用内建函数的使用。这些基础知识将为读者进一步学习和使用 Python 打下坚实的基础。

学习目标：

- 掌握 Python 基本数据类型。
- 掌握算术运算符、比较运算符、逻辑运算符。
- 掌握 Python 常用内建函数的使用。
- 通过学习本章提供的案例，学会 Python 基本语法的实践应用。

2.1 基本数据类型

2.1.1 数据类型概述

在 Python 语言中，数据类型是用来表示数据属性和操作的一种分类方式。不同的数据类型具有不同的特点和限制，并决定了数据在内存中的存储方式和操作。Python 有六种标准的数据类型：Number（数字）、String（字符串）、List（列表）、Tuple（元组）、Dictionary（字典）、Set（集合），每种数据类型都有自己的属性和方法，可以根据不同的需求进行操作和处理。

1. Number

Number 数据类型用于表示数值，包括整数（int）、浮点数（float）、复数（complex）等。Number 类型的数据具有数值运算的特点，可以进行基本的算术运算和数值比较。

2. String

String 数据类型用于表示文本数据，字符串是由一个或多个字符组成的数据类型，可以包含字母、数字、符号等字符。字符串可以进行拼接、截取、替换等操作，String 类型的数据需要使用引号（单引号、双引号或三引号）标识。

3. List

List 是一种有序的数据类型，用于存储多个元素。列表中的元素可以是不同的数据类型，包括整数、浮点数、字符串等，List 类型的数据使用方括号 [] 来标识，每个元素之间使用逗号分隔，可以进行添加、删除、修改、排序、查找等操作。

4. Tuple

Tuple 也是一种有序的数据类型，类似于列表，但元组中的元素不可修改，元组可以用于存储一组不可变的数据，Tuple 类型的数据使用圆括号 () 来标识，每个元素之间使用逗号分隔。Tuple 类型的数据具有访问、切片等操作。

5. Dictionary

Dictionary 是一种无序的数据类型，用于存储键值对，字典中的每个元素包含一个键和一个值，键和值可以是不同的数据类型。Dictionary 类型的数据使用花括号 {} 来标识，每个键值对之间使用逗号分隔。Dictionary 类型的数据具有添加、删除、修改、快速查找等操作，可以方便地进行数据的存储和检索。

6. Set

Set 数据类型用于表示无序的数据集合，不允许包含重复的元素。Set 类型的数据使用花括号 {} 来标识，每个元素之间使用逗号分隔。Set 类型的数据具有添加、删除、查找等操作，可以进行高效的集合运算。

在这六种数据类型中，Number、String 和 Tuple 被称为不可变数据类型，即它们的值在创建后不能被修改。而 List、Dictionary 和 Set 被称为可变数据类型，即它们的值在创建后可以被修改。可变数据类型具有更灵活的操作，但也需要注意在处理数据时可能引发的副作用。对于每种数据类型，Python 提供了许多内建的属性和方法，用于方便地操作和处理数据。通过使用这些属性和方法，可以对数据进行各种操作，实现不同的需求。例如，对于 String 类型的数据，可以使用 len() 函数获取字符串的长度，使用 upper() 方法将字符串转换为大写等。

2.1.2 数据类型分类

1. 整数

Python 的整数是一种简单、方便、灵活的数据类型，它可以轻松地处理各种大小的整数。同时，Python 还提供了丰富的运算符和函数，方便开发者进行整数计算和处理。这一点与其他编程语言不同，有些强类型的编程语言会提供多种整数类型，每种类型的长度都不同，能容纳的整数的大小也不同，开发者要根据实际数字的大小选用不同的类型。例如，C 语言提供了 short、int、long、longlong 四种类型的整数，它们的长度依次递增，初学者在选择整数类型时往往比较迷惑，有时候还会导致数值溢出。

整型数是在计算机中表示整数的一种数据类型，是不带小数部分的数字。在 Python 中，整型数使用关键字 int 表示，没有固定的长度限制，它的取值范围是无限的，可以表示任意大小的整数。例如，-300、9999、0 等整数。Python 中的整型数可以使用不同进制表示，包括十进制、二进制、八进制和十六进制。其中，十进制是默认的表示方式，其他进制的数值需要使用前缀来表示，例如，二进制使用 0b 作为前缀、八进制使用 0o 作为前缀、十六进制使用 0x 作为前缀。

Python 中的整型数可以进行基本的算术运算，包括加减乘除等。此外，Python 还提供了一些内置的数学函数，可用于处理整型数，例如，pow()、abs()、round() 等。整型数也可以进行比较运算，包括相等比较、大小比较等。比较运算的结果为布尔值 True 或 False。

1）十进制数

十进制是平时最常见的表示方式，它由 0~9 共十个数字排列组合而成。每一位上的数字代表的是相应的权值，从右往左依次是个位、十位、百位、千位等。需要注意的是，使用十进制形式的整数不能以 0 作为开头，除非这个数字本身就是 0。这是因为十进制中，数字 0 只能表示 0 这个数值，不能表示其他数值，如示例 2.1 所示。

【示例 2.1】十进制表示。

```
10
305
998
1234567890987654321
```

例如，整数 1234 是一个十进制表示的整数，它的个位是 4，十位是 3，百位是 2，千位是 1。因此，整数 1234 可以表示为：

$$1\times10^3+2\times10^2+3\times10^1+4\times10^0=1000+200+30+4=1234$$

2）二进制数

二进制是一种使用 0 和 1 来表示数值的方式。在 Python 中，二进制数值可以通过在数字前面加上 0b 或 0B，后跟 0 或 1 来表示，如示例 2.2 所示。

【示例 2.2】二进制表示。

```
0b111
0b101
0B10101010101
0B1111111111111111
```

例如，二进制数值 0b1010 表示十进制数值 10，这个二进制数值可以解读为：

$$1\times2^3+0\times2^2+1\times2^1+0\times2^0=8+2+0=10$$

3）八进制数

八进制是一种使用 0 ～ 7 来表示数值的方式。在 Python 中，八进制数值可以通过在数字前面加上 0o 或 0O 来表示，如示例 2.3 所示。

【示例 2.3】八进制表示。

```
0o16
0o777
0O1234567
0O7777777777777777
```

例如，八进制数值 0o34 表示十进制数值 28，这个八进制数值可以解读为

$$3\times8^1+4\times8^0=24+4=28$$

4）十六进制数

十六进制是一种使用 0 ～ 9 和 A ～ F（或 a ～ f）来表示数值的方式。在 Python 中，十六进制数值可以通过在数字前面加上 0x 或 0X 来表示，如示例 2.4 所示。

【示例 2.4】十六进制表示。

```
0x2234
0x123456789
0Xabcdef
```

```
0X123456789ABCDEF
```

例如，十六进制数值 0x1A 表示十进制数值 26，这个十六进制数值可以解读为：

$$1\times16^1+A\times16^0=16+10=26$$

在十六进制表示中，A ～ F（或 a ～ f）分别代表十进制数值 10 ～ 15。

需要注意的是，在 Python 中，十六进制数值可以包含 0 ～ 9 的数字和 A ～ F(或 a ～ f)的字母。字母可以是大写或小写，没有区别。如果十六进制数值中包含了除 0 ～ 9 和 A ～ F（或 a ～ f）之外的字符，Python 会报错。

5）进制转换

进制转换是将一个数值在不同进制之间进行转换的过程。在二进制、八进制和十六进制转换为十进制的过程中，可以使用“按权相加”的方法实现，“权”是指“位权”，表示每一位上数字的权值，即将每一位上的数字与对应的位权相乘，然后将结果相加，即可得到十进制数值。

假设当前数字是 N 进制，从右往左看，第 i 位的位权等于 N^{i-1}。例如，在八进制中，第 1 位（最右边的位）的位权为 $8^0=1$，第 2 位的位权为 $8^1=8$，第 3 位的位权为 $8^2=64$，以此类推。在二进制中，第 1 位的位权为 $2^0=1$，第 2 位的位权为 $2^1=2$，第 3 位的位权为 $2^2=4$，以此类推。

通过将每一位上的数字与对应的位权相乘，然后将结果相加，即可得到十进制数值。例如，将八进制数值 53627 转换为十进制。

根据位权的定义，第 1 位的位权为 $8^0=1$，第 2 位的位权为 $8^1=8$，第 3 位的位权为 $8^2=64$，第 4 位的位权为 $8^3=512$，第 5 位的位权为 $8^4=4096$。将每一位上的数字与对应的位权相乘，然后将结果相加为

$$5\times8^4+3\times8^3+6\times8^2+2\times8^1+7\times8^0=5\times4096+3\times512+6\times64+2\times8+7\times1=22423$$

因此，八进制数值 53627 转换为十进制的结果为 22423。

类似地，二进制数值 11010 可以按照相同的方法转换为十进制。

根据位权的定义，第 1 位的位权为 $2^0=1$，第 2 位的位权为 $2^1=2$，第 3 位的位权为 $2^2=4$，第 4 位的位权为 $2^3=8$，第 4 位的位权为 $2^4=16$。将每一位上的数字与对应的位权相乘，然后将结果相加为

$$1\times2^4+1\times2^3+0\times2^2+1\times2^1+0\times2^0=16+8+2+0=26$$

因此，二进制数值 11010 转换为十进制的结果为 26。

6）十进制转换为其他进制数

进制转换是将一个数值从一种进制表示转换为另一种进制表示的过程。常见的进制包括二进制（base-2）、八进制（base-8）、十进制（base-10）和十六进制（base-16）。

将十进制整数转换为 N 进制整数的步骤如下：

① 将十进制整数除以 N，得到一个商和余数；②保留余数，并将商作为新的被除数；③重复步骤 1 和 2，直到商为 0 时停止；④将保留的余数从下往上排列，得到 N 进制表示的结果，如示例 2.5 所示。

【示例 2.5】 以十进制数值 36926 转换为八进制为例，按照“除 N 取余，逆序排列”的方法进行转换。

```
将 36926 除以 8，得到商 4615，余数 6。此时，将保留余数 6。
将 4615 除以 8，得到商 576，余数 7。再次保留余数 7。
将 576 除以 8，得到商 72，余数 0。保留余数 0。
将 72 除以 8，得到商 9，余数 0。继续保留余数 0。
将 9 除以 8，得到商 1，余数 1。保留余数 1。
最后，将 1 除以 8，得到商 0，余数 1。保留余数 1。
```

在上述示例中保留的余数从下往上排列，得到八进制表示的结果为 110076，如图 2-1 所示。

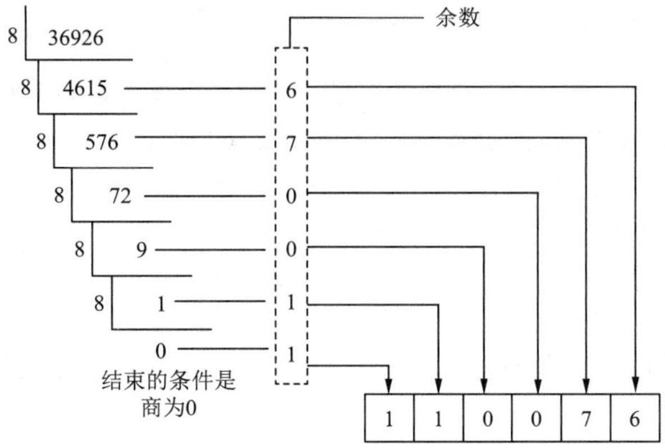

图 2-1　十进制数转换八进制数

【示例 2.6】将十进制数字 42 转换为二进制的过程。

```
将 42 除以 2，得到商 21，余数 0。保留余数 0。
将 21 除以 2，得到商 10，余数 1。保留余数 1。
将 10 除以 2，得到商 5，余数 0。保留余数 0。
将 5 除以 2，得到商 2，余数 1。保留余数 1。
最后，将 2 除以 2，得到商 1，余数 0。保留余数 0。
```

在上述示例中保留的余数从下往上排列，得到二进制表示的结果为 101010，如图 2-2 所示。

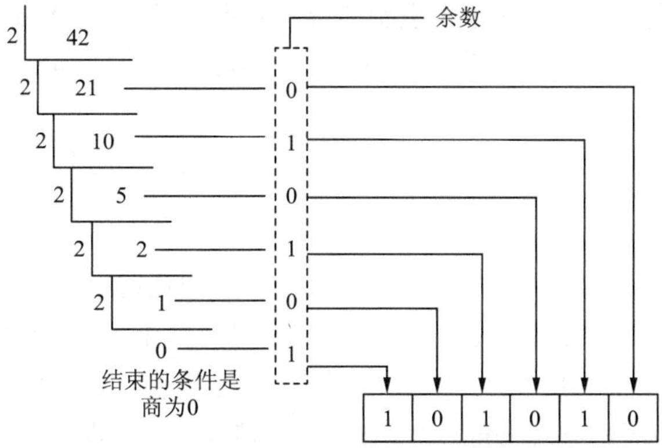

图 2-2　十进制数转换二进制数

类似地，可以按照相同的方法将十进制数值转换为十六进制。

2. 浮点数

在 Python 中，小数通常以浮点数的形式存储。浮点数和定点数是相对的，当小数点发生移动时，就称为浮点数；当小数点不动时，就称为定点数。Python 中的浮点数使用 float 表示，书写形式有：十进制形式、科学记数法形式和指数形式。

1）十进制形式

十进制形式就是平时看到的小数形式，使用十进制数字和小数点表示。例如，3.14、0.5、-2.7 都是十进制形式的浮点数，如示例 2.7 所示。

【示例 2.7】十进制形式。

```
num1 = 3.14
num2 = 0.5
num3 = -2.7
```

在上述代码中，变量 num1、num2 和 num3 都是浮点数，它们分别表示 3.14、0.5 和 -2.75 这三个十进制小数。

2）科学记数法形式

科学记数法形式使用 e 或 E 作为指数的符号，表示一个浮点数的乘方。其中，e 或 E 之前的数字表示尾数，e 或 E 之后的数字表示指数。例如，2.5e3 表示 2.5 乘以 10 的 3 次方，即 2500；1.23E-4 表示 1.23 乘以 10 的 -4 次方，即 0.000123，如示例 2.8 所示。

【示例 2.8】科学记数法形式。

```
num4 = 2.5e3
num5 = 1.23E-4
```

在上述代码中，变量 num4 和 num5 都是浮点数，它们分别表示科学记数法形式的浮点数 2.5e3 和 1.23E-4。

在 Python 中，浮点数的运算和处理方式与整数有所不同，因为浮点数在内存中的存储方式和精度有限。因此，在进行浮点数的比较和运算时，需要注意浮点数的精度问题，以避免由于浮点数运算带来的误差。

3）指数形式

指数形式是使用尾数和指数来表示一个数值。在指数形式中，使用字母“E”或“e”来分隔尾数和指数部分。尾数部分是一个十进制数，指数部分是一个十进制整数。整个表达式等价于尾数乘以 10 的指数次方。指数形式写法为 aEn 或 aen，具体说明如下：

- 尾数部分（a）：尾数部分是一个十进制数，表示实际的数值。
- 指数部分（n）：指数部分是一个十进制整数，表示 10 的指数次方。
- 分隔符（E 或 e）：使用字母“E”或“e”来分隔尾数和指数部分。

【示例 2.9】指数形式。

```
num1 = 2.1E5
num2 = 3.7E-2
num3 = 0.5E7
```

在上述代码中，变量 num1、num2 和 num3 分别表示指数形式的浮点数 2.1E5、3.7E-2 和 0.5E7。

2.1E5 = 2.1×10^5，其中 2.1 是尾数，5 是指数。这表示 2.1 乘以 10 的 5 次方，即 210000.0。

3.7E-2 = 3.7×10^{-2}，其中 3.7 是尾数，-2 是指数。这表示 3.7 乘以 10 的 -2 次方，即 0.037。

0.5E7 = 0.5×10^7，其中 0.5 是尾数，7 是指数。这表示 0.5 乘以 10 的 7 次方，即 5000000.0。

3. 复数

复数由实部（real）和虚部（imag）构成，在 Python 中，虚部以字母“j”或“J”作为后缀。具体表达形式为：

```
a+bj
```

其中，a 表示实部，b 表示虚部，使用分隔符“+”将实部和虚部连接在一起。在 Python 中，可以使用复数进行计算和表示，如示例 2.10 所示。

【示例 2.10】复数形式。

```
num1=2+3j
num2=-1.5-2.7j
```

- 2+3j：其中 2 是实部，3 是虚部。
- -1.5-2.7j：其中 -1.5 是实部，-2.7 是虚部。

在上述代码中，变量 num1 和 num2 分别表示复数 2+3j 和 -1.5-2.7j。

4. 布尔

Python 提供了布尔（bool）类型来表示真或假。在 Python 中，比较运算的结果可以被视为布尔类型。当比较运算结果为真时，用 True 表示；当比较运算结果为假时，用 False 表示。具体说明如下：

- 真（True）：用于表示比较运算结果为真的情况。在 Python 内部，True 的值为 1。
- 假（False）：用于表示比较运算结果为假的情况。在 Python 内部，False 的值为 0。

在 Python 中，可以使用布尔类型进行逻辑判断，如示例 2.11 所示。

【示例 2.11】布尔表示。

```
result1 = 2 > 1
print(result1)
result2 = 1 > 2
print(result2)
```

运行结果：

```
True
False
```

代码解析：

在上述代码中，变量 result1 和 result2 分别表示比较运算 2 > 1 和 1 > 2 的结果。结果为真的情况下，result1 为 True；结果为假的情况下，result2 为 False。

2.2　表达式与运算符

2.2.1　表达式

1. 表达式

Python 表达式是由运算符和操作数有意义地排列所得的组合，操作数可以是值、变量、标识符等，一个单独的值或一个变量也可以被视为一个表达式，具体说明如下：

- 运算符（operator）：用于执行特定操作的符号。例如，加号“+”是一个运算符，用于执行加法操作。
- 操作数（operand）：参与运算的值、变量、标识符等，操作数可以是数字、字符串、变量名等。
- 表达式（expression）：由运算符和操作数组成的有意义的排列。表达式可以用于执行计算，并返回结果。表达式是 Python 程序中最常见的代码。通过组合运算符和操作数，表达式可以让计算机执行一些具体的操作，并返回结果。表达式可以作为语句的组成部分，参与赋值、条件判断、循环等操作。如示例 2.12 所示。

【示例 2.12】表达式表示。

```
2 + 3
"Hello" + "World"
x = 5
x > y
```

在上述代码中，2+3 表示将 2 和 3 相加；"Hello"+"World" 表示将 "Hello" 和 "World" 拼接在一起；x = 5 表示将值 5 赋给变量 x；x > y 表示判断 x 是否大于 y。这些都是表达式的实例，它们都具有特定的运算符和操作数组合，用于进行计算或判断，并返回结果。

2. 注释

在 Python 语言中，注释是一种用于向代码中添加解释和说明的文本，注释不会被解释器执行，它们只是用于帮助程序员理解代码的作用和目的。Python 中有两种注释方式：单行注释和多行注释。

单行注释：单行注释以井号（#）开头，从 # 号开始一直到行末都会被解释器忽略，其格式如下：

```
# 这是一个单行注释
```

多行注释：多行注释使用三个单引号（'''）或三个双引号（"""），可以跨越多行，其格式如下：

```
'''
这是一个
多行注释
'''
```

注释在编写代码时非常有用，可以用来解释代码的功能、算法、输入 / 输出等内容，也可以用来临时禁用部分代码。注释可以提高代码的可读性，并且在后续的维护和调试过程中起到指导作用。

2.2.2 算术运算符

1. 常用算术运算符

Python 中的算术运算符用来对数值进行数学运算，比如加减乘除，见表 2-1。

表 2-1 常用算术运算符

运算符	说明	运算符	说明
+	加	//	取整（商向下取整）
-	减	%	求余
*	乘	**	幂运算
/	除		

在 Python 中，可以使用这些运算符对数值进行加减乘除等操作，并获得相应的结果。如示例 2.13 所示。

【示例 2.13】常用算术运算符。

```
print(1 + 2)
print(3 - 4)
print(2 * 6)
print(10 / 3)
print(10 // 3)
print(10 % 3)
print(3 ** 2)
```

运行结果：

```
3
-1
12
3.3333333333333335
3
1
9
```

代码解析：

在上述代码中，1+2 的结果为 3，3-4 的结果为 -1，2 * 6 的结果为 12，10 / 3 的结果为 3.3333333333333335，10 // 3 的结果为 3，10 % 3 的结果为 1，3 ** 2 的结果为 9。

2. 优先级

算术运算符的优先级定义了它们在表达式中的执行顺序。当一个表达式中存在多个算术运算符时，优先级决定了哪个运算符会先被执行。Python 中算术运算符的优先级从高到低依次为：幂运算符（ ** ），乘法（ * ）、除法（ / ）、取整除法（ // ）和求余（ % ），加法（+）和减法（-），见表 2-2。

表 2-2　常用算术运算符优先级

运 算 符	优 先 级
**	最高
* 、/ 、// 、%	其次
+、-	最低

【示例 2.14】常用算术运算符优先级。

```
print(2 + 3 * 4)
print(8 / 2-3)
print(2 ** 3 - 4)
print(1 + 3 * 3 ** 2 + 4 // 2)
```

运行结果：

```
14
1.0
4
30
```

代码解析：

在上述代码中，计算过程如下。

（2 + 3 * 4）的计算顺序是先乘法再加法。根据优先级，乘法运算符的优先级高于加法运算符，所以先计算 3 * 4 得到 12，再加上 2，最终结果为 14。

（8 / 2 - 3）的计算顺序是先除法再减法。根据优先级，除法运算符的优先级高于减法运算符，所以先计算 8 / 2 得到 4，再减去 3，最终结果为 1.0。

（2 ** 3-4）的计算顺序是先执行幂运算再进行减法运算。根据优先级，幂运算符的优先级高于减法运算符，所以先计算 2 的 3 次方得到 8，再减去 4，最终结果为 4。

（1+3*3**2+4//2）的计算顺序是先幂运算再乘、取整后加法。根据优先级，幂运算符的优先级高于乘、取整高于加法运算符，所以先计算 3 的 2 次方得到 9，再乘以 3 得到 27 的同时计算 4 取整 2 得到 2 并相加，最后加上 1，最终结果为 30。

通过理解算术运算符的优先级，可以正确地计算复杂的数学表达式。

3. 括号分组子表达式

在一个较为复杂的表达式中，可以使用括号来分组子表达式，以明确指定运算的顺序。括号内的表达式会先进行计算，然后再与其他部分进行运算，如示例 2.15 所示。

【示例 2.15】括号分组子表达式。

```
print((2 + 3) * 4)
```

运行结果：

```
20
```

代码解析：

在上述代码中,((2+3)*4)表达式,括号内的子表达式(2+3)会先进行计算,得到5。然后，将5与4相乘，最终结果为20。

4. 混合类型之间计算自动升级

当不同类型的数据进行运算时，Python会自动将数据类型升级为精度更高的类型，以便进行运算，如示例2.16所示。

【示例2.16】混合类型之间计算。

```
print(3 + 2.0)
print(3.0 + 2j)
```

运行结果：

```
5.0
3+2j
```

代码解析：

在上述代码中，当整型和浮点型进行运算时，结果会自动升级为浮点型。(3+2.0)的结果为5.0。当浮点型和复数进行运算时，结果会自动升级为复数。(3.0+2j)的结果为3+2j。这种自动升级的机制确保了运算的准确性和一致性，同时也方便了开发者进行混合类型的运算。在Python中，不需要显式地进行类型转换，可以直接进行混合类型之间的运算。

2.2.3 比较运算符

比较运算符（也称为关系运算符），用于对常量、变量或表达式的结果进行大小比较。比较运算符返回布尔值，如果比较成立，则返回True（真），否则返回False（假），见表2-3。

表2-3 比较运算符

比较运算符	说明
>	大于，如果前面的值大于后面的值，则返回True，否则返回False
<	小于，如果前面的值小于后面的值，则返回True，否则返回False
==	等于，如果两边的值相等，则返回True，否则返回False
>=	大于等于，如果前面的值大于或者等于后面的值，则返回True，否则返回False
<=	小于等于，如果前面的值小于或者等于后面的值，则返回True，否则返回False
!=	不等于，如果两边的值不相等，则返回True，否则返回False

通过使用比较运算符，可以对变量或表达式的结果进行大小比较，进而进行条件判断和流程控制，如示例2.17所示。

【示例2.17】比较运算符。

```
print(5 > 3)
print(2 < 4)
print(2 == 2)
print(3 != 2)
print(5 >= 5)
print(4 <= 4)
```

运行结果：

```
True
True
True
True
True
True
```

代码解析：

在上述代码中，因为 5 大于 3，因此（5>3）结果为 True。因为 2 小于 4，因此（2<4）结果为 True。因为 2 等于 2，因此（2==2）结果为 True。因为 3 不等于 2，因此（3!=2）结果为 True。因为 5 大于等于 5，因此（5>=5）结果为 True。因为 4 小于等于 4，因此（4<=4）结果为 True。

2.2.4　逻辑运算符

在 Python 中，逻辑运算符作用于布尔值进行组合和操作。Python 中的逻辑运算符包括 not、and 和 or，见表 2-4。

表 2-4　逻辑运算符

运 算 符	含　义	格　式	说　明
not	逻辑非	not 表达式 a	如果 a 为假，则返回真，如果 a 为真，则返回假
and	逻辑与	表达式 a and 表达式 b	优先返回为假的表达式结果
or	逻辑或	表达式 a or 表达式 b	优先返回为真的表达式结果

【示例 2.18】逻辑运算符。

```
print(1 and 2)
print(1 or 2)
```

运行结果：

```
2
1
```

代码解析：

在上述代码中，（1 and 2）示例中，由于 1 为真，优先返回假，所以直接就返回了 2，最终显示结果为 2。（1 or 2）示例中，由于 1 为真，优先返回真，所以直接就返回了 1，最终显示结果为 1。

需要注意的是，Python 中有一些值被视为假（False），包括：0、0.0、0+0j、False、None、''（空字符串）、[]（空列表）、{}（空字典）、set()（空集合）、()（空元组）特殊字符，其他值都被视为真（True）。在逻辑运算中，这些假值在计算时会被当作 False 处理。例如，0 and True 结果为 0；0 or True 结果为 True；[] and True 结果为 []；{} or True 结果为 True。

2.3　标识符与变量

2.3.1　标识符

标识符可以理解为程序中某一元素的名字，在编程语言中用来命名变量、函数、类、模块、对象等元素的名称。在 Python 中，标识符可以是任意长度的字母、数字、下划线的组合，但必须遵循一定的命名规则。标识符的定义规则如下：

- 标识符由字母、数字和下划线组成，且不能以数字开头。
- 标识符对大小写敏感。例如，my_variable 和 My_Variable 是不同的标识符。
- 标识符中不能包含空格、@、% 以及 $ 等特殊字符。
- 标识符不能是关键字。关键字是 Python 语言中具有特殊含义的单词，用于表示语法结构或预定义的功能。使用关键字作为标识符会导致语法错误。可以通过导入和使用 keyword 模块来查看当前版本的所有关键字。例如，if、for、while 是关键字，不能用作标识符。
- 标识符应具有描述性。为了提高代码的可读性和可维护性，标识符应该具有描述性，能够清晰地表达其所代表的含义。例如，变量名可以命名为 age、name，函数名可以命名为 calculate_sum、get_data。
- 标识符应遵循命名规范。不同的编程语言有不同的命名规范，例如，Python 推荐使用小写字母和下划线的组合来命名变量和函数（如 my_variable、my_function），而 Java 推荐使用驼峰命名法（如 myVariable、myFunction）。

正确使用标识符可以提高代码的可读性和可维护性，并避免与关键字冲突的问题。因此，在编写程序时应该遵循标识符的命名规则，选择合适的名称来命名各种元素，以便于代码理解和维护。

【示例 2.19】合法标识符。

```
my_variable
myFunction
My_Class
module_name
obj_1
```

运行结果：

```
name 'my_variable' is not defined
```

代码解析：

在上述代码运行时会显示 my_variable、myFunction、My_Class、module_name、obj_1 没有被定义，表示没有赋值的意思，在下面章节中会涉及。

【示例 2.20】不合法标识符。

```
1_my_variable（以数字开头）
my variable（包含空格）
my-variable（包含特殊字符 -）
class（关键字）
```

运行结果：

```
Invalid decimal literal
```

代码解析：

在上述代码中运行程序时会弹出 SyntaxError 错误提示信息：invalid decimal literal，运行时无法正常显示，如图 2-3 所示。

在 Python 编程中，可以使用 keyword 模块来输出当前版本的所有关键字，以避免命名标识符时避开关键字。

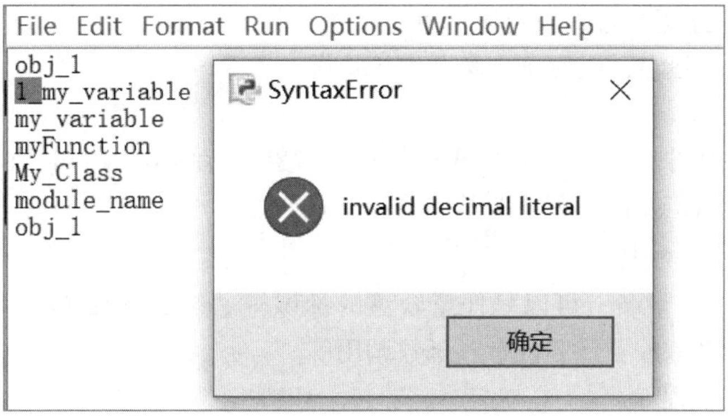

图 2-3　使用数字作为标识符弹出的错误信息

【示例 2.21】使用 keyword 模块来输出当前版本的所有关键字。

```
import keyword
print(keyword.kwlist)
```

运行结果：

```
['False','None','True','and','as','assert','async','await','break','clas
s','continue','def','del','elif','else','except','finally','for','from','glo
bal','if','import','in','is','lambda','nonlocal','not','or','pass','raise','r
eturn','try','while','with','yield']
```

代码解析：

在上述代码中，会输出当前版本的所有关键字。例如，Python 3.11 版本的关键字列表包括['False','None','True','and','as','assert','async','await','break','class','continue','def','del','elif','else','except','finally','for','from','global','if','import','in','is','lambda','nonlocal','not','or','pass','raise','return','try','while','with','yield']。

需要注意的是，虽然 Python 中的标识符可以使用 unicode 字符，但为了保持代码的可读性和可移植性，建议仅使用 ASCII 字符来命名标识符。

2.3.2　变量

变量是用来存储和表示数据的标识符。在 Python 中，可以通过赋值语句将数据绑定到变量上，并且可以根据需要来修改变量的值，变量在程序中用于临时存储数据，以便在程序的不同部分使用。变量的定义过程如下：

- 声明变量：在 Python 中，变量无须事先声明，可以直接使用。
- 变量名命名规则：变量名必须遵循 Python 标识符的命名规则，由字母、数字和下划线组成，且不能以数字开头。变量名对大小写敏感，因此 my_variable 和 My_Variable 是不同的变量名。
- 避免与关键字冲突：变量名不能与 Python 内置的关键字重名，以免影响 Python 内置函数的正常使用，可以使用 help("keywords") 命令查看 Python 中的关键字列表。
- 绑定数据：通过赋值语句将数据绑定到变量上。例如，x=5 是将整数值 5 绑定到变量 x 上，变量 x 代表了整数值 5。
- 修改变量的值：变量的值可以随时修改，通过赋予新的值，可以更新变量的内容。例如，x = 5;x = x+1 是将变量 x 的值从 5 更新为 6。

变量提供了一种方便的方式来引用和管理数据，使程序更易读、可维护。在编写程序时，应选择具有描述性的变量名，以便于理解和维护代码。

1. 赋值语句

赋值语句是一种用来创建变量并将变量与一个对象进行绑定的语句。在 Python 中，使用赋值运算符（ = ）进行赋值操作。赋值的基本语法格式如下：

```
variable = expression
```

其中，variable 是变量名，可以是任意合法的标识符；expression 是一个表达式，用来计算要赋给变量的值，可以是数字、字符串、函数调用等。

赋值语句的执行过程如下：

- 创建变量：如果变量名 variable 不存在，赋值语句将创建一个新的变量，并将其绑定到 expression 的计算结果上。
- 改变变量的绑定对象：如果变量名 variable 已经存在，赋值语句将改变变量的绑定对象。表达式 expression 将被计算，并将结果绑定到变量 variable 上。
- 单个对象绑定多个变量：在 Python 中，可以将一个对象绑定到多个变量上。例如，a = b = 5 是将整数值 5 绑定到变量 a 和 b 上。

需要注意的是，赋值语句只是将变量与对象建立了关联，而不是复制对象的内容。因此，如果一个变量的值发生变化，其他与之绑定的变量也会受到影响。赋值语句是 Python 中常用的操作之一，用于创建和修改变量的值。通过使用赋值语句，可以方便地将数据绑定到变量上，并进行后续的操作和计算。

【示例 2.22】赋值语句。

```
a = 10
print(a)
b = 20
print(b)
c = a + b
print(c)
a = a + c
print(a)
```

运行结果：

```
10
20
30
40
```

代码解析：

在上述代码执行过程中，首先通过赋值语句 a = 10 创建了变量 a 并将其绑定到整数 10 上，然后通过 print(a) 打印出变量 a 的值，结果为 10。接下来，通过赋值语句 b = 20 创建了变量 b 并将其绑定到整数 20 上，然后通过 print(b) 打印出变量 b 的值，结果为 20。通过赋值语句 c = a+b，首先计算出表达式的结果，即 30。然后将变量 c 绑定到整数 30 上，通过 print(c) 打印出变量 c 的值，结果为 30。最后，通过赋值语句 a = a+c，将变量 a 的绑定对象更新为 a+c 的结果 40，然后通过 print(a) 打印出变量 a 的值，结果为 40。

这个示例展示了如何使用赋值语句创建和修改变量的值，并通过打印语句输出变量的结果。通过使用赋值语句，可以方便地进行变量管理和计算操作。

需要注意的是，赋值操作是从右到左进行的。也就是说，赋值语句的右边的表达式会先被计算，然后将计算结果赋值给左边的变量。

2. 复合赋值

赋值运算符（ = ）可以与其他运算符结合，形成复合赋值运算符。复合赋值运算符的作用是将运算符右边的值与左边的变量进行运算，并将结果赋值给左边的变量。在 Python 中，常用的复合赋值运算符见表 2-5。

表 2-5 常用的复合赋值运算符

运 算 符	说 明	用 法	等 价 形 式
+=	加赋值	a += b	a = a + b
-=	减赋值	a -= b	a = a - b
* =	乘赋值	a * = b	a = a * b
/ =	除赋值	a /= b	a = a / b
%=	取余赋值	a %= b	a = a % b
//=	取整赋值	a // = b	a = a // b
**=	幂赋值	a **= b	a = a ** b

【示例 2.23】复合赋值语句。

```
a = 10
a += 5
print(a)
a -= 7
print(a)
a * = 3
print(a)
a /= 7
print(a)
```

运行结果：

```
15
8
24
3.4285714285714284
```

代码解析：

在上述代码执行过程中，首先将变量 a 赋值为整数 10，然后使用加法赋值运算符将 a 的值增加 5，结果为 15。接下来使用减法赋值运算符将 a 的值减去 7，结果为 8。然后使用乘法赋值运算符将 a 的值乘以 3，结果为 24。最后使用除法赋值运算符将 a 的值除以 7，结果为 3.4285714285714284（浮点数）。

3. is 和 is not 运算符

1）is 运算符

is 运算符用于判断两个变量是否引用同一个对象。如果两个变量引用同一个对象，则 is 运算符返回 True；如果两个变量引用的是不同的对象，则 is 运算符返回 False。

【示例 2.24】is 运算符。

```
a = [1, 2, 3]
```

```
b = a
print(a is b)
```

运行结果：

```
Ture
```

代码解析：

在上述代码执行过程中，变量 a 和 b 都引用了同一个列表对象 [1, 2, 3]，所以 a is b 返回 True。

2）is not 运算符

is not 运算符与 is 运算符的功能相反。它用于判断两个变量是否引用不同的对象。如果两个变量引用的是不同的对象，则 is not 运算符返回 True；如果两个变量引用同一个对象，则 is not 运算符返回 False。is 和 is not 运算符用于判断两个变量是否引用同一个对象，而不是判断它们的值是否相等。

【示例 2.25】 is not 运算符。

```
a = [1, 2, 3]
b = [1, 2, 3]
print(a is not b)
```

运行结果：

```
Ture
```

代码解析：

在上述代码执行过程中，变量 a 和 b 引用了两个不同的列表对象，即使它们的值相等，a is not b 还是返回 True。

需要注意的是，is 和 is not 运算符比较的是对象的身份标识，而不是对象的值。每个对象都有一个唯一的身份标识，可以通过内置函数 id() 来获取。当两个变量的 id() 值相同时，即表示这两个变量引用同一个对象。

3）== 运算符

与 is 运算符相比，== 运算符用于判断两个变量的值是否相等。如果两个变量的值相等，则 == 运算符返回 True；如果两个变量的值不相等，则 == 运算符返回 False。需要注意的是，值相等并不意味着两个变量引用的是同一个对象。

【示例 2.26】 == 运算符。

```
a = [1, 2, 3]
b = [1, 2, 3]
print(a == b)
```

运行结果：

```
Ture
```

代码解析：

在上述代码中，变量 a 和 b 的值都 [1, 2, 3]，所以 a == b 返回 True。

总结来说，is 和 is not 运算符用于判断两个变量是否引用同一个对象，而 == 运算符用于判断两个变量的值是否相等。

4. del 语句

del 语句用于删除变量，同时删除与对象的绑定关系，并在可能的情况下释放对象的内存。它的语法格式如下：

```
del variable
```

其中，variable 是要删除的变量名。

【示例 2.27】del 语句。

```
a = 10
print(a)
del a
print(a)
```

运行结果：

```
Traceback(mostrecentcalllast):
File" < stdin > ",line1,in < module >
NameError: name 'a' is not defined
```

代码解析：

在上述代码中，首先通过赋值语句 a = 10 创建了变量 a 并将其绑定到整数值 10 上，然后通过 print 语句打印出变量 a 的值，输出为 10。接下来，使用 del 语句删除了变量 a，并删除了与对象 10 的绑定关系。因此，再次尝试打印变量 a 的值会报错，因为变量 a 已经不存在了。所以，最后一行代码会抛出 NameError 异常，提示“a”这个名称未定义。需要注意的是，del 语句只是删除了变量及其与对象的绑定关系，并不会删除对象本身。对象的生命周期由垃圾回收机制控制，当一个对象没有任何变量引用时，该对象就会被垃圾回收机制回收，释放内存空间。

2.4　内 置 函 数

2.4.1　内置函数概念

Python 内置函数是 Python 语言自带的一些函数，不需要进行额外的导入或定义，可以直接在程序中使用。Python 内置函数有很多，每个内置函数都有特定的功能和用途并提供了基本的操作和功能，例如，数学计算、字符串操作、类型转换等等。Python 内置函数包括 print()、type()、len()、abs()、sum()、max()、min()、range()、input() 等等，使用内置函数可以方便地完成很多基本的操作，提高编程效率。需要注意的是，虽然 Python 内置函数提供了方便和高效的功能，但并不表示内置函数可以解决所有问题，在实际编程中，可能会遇到一些特定的需求，需要自己编写函数来实现，但是对于一些常见的操作，使用内置函数可以节省时间和精力，并提高代码的可读性和可维护性。

2.4.2　基本输入输出函数

1. 基本输出函数 print()

print() 函数是 Python 语言中常用的基本输出函数，它可以将一系列的值以字符串形式输出到标准输出设备上(默认为终端)。通过设置 sep 参数和 end 参数，还可以自定义分隔符和结束符，使用 print() 函数可以方便地输出结果、调试程序等。print() 函数的语法格式如下：

```
print(value1,value2,...,sep = ' ', end = '\n',file = sys.stdout,flush = False)
```

其中，value1,value2,…：要打印的值，可以是一个或多个值，用逗号分隔，可以打印各种类型的值，包括数字、字符串、列表等。

- sep：表示打印多个值时，每个值之间的分隔符，默认为一个空格。
- end：表示打印完成之后追加的字符，默认为换行符 '\n'，可以通过设置 end 参数来修改。例如，可以在打印完成之后不换行，而是追加一个空格。
- file：指定输出的文件对象，默认为标准输出设备（终端）。
- flush：是否立即刷新输出，默认为 False。

【示例 2.28】基本输出函数 print()。

```
print(10)
print(10, 20, 30, 40)
print(10, 20, 30, 4 0, sep = ";")
print(10, 20, 30, 40, end = "###")
```

运行结果：

```
10
10 20 30 40
10;20;30;40
10 20 30 40###
```

代码解析：

在上述代码中，根据代码的不同，print() 函数的行为也会有所不同。第一个 print(10) 语句只打印一个值，将整数 10 以字符串形式输出到标准输出设备上，即数字 10。第二个 print(10,20,30,40) 语句打印多个值，将整数 10、20、30 和 40 以空格作为分隔符，依次输出到标准输出设备上，结果为：10 20 30 40。第三个 print(10,20, 30,40,sep = ";") 语句打印多个值，将整数 10、20、30 和 40 以分号作为分隔符，依次输出到标准输出设备上，结果为：10；20；30；40。第四个 print(10,20,30,40, end = "###") 语句打印多个值，将整数 10、20、30 和 40 以空格作为分隔符，输出到标准输出设备上，并在输出结束后添加“###”作为结束字符，结果为：10 20 30 40###。注意：在 Python 交互式环境中，每一行代码的结果会立即输出。在正常的 Python 脚本中，需要使用 print() 函数将结果打印出来才能显示。

2. 基本输入函数 input()

input() 函数是 Python 语言中常用的基本输入函数,用于从标准输入设备上读取一个字符串，它可以提示用户输入，并将用户输入的内容以字符串形式返回，通过设置提示字符串，可以向用户提供输入的提示信息，使用 input() 函数可以方便地获取用户输入的内容，并进行相应的处理，input() 函数的语法格式如下：

```
input(prompt)
```

其中，prompt 可选参数，用于在等待用户输入时向用户显示的提示信息。它可以是任何字符串，用于指导用户输入的内容。如果不提供提示字符串，则用户将没有明确的提示信息。input() 函数会等待用户输入，并读取用户在标准输入设备上输入的内容，用户输入完成后，按下回车键，input() 函数会将输入的内容以字符串（str）形式返回，需要注意的是，末尾的换行符（回车）会被删除。如果需要将输入的内容转换为其他类型，可以使用相应的类型转换函数（如 int()、float() 等）进行转换。

【示例 2.29】基本输入函数 input()。

```
course = input("请输入课程名称：")
print(course))
classroom = input("请输入上课教室：")
print(classroom))
```

运行结果：

```
请输入课程名称：Python 语言程序设计
Python 语言程序设计
请输入上课教室：B5-202
B5-202
```

代码解析：

在上述代码中，在第一行代码 course = input(" 请输入课程名称 :") 会打印出提示信息“请输入课程名称 :”，然后等待用户输入，假如用户输入了“Python 语言程序设计”，那么用户输入的值就会被赋给变量 course，然后第二行代码输出 Python 语言程序设计。接下来的第三行代码 classroom = input(" 请输入上课教室 :") 也类似，会打印出提示信息“请输入上课教室 :”，然后等待用户输入。假如用户输入了“B5-202”，那么用户输入的值就会被赋给变量 classroom，然后第四行输出 B5-202。

2.4.3 类型转换函数

类型转换函数在 Python 中非常重要，可以帮助在不同的数据类型之间进行转换，以满足特定的需求和操作。类型转换函数指将一种数据类型转换为另一种数据类型。在某些场景中，需要对数据进行类型转换，以便进行特定的操作或计算。假设从键盘输入了一个年龄，并希望将其与一个整数进行加法运算。然而，从键盘输入的年龄是一个字符串类型的数据，而不是整数类型。在这种情况下，如果直接进行加法运算，Python 会报错，因为字符串和整数不能直接相加。在 Python 中，常用的类型转换函数见表 2-6。

表 2-6 常用的类型转换函数

函 数	作 用
int(x)	将 x 值转换成整数类型
float(x)	将 x 值转换成浮点数类型
complex(real,[imag])	用数字创建一个复数 (实部为 real, 虚部为 imag)
bool(x)	将 x 值转换为布尔型数
str(x)	将 x 值转换为字符串

在 Python 中，bool(x) 函数用于判断一个值 x 是否为真。如果 x 为真，则 bool(x) 的返回值为 True；如果 x 为假，则 bool(x) 的返回值为 False。根据 Python 的规定，bool(x) 为 False 的情况主要包括以下几种情况：

- None：None 是 Python 中表示空值的特殊对象。当一个变量没有被赋予任何值时，其默认值为 None。
- False：False 是 Python 中的布尔假值。它用于表示逻辑上的假。
- 数值类型的 0：包括整数 0、浮点数 0.0 和复数 0j。这些数值类型的 0 在逻辑上被认为是假。
- 空字符串：是一个长度为 0 的字符串，也被视为假。
- 空容器：包括空元组 ()、空列表 []、空字典 {} 和空集合 set()。这些容器在没有任何元素时被视为假。当使用 bool() 函数判断上述情况时，返回值都会是 False。这可以用于条件判断，例如，在 if 语句中判断一个值是否为真。

需要注意的是，除了以上列举的情况外，其他值都会被认为是真。例如，非空字符串、非零数值、非空容器等都被视为真。

为了解决字符串和整数相加报错的问题，可以使用类型转换函数将字符串类型的年龄转换为整数类型，然后再进行加法运算。在所举的例子中，可以使用 int() 函数将输入的年龄字符串转换为整数类型，然后再进行加法运算。这样就可以避免报错，并得到正确的结果。

【示例 2.30】转换函数。

```
age = input("请输入年龄:")
print(age + 10)
```

运行结果：

```
请输入年龄: 10
TypeError: can only concatenate str (not"int") to str
```

代码解析：

在上述代码中，使用 input() 函数提示用户输入年龄，并将输入的内容赋值给变量 age。在这里，用户输入的年龄是 10，而由于 input() 函数的返回值是字符串类型，所以 age 的数据类型也是字符串，就会出现报错，报错的原因是因为 age 的数据类型是字符串，而程序试图将字符串与整数进行相加，这是不允许的。因此可将上面代码进行转换，需要将输入的年龄转换为整数类型才能进行数值的计算，调整后的代码如下：

```
age = input("请输入年龄:")
age = int(age)
print(age + 10)
```

运行结果：

```
请输入年龄:10
20
```

代码解析：

在上述代码中，由于 input() 函数的返回值是字符串类型，所以 age 的数据类型也是字符串。接着，使用 int() 函数将 age 转换为整数类型，并将转换后的结果重新赋值给 age，age 的数据类型就变为整数。最后，使用 print() 函数打印 age 加上 10 的结果，输出结果为 20，这是因为 age 当前是整数类型，可以与整数进行加法运算。

【示例 2.31】各种类型转换函数。

```
age = input("请输入年龄:")
age = int(age)
print(age + 10)
print(float(age))
print(complex(4, 5))
print(bool(10))
print(str(20.5))
```

运行结果：

```
请输入年龄:20
30
20.0
(4 + 5j)
True
20.5
```

代码解析：

在上述代码中，使用 input() 函数提示用户输入年龄，并将输入的内容赋值给变量 age。

① 用户输入的年龄是 20，而由于 input() 函数的返回值是字符串类型，所以 age 的数据类型也是字符串。

② 使用 int() 函数将 age 转换为整数类型，并将转换后的结果重新赋值给 age。这样，age 的数据类型就变为整数。

③ 使用 print() 函数打印 age 加上 10 的结果,输出结果为 30。这是因为 age 现在是整数类型，可以与整数进行加法运算。

④ 使用 float() 函数将 age 转换为浮点数类型，并打印转换后的结果，输出结果为 20.0。这是因为 float() 函数将整数转换为对应的浮点数。

⑤ 使用 complex() 函数创建一个复数，其中实部为 4，虚部为 5，并打印复数，输出结果为 (4 + 5j)。

⑥ 使用 bool() 函数判断数值 10 是否为真，输出结果为 True。这是因为非零数值被视为真。

⑦ 使用 str() 函数将浮点数 20.5 进行转换，并打印转换后的结果，输出结果为 20.5。这是因为 str() 函数将其他数据类型转换为对应的字符串。

2.4.4　最值函数

1. max() 函数

max() 函数用于求一组数中的最大值，可以用于比较一组数值类型的数据，也可以用于比较可迭代对象中的元素，并返回最大值，max() 函数的语法格式如下：

```
max(arg1, arg2,...)
```

其中，arg1、arg2 等是要比较的数值，可以传入任意数量的参数，或者使用可迭代对象作为参数，该函数会返回参数中的最大值。

max() 函数的功能是返回参数中的最大值，它可以用于比较整数、浮点数等数值类型的数据，也可以用于比较字符串、列表、元组等可迭代对象中的元素。

【示例 2.32】最大值函数 max()。

```
print(max(1, 2))
print(max(3, 2, 10, 90, 7))
print(max(1.5, 2, 9.8))
Print(max("python", "c", "javascript"))
```

运行结果：

```
2
90
9.8
python
```

代码解析：

在上述代码中，对于第一个代码示例 max(1,2)，max() 函数用于比较一组数，返回其中的最大值。代码执行过程中，参数是两个整数：1 和 2。其中最大的数是 2，所以 max(1,2) 的返回值是 2。对于第二个代码示例 max(3, 2, 10, 90, 7)，max() 函数同样用于比较一组数，返回其中的最大值。代码执行过程中，参数是五个整数：3, 2, 10, 90 和 7。其中最大的数是 90，所以 max(3, 2, 10, 90, 7) 的返回值是 90。对于第三个代码示例 max(1.5,2,9.8)，max() 函数用于比较一组数，返回其中的最大值。代码执行过程中，参数包括浮点数和整数:1.5，2 和 9.8。其中最大的数是 9.8，所以 max(1.5, 2, 9.8) 的返回值是 9.8。对于第四个代码示例 max("python", "c", "javascript")，max() 函数用于比较一组字符串，返回字典序最大的字符串。代码执行过程中，参数是三个字符串：

"python", "c" 和 "javascript"。按照字典序比较，最大的字符串是 "python"，所以 max("python", "c", "javascript") 的返回值是 python。

2. min() 函数

min() 函数用于求一组数中的最小值，可以用于比较一组数值类型的数据，也可以用于比较可迭代对象中的元素，并返回最小值，min() 函数的语法格式如下：

```
min(arg1, arg2,...)
```

其中，arg1、arg2 等是要比较的数值，可以传入任意数量的参数，或者使用可迭代对象作为参数，该函数会返回参数中的最小值。

min() 函数的功能是返回参数中的最小值。它可以用于比较整数、浮点数等数值类型的数据，也可以用于比较字符串、列表、元组等可迭代对象中的元素。

【示例 2.33】最小值函数 min()。

```
print(min(1, 3, 10, 20, 0.5))
print(min(5.5, True, False, 0.1))
```

运行结果：

```
0.5
False
```

代码解析：

在上述代码中，对于第一个代码示例 min(1,3,10,20,0.5)，min() 函数用于比较一组数，返回其中的最小值。代码执行过程中，数值类型的参数包括整数和浮点数，即 1，3，10，20 和 0.5。其中最小的数是 0.5，所以 min(1, 3,10,20,0.5) 的返回值是 0.5。

对于第二个代码示例 min(5.5,True,False,0.1)，min() 函数同样用于比较一组数，返回其中的最小值。代码执行过程中，参数包括浮点数、布尔类型和浮点数。在比较时，True 被视为 1，False 被视为 0。所以，最小的数是 False，因为它对应的值是 0。所以 min(5.5,True,False,0.1) 的返回值是 False。

2.4.5 其他函数

1. id() 函数

id() 函数用于返回一个对象在内存中的唯一标识（地址）。它的使用方法是在函数名后面加上要获取其内存地址的对象作为参数，通过比较两个对象的 id() 函数返回值，可以判断它们是否指向同一个对象，id() 函数语法格式如下：

```
id(对象)
```

其中，id() 函数的返回值是一个整数，该整数表示对象在内存中的地址。每个对象在内存中都有一个唯一的地址，通过 id() 函数可以获取该地址。当两个变量绑定的对象地址相同时，可以说明这两个变量绑定的是同一个对象。这是因为在 Python 中，变量实际上是指向对象的引用，而不是对象本身。如果两个变量的 id() 函数返回值相同，表示它们指向同一个对象。

【示例 2.34】id() 函数。

```
#第一个代码块
a = 10
b = 10
print(id(a))
print(id(b))
print(a is b)
```

```
# 第二个代码块
a = 10000
b = 20000
print(id(a))
print(id(b))
```

运行结果：

```
140719632868424
140719632868424
True
2507114487856
2507114483728
```

代码解析：

在上述代码中，在第一个代码块中，将变量 a 和 b 都赋值为 10，由于 10 位于小整数对象池中，不会被销毁，因此 a 和 b 实际上绑定到了同一个对象，即 a 和 b 在内存中的 id 相同。因此，id(a) 和 id(b) 的返回值都是 140 719 632 868 424，并且执行 a is b 时返回 True。在第二个代码块中，将变量 a 赋值为 10 000，将变量 b 赋值为 20 000。由于 10 000 和 20 000 是不同对象，Python 会为它们分配不同的内存空间。因此，id(a) 的返回值是 2507 114 487 856，id(b) 的返回值是 2 507 114 483 728。

总之，在 Python 语言中会对一些常见的数字和字符串进行缓存，当变量绑定的是不可变对象时，如果它们的值相同，则它们绑定的是同一个对象，id() 函数会返回相同的值。当变量重新赋值为不同的值时，它们会绑定到不同的对象，id() 函数会返回不同的值。

2. abs() 函数

abs() 函数用于求取一个数的绝对值。它的使用方法是在函数名后面加上要求取绝对值的数作为参数，可以处理整数、浮点数和复数。abs() 函数语法格式如下：

```
abs(对象)
```

其中，abs() 函数的参数可以是整数、浮点数或复数。对于整数和浮点数，abs() 函数会返回其绝对值。对于复数，abs() 函数会返回复数的模（即复数的长度）。

【示例 2.35】绝对值 abs() 函数。

```
print(abs(10))
print(abs(-10))
print(abs(-3.5))
```

运行结果：

```
10
10
3.5
```

代码解析：

在上述代码中，第一行代码 abs(10)，传递整数 10 作为参数，它的绝对值是 10，所以返回结果是 10。第二行代码 abs(−10)，传递整数 −10 作为参数，它的绝对值也是 10，所以返回结果是 10。第三行代码 abs(−3.5)，传递浮点数 −3.5 作为参数，它的绝对值是 3.5，所以返回结果是 3.5。根据代码的执行结果，可以看到 abs() 函数能够正确地计算出给定数的绝对值。无论是正数还是负数，它都能返回正确的结果。

3. round() 函数

round() 函数用于对数值进行四舍五入。它的使用方法是在函数名后面加上要进行四舍五入的数作为参数，并可以选择性地指定小数保留的位数，round() 函数语法格式如下：

```
round(number[,ndigits])
```

其中，number 为必选参数，表示要进行四舍五入的数值。ndigit 为可选参数，表示小数向右取整的位数。正数表示保留的小数位数，负数表示向左取整到指定位数，如果省略 ndigits 参数，则表示将 number 四舍五入到最接近的整数。

需要注意的是，round() 函数的返回值的类型与参数的类型相同。如果参数是一个整数，那么返回值也是一个整数。如果参数是一个浮点数，那么返回值也是一个浮点数。

【示例 2.36】四舍五入 round() 函数。

```
p = 397864.1415926
print(round(p))
print(round(p, 3))
print(round(p, -2))
```

运行结果：

```
397864
397864.142
397900.0
```

代码解析：

在第一个示例中，由于未指定 ndigits 参数，所以 round(p) 将 p 四舍五入为最接近的整数，对数值 397864.1415926 进行四舍五入，返回结果是 397864。

在第二个示例中，指定了 ndigits 参数为 3，所以 round(p,3) 将 p 四舍五入保留 3 位小数。即对数值 397864.1415926 进行四舍五入，保留 3 位小数，返回结果是 397864.142。

在第三个示例中，指定了 ndigits 参数为 -2，所以 round(p, -2) 将 p 四舍五入到最接近的百位数。即对数值 397864.1415926 进行四舍五入，向左取整到百位，返回结果是 397900.0。

根据代码的执行结果，可以看到 round() 函数能够正确地对数值进行四舍五入。根据指定的位数，它可以返回整数或保留指定位数的小数。

4. pow() 函数

pow() 函数是 Python 中的内置函数之一，用于计算幂运算。它可以计算一个数的指数幂，或者计算一个数的指数幂后再对另一个数取模，pow() 函数语法格式如下：

```
pow(base,exponent[,modulus])
```

其中，base 参数是底数、必选参数，表示要进行幂运算的数；exponent 参数是指数、必选参数，表示要进行幂运算的指数；modulus 参数是可选的取模值，表示取模运算的模数。pow() 函数将返回 base 的 exponent 次幂。

需要注意的是，pow() 函数的返回值的类型与参数的类型相同。如果参数都是整数，那么返回值也是一个整数。如果参数中有浮点数，那么返回值也是一个浮点数。

【示例 2.37】pow() 函数。

```
print(pow(2, 3))
print(pow(3, 3))
print(pow(3, 4, 2))
print(pow(3, 2, 5))
```

运行结果：

```
8
27
```

```
1
4
```

代码解析：

在上述代码中，第一行代码计算 2 的 3 次幂，即 2 的立方，结果为 8。第二行代码计算 3 的 3 次幂，即 3 的立方，结果为 27。第三行代码计算 3 的 4 次幂，并对结果取模 2，即计算 3 的 4 次幂除以 2 的余数，等价于 (81 % 2)，结果为 1。第四行代码计算 3 的 2 次幂，并对结果取模 5，即计算 3 的 2 次幂除以 5 的余数，等价于 (9 % 5)，结果为 4。

根据代码的执行结果，可以看到 pow() 函数能够正确地进行幂运算，并且可以指定一个模数进行取模运算。

2.5 项目实训

2.5.1 实训需求

① 从键盘录入个人信息，包括姓名、性别、体重、爱好、出生日期、语文成绩、数学成绩、英语成绩、当前年月日等。

② 计算并打印个人信息，包括基本情况、出生情况、分数情况。

2.5.2 实训步骤

编写程序实现个人信息系统，用于管理个人信息。该系统从键盘录入个人信息，计算并打印个人的基本情况、出生情况和分数情况。

具体步骤如下：

1. 录入信息

从键盘录入个人信息，使用 input() 函数来实现，录入的信息包括姓名、性别、体重（kg、整型）、爱好、出生年份（整型）、出生月份（整型、1 ～ 12）、出生日（整型、1 ～ 30）、语文成绩（浮点型）、数学成绩（浮点型）、英语成绩（浮点型）、当前年份（整型）、当前月份（整型）、当前日（整型）。

【示例 2.38】录入信息。

```
# 录入基本信息
name = input("请输入姓名：")
gender = input("请输入性别：")
weight = int(input("请输入体重 (kg):"))                    # int() 体重转为整型
hobby = input("请输入爱好：")
# 录入出生日期
birth_year = int(input("请输入出生年份：")) 
birth_month = int(input("请输入出生月份 (1-12):"))
birth_day = int(input("请输入出生日 (1-30):"))
# 录入成绩
chinese = float(input("请输入语文成绩：")) 
math = float(input("请输入数学成绩：")) 
english = float(input("请输入英语成绩：")) 
# 录入当前日期
now_date_year = int(input("请输入当前年份：")) 
now_date_month = int(input("请输入当前月份：")) 
```

```
now_date_day = int(input("请输入当前日:"))
```

2. 打印基本情况

基本情况包括姓名、性别、体重、爱好等，如示例 2.39 所示。

【示例 2.39】打印基本情况。

```
print("*** * * ** * ** * ** * ** 个人信息系统 * ** * ** * ** * ** * ** ")
print("--------------- 基本情况 ---------------")
print("姓名:", name, "性别:", gender)
print("体重:", weight, "爱好:", hobby)
```

3. 计算并打印出生情况

出生情况需要计算出生的天数（假设每个月都是 30 天）、出生的秒数、出生至今过了多少星期，余多少天，然后将这些信息打印出来，如示例 2.40 所示。

【示例 2.40】计算并打印出生情况。

```
#1.计算其出生的天数(假设每个月都是 30 天)
year_day = (now_date_year - birth_year) * 12 * 30
month_day = (now_date_month - birth_month) * 30
day_day = now_date_day - birth_day
birth_days = year_day + month_day + day_day
#2.计算其出生的秒数
birth_seconds = birth_days * 24 * 60 * 60
#3.计算其过了多少星期，余多少天
weeks = birth_days // 7
leave_day = birth_days % 7
print("--------------- 出生情况 ---------------")
print("出生天数:", birth_days, "出生秒数:", birth_seconds)
print("出生星期数:",weeks, "剩余天数:", leave_day)
```

4. 计算分数情况并打印

分数情况需要计算总分、平均分、最高分数、最低分数，并将其打印出来。以下是计算分数情况并打印的代码示例，如示例 2.41 所示。

【示例 2.41】计算分数情况并打印。

```
#4.计算总成绩、平均成绩、最高成绩和最低成绩并打印
total_score = round(chinese + math + english, 2)
avg_score = round((chinese + math + english) / 3, 2)
max_score = max(chinese, math, english)
min_score = min(chinese, math, english)
print("--------------- 分数情况 ---------------")
print("总分:", total_score, "平均分:", avg_score)
print("最高分数:", max_score, "最低分数:", min_score)
```

2.5.3 实现效果

根据实训步骤，个人信息系统将按照要求录入信息、打印基本情况、计算并打印出生情况以及计算并打印分数情况。

运行结果：

```
请输入姓名:小宇
请输入性别:男
请输入体重(kg):58
请输入爱好:篮球
```

```
请输入出生年份:1999
请输入出生月份(1-12):2
请输入出生日(1-30):15
请输入语文成绩:89
请输入数学成绩:98
请输入英语成绩:92
请输入当前年份:2003
请输入当前月份:5
请输入当前日:25
*************** 个人信息系统 ***************
---------------基本情况---------------
姓名: 小宇 性别: 男
体重: 58 爱好: 篮球
---------------出生情况---------------
出生天数: 1540 出生秒数: 133056000
出生星期数:220 剩余天数: 0
---------------分数情况---------------
总分:279.0 平均分: 93.0
最高分数: 98.0 最低分数: 89.0
```

小　结

本章介绍了 Python 语法格式中的基本数据类型、表达式与运算符、变量与标识符以及内建函数。通过学习本章内容，读者可以掌握 Python 的基本数据类型，包括整型、浮点数、复数和布尔类型。了解每种类型的特点和应用场景，并学会如何声明和使用这些数据类型。熟悉表达式与运算符的相关知识，表达式的构成与求值过程，学会使用算术运算符、比较运算符和逻辑运算符进行各种数值和逻辑运算。掌握变量与标识符的概念和使用方法，了解标识符的命名规则和约定，学会如何声明和使用变量来存储和操作数据。掌握 Python 的内置函数，了解内置函数的概念和作用，学会使用基本的输入输出函数、类型转换函数和其他常用函数来处理数据。通过本章的项目实训，将所学知识应用到一个具体的实际问题中，加深对所学知识的理解和掌握，提升编程实践能力。这将为读者进一步学习和应用 Python 语言打下坚实的基础。

习　题

一、选择题

1. （　　）不是 Python 的基本数字数据类型。

   A. int　　B. float　　C. str　　D. bool

2. 在 Python 中，（　　）是算术运算符。

   A. and　　B. or　　C. not　　D. +

3. （　　）是比较运算符。

   A. +　　B. *　　C. ==　　D. %

4. (　　) 是逻辑运算符。

A. *　B. /　　C. and　　D. >

5. (　　) 是 Python 的内置函数。

A. for　　B. if　　C. print　　D. while

6. 关于赋值语句，以下选项中描述错误的是（　　）。

A. 赋值语句采用符号 = 表示　　B. 赋值与其他操作符可以组合，例如 +=

C. a，b = b，a 可以实现 a 和 b 值的互换　　D. a，b，c = b，c，a 是不合法的

7. 以下选项中符合 Python 语言变量命名规则的是（　　）。

A. Templist　　B. !i　　C. 5_1　　D. （VR）

二、编程题

1. 编写一个程序，计算两个数字的和。
2. 编写一个程序，判断一个数字是否为偶数。
3. 编写一个程序，比较两个数字的大小并输出较大的数字。

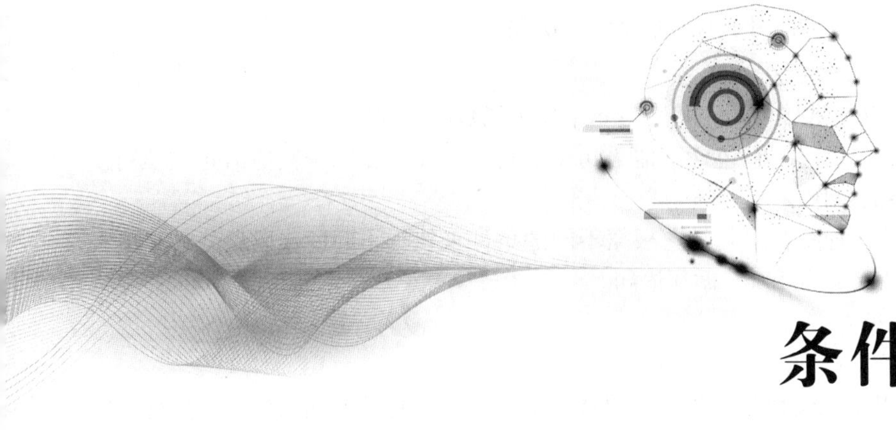

第 3 章 条件控制结构

本章导学：

在 Python 语言程序设计中，条件控制结构是非常重要的部分。它可以根据不同的条件执行不同的代码块，以实现程序的灵活性和逻辑性。本章主要介绍条件表达式，掌握单分支结构、双分支结构、多分支结构的应用，以及分支嵌套结构的逻辑。帮助读者可以编写出更灵活、逻辑性更强的程序。

学习目标：

- 巩固运算符、表达式的应用，如算数运算符、关系运算符、赋值运算符、逻辑运算符。
- 熟练理解条件表达式。
- 掌握单分支结构、双分支结构、多分支结构的应用。
- 理解分支嵌套结构逻辑。
- 通过学习本章提供的案例，学会条件控制语句的实践应用。

3.1 语　句

3.1.1 语句的定义

在 Python 中，语句是构成程序的基本单位，是用于实现程序操作的代码。它可以包括变量声明、赋值操作、条件判断、表达式等。在 Python 中任何一句代码都可以称之为语句。

一般而言，只有一个逻辑结构的语句称为简单语句。简单语句通常只包含一个操作或表达式。表达式语句是一种简单语句，它用于执行某种计算或操作。例如：

```
1+1
```

这是一个简单的表达式语句，它计算 1 加 1 的结果。

赋值语句也是一种简单语句，用于将一个值赋给一个变量。例如：

```
city = 'Beijing'
```

这是一个赋值语句，它将字符串 'Beijing' 赋值给变量 city。

返回值语句也是一种简单语句，用于返回某个值。例如：

```
return city
```

这是一个返回值语句，在函数中使用，将变量 city 作为函数的返回值。

除了简单语句，还有复合语句，它包含其他语句（语句组）并能够影响其他语句的执行。复合语句可以完成各种复杂的操作。

例如，控制结构语句是一种复合语句，它根据不同的条件来执行不同的代码块。常见的控制结构语句包括 if 语句、while 语句和 for 循环语句。

3.1.2 Python 常用语句

在 Python 中，语句是用于实现程序操作的代码块。它可以完成各种不同的任务，如变量赋值、函数返回、模块导入、改变程序流程等。下面将详细描述几种常用的语句，以及它们的解释、示例和用途。常见的语句可以实现各种复杂的操作，从而实现更灵活、功能更强大的程序，常用语句见表 3-1。

表 3-1 常用语句

语 句	解 释	示 例
赋值语句	将名称和值进行绑定	a = 1 b = 'hello python'
分支语句	根据条件改变流程执行顺序	if True: print(' 合格 ')
循环语句	放置需要重复执行的代码	for i in range(3): print(i)
函数定义语句	将某个代码块封装成一个函数，方便反复使用	def add(a, b): return a+b

1. 赋值语句

赋值语句用于将变量名和值进行绑定。例如，可以使用赋值语句将整数 1 赋给变量 a：

```
a = 1
```

这将把变量 a 和值 1 绑定在一起。在 Python 中，赋值语句使用等号（ = ）来完成。

2. 分支语句

分支语句用于根据条件改变程序的执行顺序。例如，可以使用 if 语句根据某个条件来判断是否执行某个代码块：

```
if True:
    print(' 合格 ')
```

这将在控制台上打印出字符串 ' 合格 '。在 Python 中，分支语句可以使用 if、elif 和 else 关键字来实现。

3. 循环语句

循环语句用于重复执行某个代码块。例如，可以使用 for 循环语句来遍历一个序列，并对其中的每个元素执行某个操作：

```
for i in range(3):
    print(i)
```

这将在控制台上打印出数字 0、1 和 2。在 Python 中，循环语句可以使用 for 和 while 关键字来实现。

4. 函数定义语句

函数定义语句用于将某个代码块封装成一个函数，并给它一个名称。例如，可以使用 def 语句定义一个函数来实现两个数字相加的操作：

```
def add(a, b):
    return a+b
```

这将定义一个名为 add 的函数，它接收两个参数 a 和 b，并返回它们的和。在 Python 中，函数定义语句可以使用 def 关键字来实现。

3.1.3 控制结构

在 Python 中，控制结构是一种可以控制程序执行顺序的结构，它可以根据不同的条件执行不同的代码块，从而实现各种不同的功能。其中，分支语句和循环语句比较特殊，它们是常见的控制结构，用于实现根据条件判断来执行代码运行流程和需要重复执行的代码。

根据条件判断来执行代码运行流程称为条件控制结构，包括单分支结构、双分支结构、多分支结构、嵌套结构，根据条件判断需要重复执行的代码称为循环结构，包括 for 循环和 while 循环。

3.2 if 语句

3.2.1 真值表达式

真值表达式是一种用于判断条件是否为真的表达式。在 Python 中，可以使用 bool() 函数来操作真值表达式，判断其返回值是 True（真）还是 False（假）。在 Python 程序中，整数 1 代表真，整数 0 代表假。除此之外，任何非空数据都被认为是真，任何空数据都被认为是假。

1. 整数 1 代表真，整数 0 代表假

在 Python 中，可以使用整数 1 和整数 0 来表示真和假。当使用 bool() 函数对这些整数进行操作时，它们会被转换为对应的布尔值。例如：

```
print(bool(1))   # 输出 True
print(bool(0))   # 输出 False
```

2. 任何非空数据都为真

在 Python 中，除了整数 1 之外，任何非空数据都被认为是真。这包括字符串、列表、元组、字典等。例如：

```
print(bool("Hello"))                        # 输出 True
print(bool([1, 2, 3]))                      # 输出 True
print(bool((1, 2, 3)))                      # 输出 True
print(bool({"name":"John","age":30}))       # 输出 True
```

3. 任何空数据都为假

在 Python 中，任何空数据都被认为是假。这包括空字符串、空列表、空元组、空字典和空值（None）。例如：

```
print(bool(""))                  # 输出 False
```

```
print(bool([]))                    # 输出 False
print(bool(()))                    # 输出 False
print(bool({}))                    # 输出 False
print(bool(None))                  # 输出 False
```

需要注意的是，空数据不仅仅是指没有内容的数据，也包括长度为 0 的数据。

通过使用 bool() 函数和理解真值表达式的特性，可以在程序中根据条件的真假来进行逻辑判断和控制程序的执行流程。

3.2.2 条件控制结构

在 if 条件控制结构中，根据真值表达式的值来确定后续的执行步骤。如果为真，则执行该分支下的代码块；如果为假，则不执行或执行为假的分支子句。根据程序的分支情况，条件控制结构可以分为单分支结构、双分支结构和多分支结构。

1. 单分支结构

在 if 语句的单分支结构中，当真值条件为真时，执行 if 语句内的代码块 A，如果判断语句为假，则不执行，如图 3-1 所示。

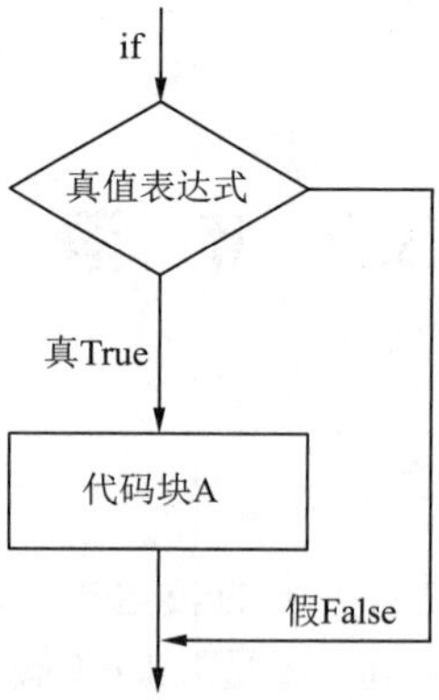

图 3-1 单分支语句

单分支结构应用场景示例：购票时判断用户是否是学生，学生可以享受半价优惠。在这种情况下，可以使用 if 语句来判断用户的学生身份，如果是学生，则执行相应的代码块，给予学生票的优惠。

单分支具体的语法结构如下：

```
if condition:
    代码块 A  # 如果条件为真，执行该代码块
```

其中，关键字 if 和真值表达式之间有一个空格，冒号为英文冒号，condition 是一个真值表达式，如果条件表达式为真，则执行 if 语句内的代码块 A。如果条件为假，则不执行任何代码，if 语句中的代码块缩进，语法结构必须是 4 个空格。

【示例 3.1】if 语句单分支结构示例 1。

```
age = int(input("请输入您的年龄: "))
if age <= 18:
    print("您是学生，可以享受学生票的优惠！")
```

运行结果：

```
请输入您的年龄: 16
您是学生，可以享受学生票的优惠！
```

代码解析：

在上述代码中，首先，使用 input() 函数获取用户输入的年龄，并将其转换为整数类型。然后，使用 if 语句判断用户的年龄是否小于等于 18 岁，如果是，则打印出相应的信息，表示用户可以享受学生票的优惠。

单分支结构非常适用于只有一种判断条件的情况，当条件为真时执行相应的代码块，如果条件为假，则不执行任何代码。在实际编程中，可以根据具体的需求和条件，使用 if 语句的单分支结构来实现不同的功能。

【示例 3.2】if 语句单分支结构示例 2。

```
if 1 < 2:
    print('ok')
    print('hello python')
```

运行结果：

```
ok
hello python
```

代码解析：

在上述代码中，首先有一个真值表达式 1 < 2，这是一个关系运算符表达式，它判断 1 是否小于 2。由于 1 小于 2，所以这个条件表达式的值为真（True），其对应的代码块会被执行。代码块中有两行代码，分别是 print('ok') 和 print('hello python')。这两行代码都被缩进，表示它们属于 if 语句的代码块。

因为条件为真，所以代码块中的两行代码都会被执行。先执行 print('ok') 将字符串 'ok' 打印到控制台。再执行 print('hello python') 将字符串 'hello python' 打印到控制台。

【示例 3.3】if 语句单分支结构示例 3。

```
if 1 > 2:
    print('ok')
    print('hello python')
```

执行程序后发现没有任何显示。

代码解析：

在上述代码中，判断 1 是否大于 2，由于真值表达式不成立，即值为假（False），其对应的代码块不会被执行。因为条件为假，所以代码块中的两行代码都不会被执行，因此没有任何输出结果。

【示例 3.4】假设动物园门票 20 元，学生票半价，设计代码实现购买学生票并输出学生票价。

```
price = 20
question = input('请问是学生吗？请输入是或不是：')
if question == '是':
    stu_price = int(price * 0.5)
    print('购买学生票，票价为', stu_price,'元')
```

运行结果：

```
请问是学生吗？请输入是或不是：是
购买学生票，票价为 10 元
```

在上述代码中，根据输入的条件，代码实现了一个购买学生票的功能。

代码解析：

首先，定义了一个变量 price 赋值为 20，表示动物园门票的原价。然后，使用 input() 函数获取用户的输入，将其保存在变量 question 中。这个输入会提示用户回答是否是学生。

通过 if 语句来判断用户输入的内容。如果用户输入的内容与字符串 '是 ' 相等，则条件为真。当判断条件为真，执行对应的代码块。在代码块中，定义了一个新的变量 stu_price，它的值是 price 乘以 0.5（即原价的一半）。这样就计算出了学生票的价格。最后，使用 print() 函数输出购买学生票的提示信息。

【示例 3.5】实现商务座登机案例。

具体要求：在登机时会发现商务座乘客可提前登机，而普通用户则需等待通知，设计程序判断乘客是否是商务座，商务座可以直接登机。

思路：

（1）结合 input() 函数设计人机交互窗口，获得输入值。

（2）根据 input() 输入值，设置真值表达式，通过分支语句进行判断。

```
question = input("请问您是否是商务座乘客？请输入是或不是：")
if question == "是":
    print("您可以提前登机，请准备好您的登机牌。")
```

运行结果：

```
请问您是否是商务座乘客？请输入是或不是：是
您可以提前登机，请准备好您的登机牌。
```

代码解析：

在上述代码中，首先，使用 input() 函数来获取用户的输入，将其保存在变量 question 中。这个输入会提示用户回答是否是商务座乘客。然后，通过 if 语句来判断用户输入的内容，如果用户输入的内容与字符串 " 是 " 相等，则条件为真。如果条件为真，则进入 if 语句的代码块。在代码块中，输出一条信息，告知用户可以提前登机，并提醒他们准备好登机牌。

2. 双分支结构

在 if 语句的双分支结构中，根据真值表达式的结果，程序会选择性地执行代码块 A 或代码块 B，真值表达式通常是两个互斥的条件，只有满足其中一个条件时，程序才会执行相应的代码块，如图 3-2 所示。

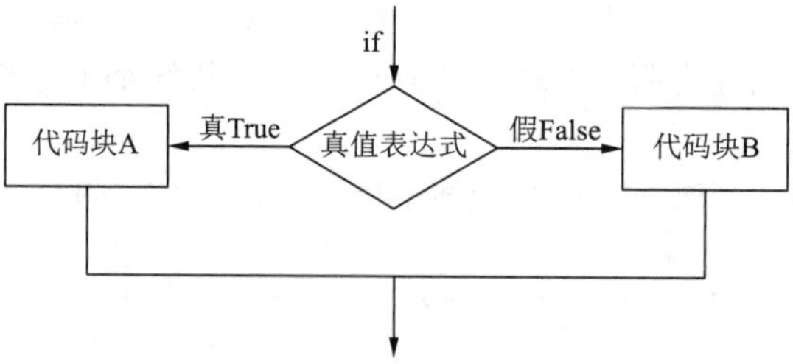

图 3-2 双分支语句

双分支结构应用场景示例：设置成绩奖励机制，如果成绩超出 90 分，奖励超市购物 1 分钟，否则奖励一本练习册。在这个例子中，根据用户输入的考试成绩，使用 if 双分支语句进行判断。如果成绩大于 90，条件为真，程序执行代码块 A，输出奖励超市购物 1 分钟的信息；如果成绩小于等于 90，条件为假，程序执行代码块 B，输出奖励一本练习册的信息。

在双分支结构中，程序只会执行其中一个代码块，根据真值表达式的结果来决定执行哪个代码块，这种结构非常适用于根据条件需要选择执行不同代码块的场景。双分支语法结构如下：

```
if condition:
```

```
    代码块 A   # 如果条件为真，执行该代码块
else:
    代码块 B   # 如果条件为假，执行该代码块
```

其中，关键字 if 和真值表达式之间有一个空格，冒号为英文冒号。如果表达式为真，则执行 if 语句内的代码块 A；如果条件为假，则执行代码块 B。和单分支 if 语句相比，多了一个 else 结构。

【示例 3.6】假设动物园门票 20 元，学生票半价，其余人购买成人票原价，设计代码实现购票功能。

```
price = 20
question = input('请问是学生吗？请输入是或不是：')
if question == '是':
    stu_price = int(price * 0.5)
    print('您购买的是学生票，票价为', stu_price, '元')
else:
    print('您购买的是成人票，票价为', price,'元')
```

运行结果：

```
请问是学生吗？请输入是或不是：是
您购买的是学生票，票价为 10 元
请问是学生吗？请输入是或不是：不是
您购买的是成人票，票价为 20 元
```

代码解析：

在上述代码中，根据用户是否是学生来确定票价，并输出相应的信息。

首先，将票价保存在变量 price 中，这里假设票价为 20。然后，使用 input() 函数获取用户的输入，提示用户回答是否是学生，并将输入保存在变量 question 中。

通过 if 语句来判断真值表达式的值，如果条件为真，则进入 if 语句的代码块。在代码块中，使用变量 price 和 0.5 进行乘法运算，并将结果转换为整数类型，将结果保存在变量 stu_price 中。再输出一条信息，告知用户购买的是学生票，票价为 stu_price 元。如果条件为假，则执行 else 语句的代码块。在代码块中，直接输出一条信息，告知用户购买的是成人票，票价为 price 元。

根据用户的输入和条件判断的结果，会输出相应的信息。如果用户输入了"是"，则条件为真，所以会进入 if 语句的代码块，并输出购买的是学生票，票价为 10 元。如果用户输入了其他内容，条件为假，所以会执行 else 语句的代码块，直接输出购买的是成人票，票价为 20 元。

3. 多分支结构

多分支结构是在 if 语句中使用多个 elif 子句来判断多个条件，并根据条件的结果执行对应的代码块，这样可以根据不同的条件表达式来执行不同的代码块，从而实现更复杂的逻辑判断，如图 3-3 所示。

多分支结构应用场景示例：根据成绩划分等级，成绩小于 60 分为不及格，成绩位于 60 ～ 80 为一般，成绩位于 80 ～ 90 为良好，成绩大于 90 为优秀。

在多分支结构中包含了多个 elif 子句和一个 else 子句，其中 else 子句可省略，根据不同真值表达式的值来执行对应的代码块。多分支语法结构如下：

```
if condition1:
    代码块 A
elif condition2:
```

```
    代码块 B
...
elif conditionN:
    代码块 N
else:
    代码块 N+1
```

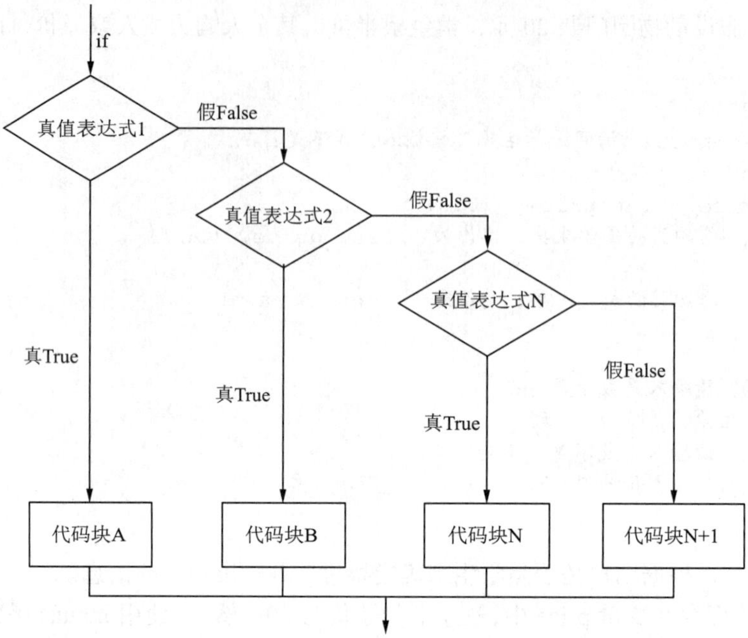

图 3-3　多分支结构

上述语法结构中，根据 if 语句中真值表达式 1 来判断执行顺序，如果真值表达式 1 为真，则执行代码块 A，否则继续执行后续代码。

再根据 elif 中真值表达式 2 来判断执行顺序，如果真值表达式 2 为真，则执行代码块 B，否则继续判断下一个条件。

依此类推，根据真值表达式 N 来判断条件，并执行对应的代码块 N。如果所有的条件都为假，则执行 else 子句中的代码块 N+1。这种多分支结构的代码逻辑是根据不同的真值表达式的结果来选择执行对应的代码块。只有满足条件的代码块会被执行，后续的代码块将不会被执行。

多分支结构的应用场景可以是根据不同的条件来执行不同的操作。例如，根据用户输入的选项来执行相应的功能，或者根据不同的情况来输出不同的信息。通过使用多个 elif 子句和 else 子句，可以实现更复杂的逻辑判断和流程控制。

【示例 3.7】设计程序实现成绩评级判断：成绩小于 60 分为不及格，成绩位于 60~80 为一般，成绩位于 80~90 为良好，成绩大于 90 为优秀。

```
score = float(input('请输入学生的成绩：'))
if score < 0 or score > 100:
    print('成绩输入错误，请重新输入')
elif score < 60:
    print('成绩不及格')
elif score >= 60 and score < 80:
    print('成绩一般')
```

```
elif score >= 80 and score < 90:
    print('成绩良好')
else:
    print('成绩优秀')
```

运行结果：

```
请输入学生的成绩：88
成绩良好
请输入学生的成绩：98
成绩优秀
请输入学生的成绩：72
成绩一般
请输入学生的成绩：55
成绩不及格
```

代码解析：

在上述代码中，根据用户输入的考试成绩，使用 if 语句和多个 elif 子句进行判断。

如果成绩小于 60 为真时，程序会执行代码块 A，输出成绩不及格的信息。如果成绩不满足第一个条件，程序会继续判断第二个条件，即成绩大于等于 60 且小于 80。

如果满足第二个条件时，程序会执行代码块 B，输出成绩一般的信息。如果成绩不满足第二个条件，程序会继续判断第三个条件，即成绩大于等于 80 且小于 90。

如果满足第三个条件时，程序会执行代码块 C，输出成绩良好的信息。如果成绩不满足前面的条件（即成绩大于等于 90），程序会执行最后一个 else 语句的代码块 D，输出成绩优秀的信息。

【示例 3.8】 参考成绩评级多分支结构实现过程，实现景区购票规则设置。

假设景区票价为 40 元，针对不同用户对应不同活动，如果是学生或军人可以享受半价优惠，如果是本地居民可享受八折优惠，如果是老人或儿童则可以免票，如果是成人则需原价购买。同时满足多个条件时只享受优惠最高的活动。

思路：

（1）如何设置优先级？

（2）如何判断用户身份（学生、军人、儿童、老人、成人）？

```
price = 40
age = int(input('请输入您的年龄：'))
role = input('请问您是学生或军人吗（是或不是）')
local = input('请问您是否为本地居民（是或不是）')
if age >= 65 or age <= 10:
    print('您是老人或儿童，免费参观！')
elif role == '是' :
    stu_price = price * 0.5
    print('您是学生或军人享受半价优惠，票价为',stu_price,'元')
elif local == '是':
    local_price = price * 0.8
    print('您是本地居民享受八价优惠，票价为', local_price, '元')
else:
    print('您需购买成人票，票价为', price, '元')
```

运行结果：

```
请输入您的年龄：36
请问您是学生或军人吗（是或不是）不是
请问您是否为本地居民（是或不是）是
```

```
您是本地居民享受八价优惠，票价为 32.0 元

请输入您的年龄：36
请问您是学生或军人吗（是或不是）是
请问您是否为本地居民（是或不是）是
您是学生或军人享受半价优惠，票价为 20.0 元

请输入您的年龄：36
请问您是学生或军人吗（是或不是）不是
请问您是否为本地居民（是或不是）不是
您需购买成人票，票价为 40 元

请输入您的年龄：70
请问您是学生或军人吗（是或不是）是
请问您是否为本地居民（是或不是）是
您是老人或儿童，免费参观！
```

在上述代码中，实现了根据年龄、角色和本地居民身份来判断门票价格。

代码解析：

首先代码给定了票价为 40 元的变量 price，并通过 int(input()) 函数获取年龄信息，通过 input() 函数获取角色和本地居民身份信息。

再使用 if…elif 多分支结构进行条件判断，根据程序自上而下的执行顺序，设置判断条件的先后顺序，将优惠最高的判断条件放在最初，依次判断年龄、角色、本地居民身份。

（1）根据年龄进行判断，当年龄条件为真时，输出“您是老人或儿童，免费参观！”的信息。

（2）如果年龄不满足第一个条件，程序会继续判断下一个条件，即角色是否为学生或军人。当角色条件为真时，程序计算学生 / 军人的票价（半价），并输出相应的信息。

（3）如果角色不满足第二个条件，程序会继续判断下一个条件，即是否为本地居民。当本地居民条件为真时，程序计算本地居民的票价（票价的 80%），并输出相应的信息。

（4）如果都不满足前面的条件，即年龄不满足老人 / 儿童的条件，角色不是学生 / 军人，也不是本地居民，程序会执行最后一个 else 子句的代码块，输出成人票的价格。

这段代码中根据不同条件，执行对应的代码块，实现了根据不同条件来判断门票价格的功能。

3.3 if 语句嵌套

3.3.1 分支结构嵌套

分支结构嵌套即在一个 if 语句分支中，嵌套了另一个 if 语句，if 单分支结构、if…else 双分支结构、if…elif 多分支结构之间可以相互嵌套。以 if…else 双分支结构中嵌套 if…else 双分支结构为例，如图 3-4 所示。

当程序执行到外层的 if…else 语句时，首先会判断外层的真值表达式，当条件为真，则执行内层的代码块；当条件为假时则执行外层的代码块 C。

内层的代码块也是一个 if…else 结构，它的判断条件可以是外层条件的结果，也可以是其他条件。当内层的条件为真时，执行内层的代码块 A，否则执行内层 else 子句中的代码块 B。

在分支结构中，只会执行一条分支语句，代码块间的缩进关系，决定程序间的从属关系。

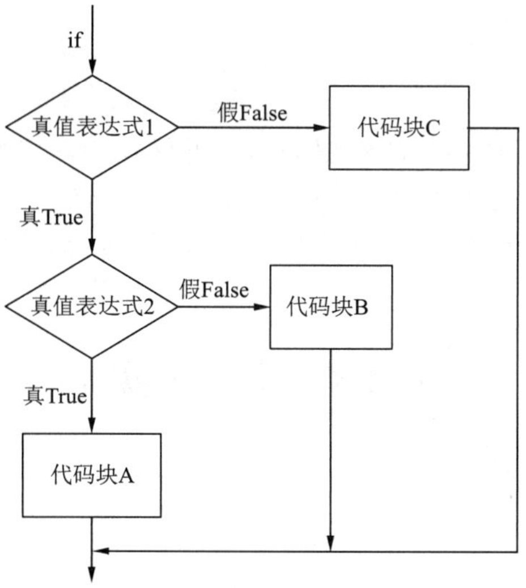

图 3-4　分支结构嵌套

3.3.2　if 嵌套语法结构

以 if...else 嵌套 if...else 语句为例，语法结构如下：

```
if condition1:
    if condition2:
        代码块 A
    else:
        代码块 B
else:
    代码块 C
```

首先根据真值表达式 1 进行判断，如果真值表达式 1 的结果为真，则执行外层 if 子句下的代码块，该代码块为内层嵌套 if 双分支结构。如果真值表达式 1 的结果为假，则执行代码块 C。

【示例 3.9】通过分支嵌套结构实现成绩评级功能。

假设设置成绩取值范围为 0~100，当成绩小于 60 分为不及格，成绩位于 60 ～ 80 为一般，成绩位于 80~90 为良好，成绩大于 90 为优秀。

```
score = float(input('请输入成绩：'))
if score >= 0 and score <= 100:
    if score < 60:
        print('成绩不合格')
    elif score < 80:
        print('成绩一般')
    elif score < 90:
        print('成绩良好')
    else:
        print('成绩优秀')
else:
    print('成绩输入错误，程序结束')
```

运行结果：

```
请输入成绩：55
成绩不合格
```

```
请输入成绩：75
成绩一般
```

代码解析：

通过 input() 函数获取用户输入的数据 score，并转换为浮点型。通过外层 if 结构块判断 score 取值范围是否正常，取值在 0 ～ 100 区间时进入内层 if 结构块，内层结构块通过多分支结构依次判断不同成绩对应等级；当外层 if 结构判断 score 取值超出区间时，返回输入错误信息。

3.4 项目实训

3.4.1 实训需求

年轻人中好多都养了宠物，且以猫狗为主，如果将猫咪年龄换算成人类年龄，你是否好奇猫咪的年龄。设计程序计算猫咪的成长阶段及对应人类生命阶段。年龄换算见表 3-2。

表 3-2 年龄换算表

猫咪年龄	≈人类年龄	成长阶段
0 ～ 6 月	1 ～ 10 岁	幼年期
6 ～ 24 月	10 ～ 24 岁	少年期
2 ～ 5 岁	猫龄 ×6+15	青年期
6 ～ 10 岁	猫龄 ×5+20	壮年期
11 ～ 15 岁	猫龄 ×4+30	中年期
16 ～ 20 岁	猫龄 ×3+45	老年期

3.4.2 实训步骤

通过多分支结构嵌套多分支结构实现猫咪年龄换算。

（1）实现月和岁的单位转换：判断输入数据的单位，采用两种单位分别进行判断转换。首先确认输入数据的单位（年份或月份）。

```
print(15 * '*', '欢迎来到猫咪年龄换算系统', 15 * '*')
print('温馨提示：猫咪小于 1 岁请输入月龄，猫咪大于 1 岁请输入年龄。')
print('请选择猫咪年龄的换算单位（月龄？年龄）')
question = input('选择月龄请按 0，选择年龄请按 1:')
age = int(input('请输入猫咪的整数年龄：'))
print(20 * '*', '年龄换算结果', 20 * '*')
```

代码解析：

在上述代码中，通过 print() 函数打印欢迎信息；通过 input() 函数询问用户选择的换算单位，并将其存储在 question 变量中；通过 input() 函数获取用户输入的猫咪年龄，并将其转换为整数类型存储在 age 变量中；再通过 print() 函数打印换算结果的标题。

（2）通过 if...elif 多分支条件控制结构根据用户选择的单位进行不同的判断和计算。

① 当换算单位是“月”时（question 为 '0'），根据年龄换算表公式，根据不同的月龄范围进行判断并输出对应的猫咪生长阶段和人类年龄。

```
if question=='0':
    print('您选择按月计算猫咪年龄！')
    if age <= 0:
        print('数据输入错误，您可能没有小猫。')
    elif age <= 6:
        print('猫咪',age,'月龄，处于幼年期，相当于人类 1~10 岁')
    elif age <= 24:
        print('猫咪',age,'月龄，处于少年期，相当于人类 10~24 岁')
    elif age <= 60:                      # < 5 岁
        person_age = round(age/12*6+15)
        print('猫咪',age,'月龄，处于青年期，相当于人类',person_age,'岁')
    elif age <= 120:                     # < 10 岁
        person_age = round(age/12*5+20)
        print('猫咪',age,'月龄，处于壮年期，相当于人类',person_age,'岁')
    elif age <= 180:                     # < 15 岁
        person_age = round(age/12*4+30)
        print('猫咪',age,'月龄，处于中年期，相当于人类',person_age,'岁')
    elif age <= 240:                     # < 20 岁
        person_age = round(age/12*3+45)
        print('猫咪',age,'月龄，处于老年期，相当于人类',person_age,'岁')
    else:
        print('猫咪',age,'月龄，猫咪非常长寿或者已去世。')
```

在上述代码中，内层多分支结构按“月”进行换算年龄时，真值表达式将“年”值转换成“月”（age * 12）进行计算，其中 round() 函数对数据进行四舍五入操作。

② 当换算单位是“年”时（question 为 '1'），通过内层多分支结构依次计算对应人类年龄及生长阶段。

```
elif question=='1':
    print('您选择按年计算猫咪年龄！')
    if age <= 0:
        print('数据输入错误，您可能没有小猫。')
    elif age <= 0.5:
        print('猫咪', age, '岁，处于幼年期，相当于人类 1 ~ 10 岁')
    elif age <= 2:
        print('猫咪', age, '岁，处于少年期，相当于人类 10 ~ 24 岁')
    elif age <= 5:
        person_age = round(age*6+15)
        print('猫咪',age,'岁，处于青年期，相当于人类',person_age,'岁')
    elif age <= 10:
        person_age = round(age*5+20)
        print('猫咪',age,'岁，处于壮年期，相当于人类',person_age,'岁')
    elif age <= 15:
        person_age = round(age*4+30)
        print('猫咪',age,'岁，处于中年期，相当于人类',person_age,'岁')
    elif age <= 20:
        person_age = round(age*3+45)
        print('猫咪',age,'岁，处于老年期，相当于人类',person_age,'岁')
    else:
        print('猫咪',age,'岁，猫咪非常长寿或者已去世。')
```

③ 如果用户选择的单位既不是 0 也不是 1，则通过 print() 函数输出错误提示信息。

```
else:
    print('请选择正确的年龄换算单位，程序结束。')
```

通过以上代码，用户可以根据自己的需求选择猫咪年龄的单位，并得到对应的生长阶段和人类年龄的换算结果。

3.4.3 实现效果

按“月龄”换算，运行结果：

```
*************** 欢迎来到猫咪年龄换算系统 ***************
请选择猫咪年龄的换算单位（月龄？年龄）
选择月龄请按 0，选择年龄请按 1:0
请输入猫咪的年龄：100
******************** 年龄换算结果 ********************
您选择按月计算猫咪年龄！
猫咪 100 月龄，处于壮年期，相当于人类 62 岁。
```

按“年龄”换算，运行结果：

```
*************** 欢迎来到猫咪年龄换算系统 ***************
请选择猫咪年龄的换算单位（月龄？年龄）
选择月龄请按 0，选择年龄请按 1:1
请输入猫咪的年龄：100
******************** 年龄换算结果 ********************
您选择按年计算猫咪年龄！
猫咪 100 岁，猫咪非常长寿或者已去世。
```

小　　结

本章主要讲解了 Python 语言程序设计中条件控制结构部分，具体内容包括以下几个方面：如何使用真值表达式来根据不同的条件执行不同的代码块，if 语句来实现单分支结构，根据条件判断的结果执行相应的代码块，if...else 语句来实现双分支结构，根据条件判断的结果执行不同的代码块，if...elif...else 语句来实现多分支结构，根据多个条件判断的结果执行不同的代码块，在条件判断的代码块中再次嵌套条件判断的逻辑，实现更复杂的控制流程。通过条件控制语句的学习，可以更好地控制程序的执行流程，使其能够根据不同的条件做出不同的决策和处理，从而实现程序的灵活性、可读性和可维护性。

习　　题

一、选择题

1. 以下哪组结构属于 if 语句嵌套语句（　　）。

A.

```
a = int(input(' 输入一个数字 '))
if a > 10:
    print('num > 10')
    else:
        print('num < 10')
```

B.

```
a = int(input(' 输入一个数字 '))
if a > 10:
    print('True')
else:
    if a > 0:
        print('False')
```

C.

```
a = int(input(' 输入一个数字 '))
if a > 10:
    print('num > 10')
if a > 100:
    print('num > 100')
else:
    print('num < 100')
```

D.

```
a = int(input(' 输入一个数字 '))
if a > 10:
    print('num > 10')
    elif a > 100:
        print('num > 100')
else:
    print('num < 10')
```

2. 以下代码片段中，(　　)是真值表达式。

A. x = 5　　B. x > 10　　C. x = y　　D. x+y

3. (　　)是单分支结构的示例。

A.

```
if x > 0:
    print("x is positive")
```

B.

```
if x > 0:
    print("x is positive")
else:
    print("x is negative")
```

C.

```
if x > 0:
    print("x is positive")
    elif x == 0:
        print("x is zero")
else:
    print("x is negative")
```

D.

```
if x > 0:
    print("x is positive")
elif y > 0:
    print("y is positive")
```

二、编程题

1. 编写一个程序，判断一个数是否为正数。如果是正数，输出是正数，否则输出不是正数。

2. 编写一个程序，判断一个数是否为偶数。如果是偶数，输出是偶数，否则输出不是偶数。

3. 编写一个程序，输入三个数，判断其中的最大数并输出。

4. 编写一个程序，输入一个年龄，判断该年龄属于小于 18 岁、18 ～ 60 岁还是大于 60 岁，并输出相应的结果。

5. 编写一个程序，输入一个成绩，判断该成绩的等级。90 及以上为优秀，80 ～ 89 为良好，70 ～ 79 为中等，60 ～ 69 为及格，60 以下为不及格，并输出相应的等级。

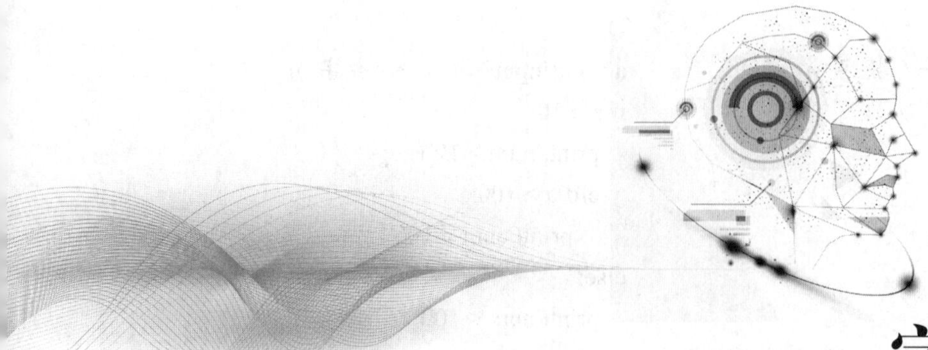

第 4 章 字　符　串

本章导学：

字符串在 Python 中具有重要的地位和广泛的应用，无论是处理用户输入、读取文件内容、网络数据交互还是进行文本分析，字符串都扮演着关键的角色。通过字符串的操作和方法，可以对文本数据进行处理、分析和转换。字符串在用户界面和交互中也起着关键作用，用于命令行提示和用户输入。在文件处理过程中，字符串常用于读写和处理文本文件。字符串在数据传输和通信中也发挥着作用，如在网络编程中传输和解析数据。在数据库操作中，字符串用于构建和执行 SQL 查询语句。字符串的处理和分析方法使其在文本分析领域非常有用。本章将学习字符串的创建方式、索引、切片操作、字符串的运算、常用方法，掌握字符串的操作和方法，可以更灵活地处理和操作文本数据，满足各种字符串处理需求。

学习目标：

- 掌握创建字符串的方式：通过引号或 str() 内置函数定义字符串。
- 掌握字符串中两种索引表达方式，正向索引和负向索引。
- 掌握字符串切片操作，透彻理解切片的逻辑。
- 掌握字符串操作符：运算符、比较符、判定符。
- 掌握字符串常用的方法：len()、split()、find()、replace()、join()、count()、lower()、title() 等。
- 通过学习本章提供的案例，学会 Python 字符串的实践应用。

4.1　字符串的概念

4.1.1　字符串

字符串（str，string 缩写）是 Python 中最常用的数据类型之一，是由零个或多个字符组成的有序序列，在编程中一般用于表示和存储文本数据，字符串可以包含字母、数字及各种符号。

在 Python 中，没有单独的字符数据类型，一个单独的字符也被视为一个长度为 1 的字符串。例如，字符串 'a' 代表一个包含单个字符 'a' 的字符串。

字符串的创建使用英文的各种引号，包括单引号（'），双引号（"），以及三引号（''' 或

""")，引号需要成对出现。例如，可以使用单引号创建一个字符串 'Hello World!'，也可以使用双引号创建一个字符串 "Hello World!"。而三引号则可以用于创建包含多行文本的字符串，这在处理长文本或者包含换行符的文本时非常方便。

字符串是一组不可变的有序序列，这意味着字符串的数据不允许被修改，一旦创建了一个字符串，就不能更改其中的字符。但是，可以基于原有的字符串创建新的字符串。例如，可以使用字符串的拼接操作将两个字符串连接起来，创建一个新的字符串。

字符串支持索引和切片操作，可以通过索引访问字符串中的单个字符，也可以通过切片访问字符串的子串。索引从 0 开始，表示字符串中的第一个字符。例如，对于字符串 'Hello'，可以使用索引 0 访问字符 'H'，使用索引 1 访问字符 'e'，以此类推。切片操作允许获取字符串中的一部分内容，通过指定起始位置和结束位置来确定需要获取的子串。例如，对于字符串 'Hello'，使用切片操作 string[1:4] 可以获取子串 'ell'。

在字符串中，还有一些特殊的字符，称为转义字符，转义字符以反斜杠（\）开头，用于表示一些特殊的字符，如换行符（\n）、制表符（\t）、引号等。使用转义字符可以在字符串中插入这些特殊字符。

字符串还有许多内置方法，用于处理和操作字符串。例如，可以使用字符串的 upper() 方法将字符串中的所有字母转换为大写，使用 lower() 方法将字符串中的所有字母转换为小写，还可以使用 split() 方法将字符串按照指定的分隔符拆分成多个子串，使用 join() 方法将多个字符串拼接成一个字符串。

4.1.2　字符串表现形式

1. 空字符

在 Python 中，可以使用单引号、双引号或三引号来标识字符串，这些引号可以用于创建空字符串，即字符串中什么都没有的情况，空字符串通常用于初始化字符串变量或作为占位符，空字符串可以在后续的代码中被填充具体内容，或者通过字符串操作和方法来进行修改和处理。

使用单引号创建空字符串的语法是在两个单引号之间不写任何字符，例如，''。

使用双引号创建空字符串的语法是在两个双引号之间不写任何字符，例如，""。

使用三引号创建空字符串的语法是在两对三引号之间不写任何字符，例如，''' ''' 或 """"""。

三引号可以使用单引号或双引号，这样可以在字符串中直接使用单引号或双引号而无须进行转义。例如，使用三引号创建空字符串可以为 ''' ''' 或 """ """。

【示例 4.1】空字符串。

```
s1 = ''
s2 = ""
s3 = ''''''
s4 = """"""
```

在上述代码中，变量 s1、s2、s3 和 s4 都是空字符串。

空字符串在实际应用中一般用于初始化字符串变量，之后可以通过字符串的操作和方法来改变字符串的内容。需要注意的是，空字符串虽然没有实际的字符内容，但它仍然是一个有效的字符串对象。因此，可以对空字符串进行各种字符串操作和方法的调用，如拼接、切片、查找等。

2. 非空字符

非空字符串是指在各类引号中包含一个或多个字符的字符串。可以使用单引号、双引号或三引号来标识非空字符串，其中三引号可以使用单引号或双引号。

使用单引号创建非空字符串的语法是在两个单引号之间包含一个或多个字符。

使用双引号创建非空字符串的语法是在两个双引号之间包含一个或多个字符。

使用三引号创建非空字符串的语法是在两对三引号之间包含一个或多个字符。

【示例 4.2】非空字符串。

```
s1 = 'Hello'
s2 = "World!"
s3 = '''Python'''
s4 = """Programming"""
```

在上述代码中，变量 s1、s2、s3 和 s4 都是非空字符串，分别包含了不同的字符内容。

非空字符串可以包含字母、数字、特殊字符等各种字符。可以通过字符串的操作和方法来对非空字符串进行处理，如拼接、切片、查找等。需要注意的是，不同引号类型的字符串在大部分情况下是等效的，即使用单引号、双引号或三引号来创建字符串都可以得到相同的结果。例如，'Hello'、"Hello" 和 '''Hello''' 都表示相同的字符串。

3. 各类引号的区别

字符串是通过成对的引号进行标识的，因此如果字符串中包含了引号，需要使用不同类型的引号来标识字符串，以避免引号的冲突。例如，如果字符串中包含单引号，则可以使用双引号来标识字符串；如果字符串中包含双引号，则可以使用单引号来标识字符串。

【示例 4.3】单引号、双引号嵌套。

```
print("I'm Chinese,let's go!")
```

代码解析：

在上述代码中，使用了单引号和双引号来包裹字符串，目的是确保在字符串中使用引号时不会与字符串本身的引号冲突。

需要注意的是，在使用不同类型的引号来标识字符串时，需要保证引号的成对使用，即每个引号都要有一个对应的引号来进行匹配。否则,代码会出现语法错误,导致程序无法正常运行。

Python 三引号中允许字符串跨行显示，字符串中可以包含单引号、双引号、换行符、制表符及其他字符。此外，三引号在 Python 中也可实现多行注释功能。

【示例 4.4】三引号。

```
print('''第一行内容,
'第二行'换行显示,\n
  /t"第四行"制表符
其他字符:#~! #¥ % ……& * ()|''')
```

运行结果：

```
第一行内容,
'第二行'换行显示,\n
        "第四行"制表符
其他字符:#~! #¥ % ……& * ()|
```

代码解析：

在上述代码输出过程中，换行符（\n）会使得第二行内容换行显示；制表符（\t）会在第四行内容前添加一些空格，以模拟制表符的效果。同时，字符串中的单引号、双引号以及其他特殊字符都得到正确的显示。需要注意的是，三引号在 Python 中还可以用于实现多行注释的功能。在代码中使用三引号定义的字符串，如果不被赋值给任何变量，而是直接出现在代码中，那么它将被视为注释而被忽略。这在需要注释多行内容时非常方便。

4.1.3　字符串转义

在 Python 中,可以使用转义字符来表示特殊字符或者在字符串中插入一些不易表示的字符。以下是常用的转义字符及其含义：

```
\n: 换行符
\r: 回车符
\t: 制表符
\': 单引号
\": 双引号
\\: 反斜杠自身
```

【示例 4.5】字符串转义

```
#使用转义字符表示特殊字符
print("Hello\nWorld")                    #换行
print("Hello\tWorld")                    #制表符
print("I\'m Python")                     #单引号
print("She said:\"Hello!\"")             #双引号
print("C:\\Users\\")                     #反斜杠
#使用转义字符插入一些不易表示的字符
print("This is a backslash:\\")
print("This is a unicode character:\u03A9")
```

运行结果：

```
Hello
World
Hello    World
I'm Python
She said: "Hello!"
C:\Users\
This is a backslash:\
This is a unicode character:Ω
```

代码解析：

在上述代码中，可以看到，转义字符能够正确地表示特殊字符和插入不易表示的字符，从而实现字符串中的特殊需求。需要注意的是，在使用转义字符时，需要将 \ 放在需要转义的字符之前。

4.2　创建字符串

4.2.1　引号创建字符串

在 Python 中，可以使用单引号、双引号或三引号创建字符串。

【示例 4.6】赋值法创建字符串。

```
name = 'Tom'
course = "Python"
print(type(name),type(course))
print('My name is ',name,",I'm learning", course)
```

运行结果：

```
< class 'str' > < class 'str' >
My name is Tom ,I'm learning Python
```

代码解析：

在上述代码中，首先，使用单引号创建字符串 'Tom' 并赋值给变量 name，使用双引号创建字符串 "Python" 并赋值给变量 course。

使用 type() 函数输出 name 和 course 变量的数据类型，输出结果为：< class 'str' > < class 'str' >，这表明 name 和 course 变量的数据类型都是字符串（str）。

使用 print() 函数输出一句话，该句话由多个字符串拼接而成，通过逗号分隔不同的参数，print() 函数会自动在输出中添加空格。输出结果为 My name is Tom,I'm learning Python。

通过这段代码，可以看到如何使用引号创建字符串，并且可以使用 print() 函数输出字符串。

4.2.2 str() 函数创建字符串

在 Python 中，str() 是一个内置函数，用于将其他数据类型或对象转换为字符串类型。当需要将数字型数据、列表数据、元组数据、字典、集合等转换为字符串时，可以使用 str() 函数。str() 函数的语法格式如下：

```
str(object)
```

其中，object 是要转换为字符串的数据类型或对象，当 str() 函数不传参时，返回一个空字符串；当 str() 函数传参为数据对象时，会将参数转换为字符串并返回。

当需要将数字型数据转换为字符串时，可以使用 str() 函数。例如：

```
num = 123
num_str = str(num)
print(type(num_str))
print(type(num))
```

运行结果：

```
<class 'str'>
<class'int'>
```

当需要将列表数据转换为字符串时，可以使用 str() 函数。例如：

```
lst = [1, 2, 3]
lst_str = str(lst)
print(type(lst_str))
print(type(lst))
```

运行结果：

```
< class 'str' >
< class 'list' >
```

当需要将元组数据转换为字符串时，可以使用 str() 函数。例如：

```
tup = (1, 2, 3)
tup_str = str(tup)
print(type(tup_str))
print(type(tup))
```

运行结果：

```
< class 'str' >
```

```
< class 'tuple' >
```

当需要将字典转换为字符串时，可以使用 str() 函数。例如：

```
dic = {'name': 'Tom','age': 18}
dic_str = str(dic)
print(type(dic_str))
print(type(dic))
```

运行结果：

```
< class 'str' >
< class 'dict' >
```

当需要将集合转换为字符串时，可以使用 str() 函数。例如：

```
s = {1, 2, 3}
s_str = str(s)
print(type(s_str))
```

运行结果：

```
< class 'str' >
```

通过使用 str() 函数，可以将不同的数据类型或对象转换为字符串类型，从而方便在字符串拼接、输出等操作中使用。

4.3　字符串的运算

在 Python 中，字符串类型支持一些常用的运算符来实现字符串间的拼接、比较等操作，常用的字符串运算符及说明见表 4-1。

表 4-1　常用字符串运算符及说明

运 算 符	说　明
+	实现多个字符串的拼接
*	实现重复输出字符串
比较运算符	使用各种运算符比较两个字符串，返回 True / False
in	成员运算符，判断字符串中包含某值，返回 True / False
not in	成员运算符，判断字符串中不包含某值，返回 True / False

1. 字符串拼接

使用“+”运算符可以将两个字符串拼接在一起，形成一个新的字符串。

【示例 4.6】字符串 + 字符串。

```
str1 = "Hello"
str2 = "World"
result = str1 + str2
print(result)
```

运行结果：

```
HelloWorld
```

代码解析：

在上述代码中，首先，定义了两个字符串 str1 和 str2，然后使用“+”运算符将它们连接在一起，将结果赋值给 result 变量。最后，使用 print() 函数输出 result 的值，即 "HelloWorld"。

【示例 4.7】字符串变量 + 字符串。

```
name = "Alice"
message = "Hello," + name
print(message)
```

运行结果：

```
Hello, Alice
```

代码解析：

在上述代码中，定义了一个字符串变量 name 和一个字符串 message，使用“+”运算符将字符串 "Hello," 和 name 变量连接在一起，将结果赋值给 message 变量。最后，使用 print() 函数输出 message 的值，即 "Hello, Alice"。

【示例 4.8】字符串变量 + 字符串变量。

```
greeting = "Hello,"
name = "Bob"
message = greeting + name
print(message)
```

运行结果：

```
Hello, Bob
```

代码解析：

在上述代码中，定义了两个字符串变量 greeting 和 name，使用“+”运算符将 greeting 和 name 变量连接在一起，将结果赋值给 message 变量。最后，使用 print() 函数输出 message 的值，即 "Hello, Bob"。

2. 字符串重复

使用运算符“*”可以实现字符串的重复操作。通过指定一个整数作为乘法运算符的右操作数，可以将字符串重复多次。

【示例 4.9】字符串重复。

```
str1 = "Hello"
result = str1 * 3
print(result)
```

运行结果：

```
HelloHelloHello
```

代码解析：

在上述代码中，定义了一个字符串变量 str1，使用“*”运算符将它重复了 3 次，将结果赋值给变量 result。最后，使用 print() 函数输出 result 的值，即 "HelloHelloHello"，通过“*”运算符，成功实现了字符串的重复操作。

3. 字符串比较运算符

字符串支持比较运算符对两个字符串进行判断，每个字符都有一个 unicode 编码值，在对字符串使用比较运算符时，是对字符串中字符的 unicode 编码进行比较，而不是对实际的字符串进行比较，字符串比较运算符见表 4-2。

表 4-2　字符串比较运算符

比较运算符	说　明
==	等于，判断两个字符串是否相等
!=	不等于，判断两个字符串是否不相等
>	判断左侧字符串是否大于右侧字符串（通过 unicode 编码值比较）
<	判断左侧字符串是否小于右侧字符串（通过 unicode 编码值比较）
>=	判断左侧字符串是否大于等于右侧字符串（通过 unicode 编码值比较）
<=	判断左侧字符串是否小于等于右侧字符串（通过 unicode 编码值比较）

在 Python 中，可以使用 ord() 函数来计算字符的 unicode 编码值。ord() 函数接受一个字符作为参数，并返回该字符的 unicode 编码值。

【示例 4.10】计算字符 a 的 unicode 编码值。

```
char = 'a'
print(ord(char))
```

运行结果：

```
97
```

代码解析：

在上述代码中，首先，定义了一个字符变量 char，然后使用 ord() 函数计算该字符的 unicode 编码值，并使用 print() 函数输出结果。

【示例 4.11】计算字符串 python 的 unicode 编码值。

```
str1 = 'python'
for char in str1:
    print(ord(char), end = ' ')
```

运行结果：

```
112 121 116 104 111 110
```

代码解析：

在上述代码中，定义了一个字符串变量 str1，使用 for 循环遍历字符串中的每个字符，再使用 ord() 函数计算每个字符的 unicode 编码值，并使用 print() 函数输出结果。由于 print() 函数默认会在每个输出之间添加一个空格，为了确保输出结果在同一行显示，使用了 end =' ' 参数将输出的结尾字符设置为空格。

通过 ord() 函数，可以方便地计算字符的 unicode 编码值，并进行比较运算。

4.4　字符串的索引和切片

4.4.1　字符串的索引

1. 字符串正索引

在字符串中，每个字符都有一个对应的索引位置，索引也称为下标，默认情况下，索引从左至右位置从 0 开始计数，依次递增 1，即正索引，可以使用索引来访问字符串中的特定字符。

以字符串 'Python' 为例，字符位置与对应的正索引关系如下所示：

```
字符串:   P    y    t    h    o    n
正索引:   0    1    2    3    4    5
```

在上面的示例中，字符串 'Python' 包含 6 个字符，分别是 'P'、'y'、't'、'h'、'o' 和 'n'。根据字符位置和索引的对应关系，可以看到字符 'P' 对应的索引是 0，字符 'y' 对应的索引是 1，以此类推。

可以使用方括号 [] 来访问字符串中的特定字符，通过提供对应的索引位置来获取该位置上的字符。

【示例 4.12】字符串正索引。

```
str1 = 'Python'
print(str1[0])
print(str1[2])
print(str1[5])
```

运行结果：

```
P
t
n
```

代码解析：

上在上述代码中，首先，定义了一个字符串变量 str1，然后使用方括号 [] 来访问字符串中的字符。通过提供相应的索引位置，可以获取该位置上的字符。使用 print() 函数将获取到的字符输出。例如，str1[0] 的结果是 'P'，对应索引位置 0 的字符。

2. 字符串负索引

默认情况下索引都是从左至右按顺序从 0 开始递增，Python 也支持负索引编号，即索引从右至左倒序从 -1 开始，依次递减 1。同样，以字符串 'Python' 为例，字符位置与对应的负索引关系如下所示：

```
正索引:   0    1    2    3    4    5
字符串:   P    y    t    h    o    n
负索引:   -6   -5   4    -3   -2   -1
```

在上面的示例中，字符串 'Python' 包含 6 个字符，分别是 'P'、'y'、't'、'h'、'o' 和 'n'。根据字符位置和正负索引的对应关系，可以看到字符 'P' 对应的正索引是 0，负索引是 −6，字符 'y' 对应的正索引是 1，负索引是 −5，以此类推。

【示例 4.13】字符串负索引。

```
str1 = 'Python'
print(str1[0])
print(str1[-1])
```

运行结果：

```
P
n
```

代码解析：

在上述代码中，使用负索引来访问字符串中的字符，通过提供相应的索引位置，可以获取该位置上的字符。字符串正索引 str1[0] 和负索引 str1[-6] 的结果都是 'P'，对应索引位置 0 和负索引位置 −6 的字符。

4.4.2　切片操作

在 Python 中，可以使用切片操作来获取字符串中的子串。通过索引能访问到字符串中的任意字符，当需要访问字符串中的子串时需要通过切片操作。可以理解为在字符串的指定位置处进行切分，通过字符串的切片操作，将字符串分成一小段的子字符串，切片操作使用方括号 [] 和冒号 : 来指定切片的范围，获取字符串中指定范围内的字符，包括起始位置，但不包括结束位置。切片操作的语法格式为：

```
str[start: stop: step]
```

其中，start 表示切片的起始索引（包含在切片中）；stop 表示切片的结束索引（不包含在切片中）；step 表示切片的步长，用于决定切片的顺序。需要注意的是，切片的区间 [start,stop] 遵循左闭右开的规则，即包含起始索引 start 对应的字符，但不包含结束索引 stop 对应的字符。切片操作的顺序是先根据 step 步长决定切片的顺序，然后根据 start 和 stop 索引来确定切片的内容。当 step 为正数时，表示从左往右进行切片，即正向切片。当 step 为负数时，表示从右往左进行切片，即负向切片。而当 step 缺省时，默认值为 1。

【示例 4.14】start、stop、step 都默认为空。

```
str1 = "abcdefghijklmn"
print(str1[::])
```

运行结果：

```
abcdefghijklmn
```

代码解析：

在上述代码中，代码的作用是创建一个字符串 strl 的副本。具体来说，strl[::] 表示对整个字符串进行切片操作，由于 start、stop、step 都默认为空，所以切片结果会包含整个字符串的内容。

【示例 4.15】当 step 为正时，表示从左往右切片，stop 为正。

```
s = "abcdefghijklmn"
s1 = s[2: 10: 3]
print(s1)
```

运行结果：

```
cfi
```

代码解析：

在上述代码中，对于字符串 s = "abcdefghijklmn"，切片操作 s[2:10:3] 的含义是从索引 2 开始，每次以步长 3 进行切片，直到索引 10 结束（不包含索引 10）。

具体的步骤如下：

（1）start 为 2，表示从索引 2 开始切片（包含索引 2 对应的字符）。

（2）stop 为 10，表示切片操作结束的位置（不包含索引 10 对应的字符）。

（3）step 为 3，表示每次切片操作向前移动 3 个索引位置。

根据以上步骤，在区间 [2,10) 中按步长 3 切片，可以得到的结果是 cfi。

【示例 4.16】当 step 为正时，表示从左往右切片，stop 为负。

```
s = "abcdefghijklmn"
s1 = s[2: -2: 3]
print(s1)
```

运行结果：

```
cfil
```

代码解析：

在上述代码中,对于字符串 s = "abcdefghijklmn",切片操作 s[2:-2:3] 的含义是从索引 2 开始，每次以步长 3 进行切片，直到索引 -2 结束（不包含索引 -2 对应的字符）。

具体的步骤如下：

（1）start 为 2，表示从索引 2 开始切片（包含索引 2 对应的字符）。

（2）stop 为 -2，表示切片操作结束的位置（不包含索引 -2 对应的字符）。

（3）step 为 3，表示每次切片操作向前移动 3 个索引位置。

根据以上步骤，在区间 [2,-2) 中按步长 3 切片，可以得到的结果是 cfil。

【示例 4.17】当 step 为负时，表示从右往左倒序切片，start 和 stop 缺省。

```
s = "abcdefghijklmn"
s4 = s[:: -3]
print(s4)
```

运行结果：

```
nkheb
```

代码解析：

在上述代码中，对于字符串 s = "abcdefghijklmn"，切片操作 s[::-3] 的含义是从字符串的最后一个字符开始，每隔 3 个字符取一个字符。

具体的步骤如下：

（1）start 缺省，表示从字符串的最后一个字符开始切片。

（2）stop 缺省，表示切片操作结束的位置为字符串的第一个字符之前。

（3）step 为 -3，表示每次切片操作向前移动 3 个索引位置。

根据以上步骤，在字符串中以步长 -3 进行切片，可以得到的结果是 n、k、h、e、b。所以，最终的输出结果是 nkheb。

【示例 4.18】当 step 为负时，表示从右往左倒序切片。

```
s = "abcdefghijklmn"
s5 = s[-2: 2: -3]
print(s5)
```

运行结果：

```
mjgd
```

代码解析：

在上述代码中，对于字符串 s = "abcdefghijklmn"，切片操作 s[-2:2:-3] 的含义是从索引 -2 开始，到索引 2 结束，步长为 -3。

具体的步骤如下：

（1）start 为 -2，表示从索引 -2 开始切片（包含索引 -2 对应的字符）。

（2）stop 为 2，表示切片操作结束的位置（不包含索引 2 对应的字符）。

（3）step 为 -3，表示每次切片操作向前移动 3 个索引位置。

根据以上步骤，在区间 [-2,2) 中按步长 -3 切片，可以得到的结果是 m、j、g、d。所以，最终的输出结果是 mjgd。

4.5　字符串的方法

字符串是 Python 中的一种数据类型，它是由字符组成的不可变序列。Python 提供了许多内置方法来操作和处理字符串，下面详细描述一些常用的字符串方法。

4.5.1　字符串大小写转换方法

在 Python 中，字符串大小写转换具体方法见表 4-3。

表 4-3　字符串大小写转换方法

方　法	描　述	方　法	描　述
capitalize()	将字符串首字母转为大写，其他字符转为小写	lower()	将字符串中所有字符转换为小写
title()	将字符串中每个单词首字母大写，其他字符小写	swapcase()	将字符串中大小写进行互换
upper()	将字符串中所有字符转换为大写		

【示例 4.19】将字符串 "Life is short, use Python" 进行大小写转换。

```
text = "Life is short, use Python"
text_cap = text.capitalize()
text_title = text.title()
text_upp = text.upper()
text_low = text.lower()
text_swap = text.swapcase()
print('字符串首字母大写：', text_cap)
print('单词首字母大写：', text_title)
print('字符串大写：', text_upp)
print('字符串小写：', text_low)
print('字符串大小写互换：', text_swap)
```

运行结果：

```
字符串首字母大写：Life is short, use python
单词首字母大写：Life Is Short, Use Python
字符串大写：LIFE IS SHORT, USE PYTHON
字符串小写：life is short, use python
字符串大小写互换：lIFE IS SHORT, USE pYTHON
```

代码解析：

在上述代码中，text_cap 使用 capitalize() 函数将字符串的首字母转换为大写，其余字母转换为小写；text_title 使用 title() 函数将字符串中每个单词的首字母转换为大写；text_upp 使用 upper() 函数将字符串中的所有字母转换为大写；text_low 使用 lower() 函数将字符串中的所有字母转换为小写；text_swap 使用 swapcase() 函数将字符串中的大写字母转换为小写，小写字母转换为大写。示例中的字符串内容调整转换函数可以根据需求来修改字符串的大小写以及调整内容格式。

4.5.2　判断字符类型

在 Python 中，可以判断字符的类型，常见的判断字符类型方法见表 4-4。

表 4-4 常见的判断字符类型方法

方 法	描 述
.islower()	检查字符串中字符是否全是小写
.isupper()	检查字符串中字符是否全是大写
.istitle()	判断字符串中字符都为字母，且第一个字母是否为大写字母
.isspace()	判断字符是否为白字符，其中换行符（\n）、回车符（\r）、换页符（\f）都为空白字符
.isalnum()	判断字符串是否为数字或字母
.isalpha()	判断字符串的字符是否为字母或文字
.isnumeric()	判断字符串是否全是数字字符和其他类型的数字
.isdecimal()	判断字符串中的所有字符均为十进制字符
.isdigit()	判断字符串中是否只包含数字字符

【示例 4.20】将字符串 text 为“Life is short，use Python”进行字符类型判断。

```
text = "Life is short, use Python"
print('islower 全小写？ ', text.islower())
print('isupper 全大小？ ', text.isupper())
print('istitle 单词首字符大写？ ', text.istitle())
print('isspace 全空格？ ', text.isspace())
print('isalnum 全数字和字母？ ', text.isalnum())
print('isalpha 全字母？ ', text.isalpha())
```

运行结果：

```
islower 全小写？ False
isupper 全大小？ False
istitle 单词首字符大写？ False
isspace 全空格？ False
isalnum 全数字和字母？ False
isalpha 全字母？ False
```

代码解析：

在上述代码中，islower() 检查字符串是否全部由小写字母组成，由于字符串中包含大写字母和标点符号，所以返回值为 False；isupper() 检查字符串是否全部由大写字母组成，由于字符串中包含小写字母和标点符号，所以返回值为 False;istitle() 检查字符串中的单词是否首字母大写，由于字符串中的单词并不是每个单词都以大写字母开头，所以返回值为 False；isspace() 检查字符串是否全部由空白字符组成，由于字符串中还包含其他字符，所以返回值为 False；isalnum() 检查字符串是否只包含字母和数字，由于字符串中包含空格和标点符号，所以返回值为 False；isalpha() 检查字符串是否只包含字母，由于字符串中包含空格和标点符号，所以返回值为 False。

4.5.3 字符统计与对齐

字符统计是指对一个字符串中的字符进行计数。在 Python 中，可以使用 count() 方法来实现字符统计。该方法接收一个参数，即要统计的字符，然后返回该字符在字符串中出现的次数。对齐是指将字符串按照一定的格式进行对齐显示。在 Python 中，可以使用字符串的 ljust()、rjust() 和 center() 方法来实现左对齐、右对齐和居中对齐。字符统计与对齐方法见表 4-5。

表 4-5　字符统计与对齐方法

方　法	描　述
.count(str,[start, end])	统计 str 字符在字符串指定索引中出现的次数，索引为可选参数
.center(width)	在指定宽度 width 中居中显示字符串
.ljust(width,[fillchar])	字符串在 width 宽度中左对齐，可设置右侧填充字符
.rjust(width,[fillchar])	字符串在 width 宽度中右对齐，可设置右侧填充字符

【示例 4.21】对字符串 text"Life is short use Python" 进行字符类型判断。

```
text = "Life is short use Python"
print('字符串长度为：',len(text))
print('字符 if 出现的次数：', text.count('if'))
print('居中显示：', text.center(50))
print('左对齐：', text.ljust(50,' * '))
print('右对齐：', text.rjust(50,' * '))
```

运行结果：

```
字符串长度为：24
字符 if 出现的次数：1
居中显示：             Life is short use Python
左对齐：Life is short use Python * ** * ** * ** * ** * ** * ** * ** * ** **
右对齐： * ** * ** * ** * ** * ** * ** * ** * ** ** Life is short use Python
```

代码解析：

在上述代码中，len(text) 计算字符串 text 的长度，结果为 24，表示字符串中包含 24 个字符。text.count('if') '统计字符串 text 中字符 if 出现的次数，结果为 1，表示字符 if 在字符串中出现了 1 次；text.center(50) 将字符串 text 居中对齐显示，总宽度为 50 个字符，由于字符串 text 的长度为 24，所以在左右两边分别填充了 13 个空格，使得字符串居中显示；text.ljust(50,' * ') 将字符串 text 左对齐显示，总宽度为 50 个字符，由于字符串 text 的长度为 24，所以在字符串的右边填充了 26 个星号 *，使得字符串左对齐显示；text.rjust(50,' * ') 将字符串 text 右对齐显示，总宽度为 50 个字符，由于字符串 text 的长度为 24，所以在字符串的左边填充了 26 个星号 *，使得字符串右对齐显示。

4.5.4　字符串判断与查找

字符串判断和查找是在 Python 中对字符串进行操作和处理的常用方法，见表 4-6。

表 4-6　字符串判断与查找常用方法

方　法	描　述
.startswith(str,[start, end])	判断字符串在指定索引 [start, end) 中是否以 str 字符串开始，索引为可选参数
.endswith(str,[start, end])	判断字符串在指定索引 [start, end) 中是否以 str 字符串结束，索引为可选参数
.find(str,[start, end])	判断字符串在指定索引 [start, end) 中存在 str 字符串，存在则返回 str 所在开始索引，不存在返回 -1
.index(str,[start, end])	和 find() 功能一致，判断字符串中是否存在 str 字符串，不存在则报错 ValueError
.rfind()、rindex()	和 find()、index() 方法一致，从右往左进行查找判断
.replace(old, new, [count])	将字符串中的 old 字符串替换成 new 字符串，可指定替换的次数，未指定次数会替换所有 old 字符串

【示例 4.22】对字符串 text"Life is short use Python" 进行查找。

```
text = "Life is short use Python"
print('判断是否以 Python 开头：', text.startswith('Python'))
```

```
print('判断是否以 Python 结束: ', text.endswith('Python'))
print('判断是否包含 Python 字符串: ', text.find('Python'))
print('判断是否包含 python 字符串: ', text.index('python'))
```

运行结果：

```
判断是否以 Python 开头: False
判断是否以 Python 结束: True
判断是否包含 Python 字符串: 18
Traceback (most recent call last):
File" < ipython-input-1-3f1c1a53e784 > ",line 5,in < module >
print('判断是否包含 python 字符串: ', text.index('python'))
ValueError: substring not found
```

代码解析：

text.startswith('Python') 返回 False，因为字符串 text 不是以 "Python" 开头。text.endswith('Python') 返回 False，因为字符串 text 不是以 "Python" 结尾。text.find('Python') 返回 18，因为字符串 text 中包含子串 "Python"，它的起始位置是 18。text.index('python') 抛出了 ValueError 异常，因为字符串 text 中不包含子串 "python"，所以无法找到其位置。

在上述代码中可以看出，startswith() 和 endswith() 方法可以用来判断字符串是否以指定的前缀或后缀开头或结尾，返回对应的布尔值。而 find() 方法可以用来查找子串在字符串中的位置，如果找到则返回其起始位置，如果未找到则返回 -1。而 index() 方法与 find() 方法类似，也可以用来查找子串在字符串中的位置，但如果未找到子串，则会抛出 ValueError 异常。

【示例 4.23】字符串替换。

```
text = "Life is short use Python"
print('替换为 python: ', text.replace('Python','python'))
```

运行结果：

```
替换为 python: Life is short use python
```

代码解析：

在上述代码中，使用 replace() 方法对字符串 text 进行替换操作。该方法接受两个参数，第一个参数是要被替换的子串，第二个参数是替换后的新子串。在示例 4.23 中，将字符串 text 中的 "Python" 替换为 "python"。

4.5.5 字符串分割与连接

字符串分割是将一个字符串按照指定的分隔符拆分成多个部分的操作。通过字符串分割，可以将一个长字符串切割成一个列表，每个列表元素都是分隔符之间的子串。例如，如果有一个字符串 "Hello,World,Python"，可以使用逗号作为分隔符，将其分割成三个子串 "Hello"、"World" 和 "Python"。字符串分割在处理文本数据时非常有用，可以根据具体需求将字符串拆分成不同的部分，方便进行后续的处理。

字符串连接是将多个字符串按照一定的顺序连接在一起的操作。通过字符串连接，可以将多个子串合并成一个完整的字符串。例如，如果有一个列表 ['Hello','World','Python']，可以使用空格作为连接符，将其连接成一个字符串 "Hello World Python"。字符串连接在构建文本数据时非常有用，可以将多个字符串组合成一个完整的文本。字符串分割与连接的方法见表 4-7。

表 4-7　字符串分割与连接的方法

方　法	描　述
.split(sep,[count])	将字符串按指定分隔符 sep 进行分割，可指定分割次数 count，返回一个包含分割后的子串的列表。
.rsplit(sep,[count])	从右往左按指定分隔符 sep 进行分割，返回一个包含分割后的子串的列表。
.splitness([keepends])	字符串按行（换行符”\n”，回车符”\r”）进行分割，可设置 keepends = true，显示换行的符号
.partition(sep)	将字符串按指定分隔符 sep 分割成 3 份，sep 左侧的字符串为 1 份，分隔符为 1 份，分隔符右侧为 1 份，若字符串中分隔符不存在则返回原字符串和 2 个空字符串
.rpartition(sep)	从右往左按指定分隔符 sep 分割成 3 份
.join(sep)	将字符串中字符按指定分隔符 sep 进行连接
.strip([fillchar])	移除字符串头尾指定的字符 str，默认移除空格
.rstrip([fillchar])	移除字符串结束指定的字符 str
.lstrip([fillchar])	移除字符串开始指定的字符 str

【示例 4.24】对字符串 text"Life is short,\nuse Python" 进行字符类型判断。

```
text = "Life is short,\nuse Python"
print('按空格分割：', text.split())
print('按逗号分割：', text.split(','))
print('按行进行分割：', text.splitlines())
print('按逗号分割为 3 份：', text.partition(','))
print('去除首尾的空格符：', text.strip('L'))
print('使用 * 进行连接：',' * '.join(text))
```

运行结果：

```
按空格分割：['Life','is','short,','use','Python']
按逗号分割：['Life is short',' \nuse Python']
按行进行分割：['Life is short,','use Python']
按逗号分割为 3 份：('Life is short',',',' \nuse Python')
去除首尾的空格符：ife is short,
use Python
使用 * 进行连接：L * i * f * e *   * i * s *   * s * h * o * r * t * , *
 * u * s * e *   * P * y * t * h * o * n
```

代码解析：

在上述代码中，text.split()：按空格分割字符串，返回一个包含分割后的子串的列表。结果为 ['Life','is','short,','use','Python']。text.split(',')：按逗号分割字符串，返回一个包含分割后的子串的列表。结果为 ['Life is short',' \nuse Python']。注意，分割后的子串中包含了空格和换行符；text.splitlines()：按行进行分割字符串，返回一个包含分割后的子串的列表。结果为 ['Life is short,','use Python']；text.partition(',')：按逗号分割字符串成 3 份，返回一个包含分割后的子串的元组。结果为 ('Life is short',',',' \nuse Python')；text.strip('L')：去除字符串开头和结尾的字母 'L'，返回处理后的字符串。结果为 'ife is short,\nuse Python'。注意，只有开头的字母 'L' 被去除了；' * '.join(text)：使用星号（*）将字符串中的字符连接起来，返回连接后的新字符串。结果为 L*i*f*e**i*s**s*h*o*r*t**，**u*s*e**p*y*t*h*o*n。注意，连接时每个字符都被星号隔开了。

4.6 字符串格式化表达

字符串格式化表达式是一种用于格式化字符串输出的方法，它可以将各种类型的数据以指定的格式输出到字符串中。字符串格式化表达的作用是将变量插入到字符串中，生成一个新的字符串。它可以将多个字符串进行拼接，并且可以控制输出的格式，格式化表达式通常包含格式化控制符和参数，其中格式化控制符指定了输出格式，而参数则提供了要输出的数据。在 Python 中，常用的字符串格式化方法有三种："%" 操作符格式化字符串、format() 格式化字符串、f-strings 格式化字符串。

4.6.1 "%" 格式化

在 Python 中，使用 "%" 占位符格式化字符串，"%" 为字符串中需要插入的变量定义了一个占位符，并通过设置数据类型控制该变量的数据类型。"%" 格式化语法格式，其中第一个 % 表示占位符，第二个 % 表示格式化运算符，[] 代表可选参数，包括宽度、精度和类型码等，下面是 "%" 操作符格式化字符串的语法格式：

```
% [(name)][flags][width].[precision]type code % exp
```

其中，(name) 为可选参数，表示要赋值的变量名，使用字典形式的参数传递，例如，{"name":"Alice"}。flags 为可选参数，用于设置格式化字符串的标志，控制对齐方式和填充字符。常用的标志有 -（左对齐）和 0（右对齐并用 0 填充左侧空缺值）。width 为可选参数，表示格式化后的字符串的宽度。precision 为可选参数，表示浮点数的小数点后的位数。type code 表示要格式化的变量的数据类型码。

在格式化语法中，% 表示格式化字符串的开始，type code 表示要格式化的变量的数据类型码。而 (name)、flags、width 和 precision 则是可选参数，用于设置格式化的规则。最后，exp 表示要传给格式化字符串的值，可以是单个值或多个值组成的元组，是多个数据时使用中括号表示，即元组形式。

在 Python 中，常见的数据类型码（type code）用于控制格式化字符串中要插入的变量的数据类型，常见的数据类型码见表 4-8。

表 4-8 常见的数据类型码

数据类型码	描　述
s	表示字符串，如 "% s"
d	表示十进制整数，如 "% d"
o / x	使用八进制 / 十六进制整数输出，如 "% o"、"% X"
e / E	表示浮点指数格式，如 "% e"
f / F	表示浮点数，如 "% .3f" 保留 3 位小数的浮点数
%	表示 % 字符，如 "% %"

【示例 4.25】使用 "%" 格式化字符串输出信息。

使用 "%" 格式化字符串输出信息，使用 print() 函数，打印下列信息，每个字段显示对应要求数据见表 4-9。

表 4-9　信息表

字　段	数 据 1	数 据 2	要　求
姓名	张三	李四	宽度 8，居左对齐
身高	175 cm	170 cm	保留 1 位小数，宽度 8，居左对齐
体重	65.8 kg	60 kg	保留 2 位小数，宽度 8，居左对齐
地址	四川省成都市武侯区	重庆市渝北区	宽度 10，居右显示，显示 6 个字符

```
    print('姓名：%8s'  % ('张三'))
    print('姓名：%-8s，身高：%-8.1fcm，体重：%-8.2fkg，地址：%+10.6s'% ('张三',172,65.
8,'四川省成都市武侯区'))
    print('姓名：%-8s，身高：%-8.1fcm，体重：%-8.2fkg，地址：%+10s'% ('李四',170,60,'
重庆市渝北区'))
```

运行结果：

```
    姓名：      张三
    姓名：张三      ，身高：172.0 cm，体重：65.80 kg，地址：    四川省成都市
    姓名：李四      ，身高：170.0 cm，体重：60.00 kg，地址：    重庆市渝北区
```

代码解析：

在上述代码中，第一个 print 语句中的格式化字符串为 '姓名：% 8s'，使用 % 操作符将字符串 '张三' 插入到 % s 的位置。其中 % 8s 表示插入的字符串占据 8 个字符的宽度，如果不足 8 个字符则在左侧填充空格。因此，输出结果为“姓名：　　张三”。

第二个 print 语句中的格式化字符串为 '姓名：% -8s，身高：% -8.1fcm，体重：% -8.2fkg，地址：% +10.6s'，使用 % 操作符将字符串 '张三'、浮点数 172、浮点数 65.8 和字符串 '四川省成都市武侯区' 插入到相应的位置。其中 % -8s 表示插入的字符串占据 8 个字符的宽度，如果不足 8 个字符则在右侧填充空格；% -8.1f 表示插入的浮点数占据 8 个字符的宽度，并保留 1 位小数；% +10.6s 表示插入的字符串占据 10 个字符的宽度，如果不足 10 个字符则在左侧填充空格，同时在字符串前面显示 + 符号。因此，输出结果为“姓名：张三　　　，身高：172.0 cm，体重：65.80 kg，地址：　　四川省成都市”。

第三个 print 语句中的格式化字符串为 '姓名：% -8s，身高：% -8.1fcm，体重：% -8.2fkg，地址：+10s'，使用 % 操作符将字符串 '李四'、浮点数 170、整数 60 和字符串 '重庆市渝北区' 插入到相应的位置。其中 % -8s 表示插入的字符串占据 8 个字符的宽度，如果不足 8 个字符则在右侧填充空格；% -8.1f 表示插入的浮点数占据 8 个字符的宽度，并保留 1 位小数；% +10s 表示插入的字符串占据 10 个字符的宽度，如果不足 10 个字符则在左侧填充空格，同时在字符串前面显示 + 符号。因此，输出结果为“姓名：李四　　　，身高：170.0 cm，体重：60.00 kg，地址：　　重庆市渝北区”。

总之，使用 % 操作符和不同的格式化码，将不同类型的数据插入到格式化字符串中，并按照指定的格式进行输出，输出结果中的空格和对齐都是根据使用的格式化码进行控制的。

4.6.2　format() 格式化

字符串 format() 方法是 Python2.5 之后更新的一种格式化字符串方法，使用 {} 大括号作为占位符，将值 exp 赋值给指定的字符串格式化样式中。在 {} 中定义字符串样式，index 传入 exp 中对应索引的值，冒号后申明字符串样式。在格式化代码中，可以使用以下参数来定制输出的样式：

```
{[index]:[[fill]align][sign][#][width][,][.precision][type code]}.format(exp)
```

• index：是指定要格式化的值在传入 format() 方法的参数中的索引位置。例如，'{} {}'.

format('Hello','world') 会将 'Hello' 和 'world' 分别按顺序插入到字符串中。

- fill：指定在字符串的空缺处填充的字符。例如，'{:_ < 10}'.format('Hello') 会将字符串 'Hello' 左对齐，并使用下画线 '_' 填充到宽度为 10。
- align：指定字符串的对齐方式，常用的对齐方式有：< 表示左对齐、> 表示右对齐、^ 表示居中对齐。例如，'{:^10}'.format('Hello') 会将字符串 'Hello' 居中对齐，并使用空格填充到宽度为 10。
- sign：指定是否显示数据的正负符号，常用的选项有：+ 表示显示正负符号，- 表示只显示负号。例如，'{:+}'.format(-10) 会显示负数的负号。
- #：对于二进制、八进制、十六进制的数据，设置 # 会显示前缀 0b / 0o / 0x。例如，'{:#b}'.format(10) 会将 10 转换为二进制，并显示前缀 0b。
- width：指定字符串的宽度。例如，'{:10}'.format('Hello') 会将字符串 'Hello' 右对齐，并使用空格填充到宽度为 10。
- ,：用于设置数字的千分位符，也可以使用下画线 _。例如，'{:,}'.format(1000) 会将数字 1000 显示为带千分位符的形式，即 1,000。
- .precision：指定浮点数的小数位数。例如，'{:.2f}'.format(3.14159) 会将浮点数 3.14159 保留两位小数。
- type code：指定值的类型。常用的类型有：d 表示十进制整数、f 表示浮点数、s 表示字符串。例如，'{:d}'.format(10) 会将整数 10 格式化为十进制。

format() 方法提供了丰富的格式化功能，可以满足不同类型数据的输出需求。这些参数可以根据具体的需求进行组合，达到所需的格式化效果。

使用 format() 格式化字符串输出信息，使用 print() 函数，每个字段显示对应要求数据见表 4-10。

表 4-10　张三信息表

姓　名	身　高	体　重	地　址
张三	175 cm	65.8 kg	四川省成都市武侯区

【示例 4.26】使用 {} 占位符进行格式化。

```
print('姓名{},身高{}cm,体重{}kg,地址{}'.format('张三',172,65.8,'四川省成都市武侯区'))
```

运行结果：

```
姓名张三，身高172cm,体重65.8kg,地址四川省成都市武侯区
```

代码解析：

在上述代码中，使用了字符串的 format() 方法来格式化输出。在大括号 {} 中，通过索引的方式指定了要格式化的值在传入 format() 方法的参数中的位置。具体的格式化代码说明如下：

- '姓名 {}'：在字符串中使用 {} 作为占位符，表示要插入一个值。通过索引 0，指定要插入的值为第一个参数，即 '张三'。
- '身高 {}cm'：同样使用 {} 作为占位符，通过索引 1，指定要插入的值为第二个参数，即 172。
- '体重 {}kg'：同样使用 {} 作为占位符，通过索引 2，指定要插入的值为第三个参数，即 65.8。
- '地址 {}'：同样使用 {} 作为占位符，通过索引 3，指定要插入的值为第四个参数，即 '四川省成都市武侯区'。

最终，通过调用 print() 函数并传入格式化后的字符串作为参数，将结果打印到控制台上。输出结果为：姓名张三，身高 172cm, 体重 65.8kg, 地址四川省成都市武侯区。

根据格式标准，可以直接通过 exp 传变量名。

【示例 4.27】exp 直接传变量名。

```
name = '张三'
height = 172
weight = 65.8
address = '四川省成都市武侯区'
print('姓名{}，身高{}cm，体重{}kg，地址{}'.format(name,height,weight, address))
```

【示例 4.28】定义 index 索引匹配位置，可以根据值进行顺序调整。

```
name = '张三'
height = 172
weight = 65.8
address = '四川省成都市武侯区'
print('姓名{1}，身高{0}cm，体重{2}kg，地址{3}'.format(height,name,weight, address))
```

运行结果：

```
姓名张三，身高172cm，体重65.8kg，地址四川省成都市武侯区
```

代码解析：

在上述代码中，'姓名{1}'：在字符串中使用{}作为占位符，通过索引 1，指定要插入的值为第二个参数，即 name；'身高{0}cm'：同样使用{}作为占位符，通过索引 0，指定要插入的值为第一个参数，即 height；'体重{2}kg'：同样使用{}作为占位符，通过索引 2，指定要插入的值为第三个参数，即 weight；'地址{3}'：同样使用{}作为占位符，通过索引 3，指定要插入的值为第四个参数，即 address。最终，通过调用 print() 函数并传入格式化后的字符串作为参数，将结果打印到控制台上。

【示例 4.29】定义 index 关键字匹配位置，exp 需要传入字典类型数据（key = value）。

```
print('姓名{name}，身高{height}cm，体重{weight}kg，地址{address}'.format (name
= '张三',height = 172,weight = 65.8, address = '四川省成都市武侯区'))
```

运行结果：

```
姓名张三，身高172cm，体重65.8kg，地址四川省成都市武侯区
```

代码解析：

在上述代码中，'姓名{name}'：在字符串中使用{name}作为占位符，通过关键字 name，指定要插入的值为'张三'。'身高{height}cm'：使用{height}作为占位符，通过关键字 height，指定要插入的值为 172。'体重{weight}kg'：使用{weight}作为占位符，通过关键字 weight，指定要插入的值为 65.8。'地址{address}'：使用{address}作为占位符，通过关键字 address，指定要插入的值为'四川省成都市武侯区'。最终，通过调用 print() 函数并传入格式化后的字符串作为参数，将结果打印到控制台上。

使用 format() 格式化字符串输出信息，设置字符串格式化样式，字段（姓名、身高、薪酬）、数据和要求见表 4-11。

表 4-11　数据信息表

字　段	数　据	要　求
姓名	张三	宽度 8，居中对齐，空缺通过 * 补充
身高	175 cm	保留 1 位小数，宽度 8，居中对齐
薪酬	12 000 元	保留 2 位小数，宽度 10，居右对齐，金额显示千分位符

【示例 4.30】format() 字符格式化样式。

```
name = '张三'
```

```
    height = 175
    salary = 12000
    print('姓名{:*^8s},身高{:^8.1f}cm,薪酬{:=10,.2f}元'.format(name,height,salary))
    # 等价于
    print('姓名{0:*^8s},身高{1:^8.1f}cm,薪酬{2:=10,.2f}元'.format(name,
height,salary))
```

运行结果：

```
姓名***张三***,身高 175.0  cm,薪酬 12,000.00元
姓名***张三***,身高 175.0  cm,薪酬 12,000.00元
```

代码解析：

在上述代码中，使用了字符串的 format() 方法来格式化输出。在大括号 {} 中，通过索引的方式指定了要格式化的值在传入 format() 方法的参数中的位置，或者通过关键字的方式指定要格式化的值。'姓名 {:^8s}'：在字符串中使用 {:^8s} 作为占位符，其中表示填充字符，^ 表示居中对齐，8 表示占位符的宽度为 8 个字符，s 表示要插入的值为字符串类型。通过关键字 name，指定要插入的值为 '张三'，并将其居中对齐，使用 * 填充空白处。' 身高 {:^8.1f}cm'：同样使用 {:^8.1f} 作为占位符，其中 ^ 表示居中对齐，8 表示占位符的宽度为 8 个字符，.1 表示要保留 1 位小数，f 表示要插入的值为浮点数类型。通过关键字 height，指定要插入的值为 175，并将其居中对齐。' 薪酬 {:= 10,.2f} 元'：同样使用 {: = 10,.2f} 作为占位符，其中 = 表示填充字符位于符号和数字之间，10 表示占位符的宽度为 10 个字符，","表示千分位分隔符，".2"表示要保留 2 位小数，f 表示要插入的值为浮点数类型。通过关键字 salary，指定要插入的值为 12000，使用","分隔千分位。最终，通过调用 print() 函数并传入格式化后的字符串作为参数，将结果打印到控制台上。

4.6.3 f-strings 格式化

使用 f-strings 格式化字符串，这是 Python 3.6 及以上版本引入的一种新的字符串格式化方法，相比而言使用上更便捷，代码也更优雅美观。它使用以字母 f 开头的字符串前缀，并使用大括号 {} 作为占位符。在大括号内可以直接使用变量名，不需要通过 format() 方法传递变量，当需要设置字符串样式时，使用冒号":"进行申明，语法和 format() 一致。需要注意的是，在 f-strings 中，如果需要在字符串中显示大括号 {}，需要使用双大括号 {{}} 来表示。这是因为单个大括号 {} 会被解释为占位符，所以为了在字符串中显示大括号，需要使用两个大括号来进行转义。详细语法如下：

```
{content:[[fill]align][sign][#][width][,][.precision][type code]}
```

- fill：填充字符，默认为空格。
- align：对齐方式，包括 <、>、^。
- sign：符号，包括 +、-、空格。
- #：用于二进制、八进制、十六进制等数值类型。
- width：宽度，表示占位符的宽度。
- ,：千分位分隔符，用于数值类型，表示每隔三位添加一个千分位分隔符（逗号）。
- .precision：小数点精度，用于浮点数类型，表示小数点后保留的位数。
- type code：数据类型，包括 s（字符串）、d（十进制整数）、f（浮点数）、b（二进制数）、o（八进制数）、x（十六进制数）等。

这些选项可以根据实际需要进行组合使用，以达到所需的字符串格式化效果。

【示例 4.31】使用 f-strings 进行格式化输出。

```
name = '张三'
```

```
height = 172
weight = 65.8
address = '四川省成都市武侯区'
print(f'姓名{name}, 身高{height}cm, 体重{weight}kg, 地址{address}')
```

运行结果：

```
姓名张三，身高172cm, 体重65.8kg, 地址四川省成都市武侯区
```

代码解析：

在上述代码中，使用 f-strings 来格式化字符串，通过在字符串前加上 f 前缀，可以在字符串中使用大括号 {} 来插入变量。在大括号 {} 中，使用变量名来引用要插入的值。在这个例子中，插入了 name、height、weight 和 address 这四个变量。运行结果中，大括号 {} 中的变量被替换为相应的值，从而形成了最终的字符串。每个变量都在大括号 {} 内部使用了对应的格式，没有额外的格式化选项。最后，通过调用 print() 函数将格式化后的字符串输出到控制台上。

4.7 项目实训

4.7.1 实训需求

根据数据表编号、菜品、价格，对字符串格式化输出今日菜单，并统计菜单中“鸡肉”相关的菜品种类，具体字符串格式化实训数据见表 4-12。

（1）数据都定义为字符串格式。

（2）打印的菜单首行居中显示为字段名，内容从数据中依次获取。

（3）编号及菜品居中显示，价格居右显示，合理设置打印布局，参考 4、7、3 实现效果。

表 4-12　字符串格式化实训数据

变量名	数据	字段名
check_id	12345678	编号
foods	虾仁蒸蛋，爆炒牛柳，酸辣土豆，宫保鸡丁，水煮肉片，京酱肉丝，酱香鸡腿，清炒时蔬	菜品
prices	8，15，6，8，10，12，6，6	价格

4.7.2 实训步骤

要实现根据编号、菜品、价格对字符串进行格式化输出，并统计菜单中与“鸡肉”相关的菜品种类，具体实现步骤如下：

（1）定义字符串变量 check_id、foods、prices，用来存储每个菜品的信息。

```
check_id = "12345678"
foods = "虾仁蒸蛋，爆炒牛柳，酸辣土豆，宫保鸡丁，水煮肉片，京酱肉丝，酱香鸡腿，清炒时蔬"
prices = "8,15,6,8,10,12,6,6"
```

（2）将编号、菜品和价格格式化成指定的字符串格式。即通过 check_id 索引获取到具体编号，foods，prices 可以进行切片或分割 split() 操作获取到对应数据。

```
food = foods.split(",")
price = prices.split(",")
```

（3）通过 format() 格式化输出菜单内容，如 {:^4s} 表示字符宽度 4，居中显示，中文占 2 字

符，需要计算字符宽度。

```
print("{}今日菜单{}".format(11 * '*', 11 * '*'))
print("|{:^4s}|{:^10s}|{:^6s}|".format(" 编号 "," 菜品 "," 价格 "))
print("|{:^6s}|{:^8s}|{:>8s}|".format(check_id[0],food[0],price[0]))
print("|{:^6s}|{:^8s}|{:>8s}|".format(check_id[1],food[1],price[1]))
print("|{:^6s}|{:^8s}|{:>8s}|".format(check_id[2],food[2],price[2]))
print("|{:^6s}|{:^8s}|{:>8s}|".format(check_id[3],food[3],price[3]))
print("|{:^6s}|{:^8s}|{:>8s}|".format(check_id[4],food[4],price[4]))
print("|{:^6s}|{:^8s}|{:>8s}|".format(check_id[5],food[5],price[5]))
print("|{:^6s}|{:^8s}|{:>8s}|".format(check_id[6],food[6],price[6]))
print("|{:^6s}|{:^8s}|{:>8s}|".format(check_id[7],food[7],price[7]))
print(30 * ' * ')
```

（4）对菜品中含“鸡”的字进行词频统计，并使用 f-strings 格式化输出。

```
chicken = foods.count(' 鸡 ')
print(f' 鸡肉菜品有 {chicken} 种 ')
```

4.7.3 实现效果

根据实训步骤和要求，数据表编号、菜品、价格，对字符串格式化输出今日菜单，并统计菜单中“鸡肉”相关的菜品种类，最终运行结果：

```
 *********** 今日菜单 ***********
| 编号 |    菜品    |  价格  |
|  1   |  虾仁蒸蛋  |       8|
|  2   |  爆炒牛柳  |      15|
|  3   |  酸辣土豆  |       6|
|  4   |  宫保鸡丁  |       8|
|  5   |  水煮肉片  |      10|
|  6   |  京酱肉丝  |      12|
|  7   |  酱香鸡腿  |       6|
|  8   |  清炒时蔬  |       6|
******************************
鸡肉菜品有 2 种
```

代码解析：

以上代码定义了一个菜单，其中包含了菜品和价格信息。使用字符串的 split() 方法将菜品和价格信息分别存储在 food 和 price 列表中。再通过格式化字符串和对齐方式来输出菜单信息。最后使用字符串的 count() 方法来统计菜品中包含 " 鸡 " 的数量，并输出结果。

小　　结

本章主要讲解了字符串的定义和创建方式，包括使用引号定义字符串和使用 str() 函数转换为字符串，介绍了字符串的运算符，如比较运算符（==，>=，in，not in）、连接运算符（+）和重复运算符（*），讲解了字符串的特性，如有序、不可变序列，并支持索引和切片操作。此外，本章还介绍了字符串常用的方法，包括大小写转换、字符类型判断、字符查找与替换、字符串分割与连接等。最后，介绍了字符串的三种格式化方式，包括 % 格式化、format() 格式化和 f-string 格式化。通过学习本章内容，能够更好地理解和应用字符串的相关操作和方法，提高字符串的处理能力。

习　　题

一、判断题

1. 'I'm chinese'（　　）
2. ' '（　　）
3. '_hello_'（　　）
4. 'print()'（　　）
5. #'I'm chinese'（　　）
6. 字符串可以使用引号或 str() 内置函数定义。（　　）
7. 字符串的索引表达方式只有正向索引。（　　）
8. 字符串切片操作中，start 和 stop 参数可以省略。（　　）
9. 字符串方法 count() 可以用于统计某个子字符串在字符串中出现的次数。（　　）
10. 字符串的格式化方式只有一种。（　　）

二、填空题

1．字符串 s 的值为 "abcdefghijklmn"，填写以下切片结果。

（1）s[1::] 切片的结果是________。

（2）s[:5:] 切片的结果是________。

（3）s[3:5:] 切片的结果是________。

（4）s[10:2:3] 切片的结果是________。

（5）s[2:-5:3] 切片的结果是________。

（6）s[-3::-2] 切片的结果是________。

2．填写下列字符串使用方法后的返回结果（True / False）。

（1）' 一二三 '.isalpha________。

（2）' 一二三 '.isalnum________。

（3）' 一二三 '.isdigit________。

（4）' ①② Ⅰ Ⅱ '.isnumeric________。

（5）' ①② Ⅰ Ⅱ '.isdecimal________。

（6）'I Love Python'.istitle________。

（7）'I Love Python'.islower________。

（8）'\n'.isspace________。

三、选择题

1. 字符串操作符中，“+”用于的操作是（　　）。
   A. 字符串连接　B. 字符串重复　C. 字符串比较　D. 字符串切片
2. 下面字符串方法可以将字符串中的字母全部转换为小写的是（　　）。
   A. upper()　B. title()　C. lower()　D. capitalize()
3. 下面字符串方法可以用于查找某个子字符串在字符串中的位置的是（　　）。
   A. find()　B. split()　C. count()　D. replace()
4. 下面字符串方法可以将字符串按照指定的分隔符拆分成列表的是（　　）。
   A. split()　B. find()　C. join()　D. replace()

5. 下面（　　）字符串格式化方式使用占位符进行替换。

A. f-string 格式化　　B. format() 方法　　C. % 操作符格式化　　D. 所有方式都可以

四、编程题

1. 创建一个字符串变量，该字符串中包含 Tom、Bob、Alice。

2. 创建一个课程字符串变量，课程名有 Python、Java、C# 三门课，每门课需要使用双引号进行标识。

3. 现有一份成绩单，其中 Tom 的成绩为 90，Bob 的成绩为 80.5，Alice 的成绩为 75，使用引号法和数据类型转换，将成绩转换为字符串类型。

4. 根据下面信息，使用 f-strings 进行格式化输出，设置字符串格式化样式，字段、数据和要求见表 4-13。

表 4-13　编程题数据表

字　段	数　据	要　求
姓名	张三	宽度 8，居中对齐
身高	175 cm	保留 1 位小数，宽度 8，居中对齐
薪酬	120 00 元	保留 2 位小数，宽度 11，居右对齐，金额显示千分位符，补 0

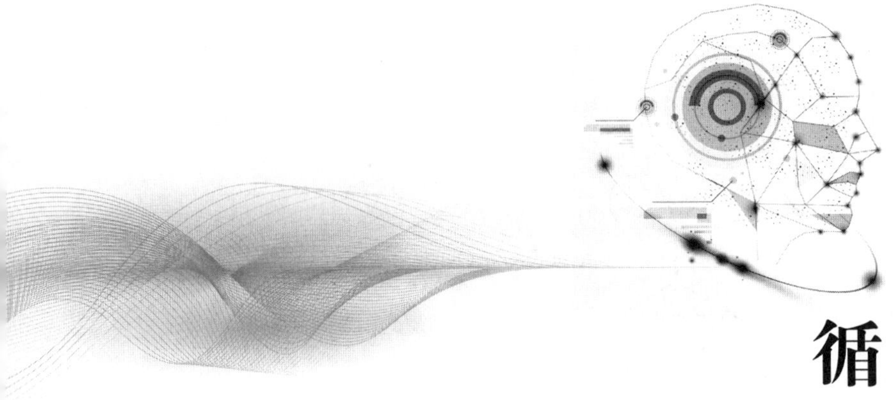

第 5 章 循环结构

本章导学：

本章将重点介绍循环结构，包括 while 循环和 for 循环，以及控制循环执行的关键字 continue 和 break，还将学习如何嵌套循环，根据具体需求选择合适的循环结构，将多个循环结构相互组合来解决复杂的问题。通过掌握循环结构，可以很方便地处理重复执行的问题，提高程序的效率。同时，还可以在循环结构中使用其他的控制语句（如 break 和 continue），来灵活控制循环的执行流程，接下来，深入学习 while 循环和 for 循环的语法和用法。

学习目标：

- 掌握循环结构：while 循环、for 循环。
- 掌握循环结构的语法结构。
- 掌握退出循环控制结构 continue 语句、break 语句。
- 熟练嵌套循环的操作，支持 while、for 之间的相互嵌套。
- 通过学习本章提供的案例，学会 Python 循环结构的实践应用。

5.1 while 循环

5.1.1 循环结构分类

在第 3 章节学习了 Python 程序中的条件控制结构，发现分支中可能存在重复的操作，但是 if 语句中每个分支只能判断一个真值表达式，如果重复操作的次数很多时就不适用。

将真值表达式放在一个循环结构中，当真值表达式值为真时执行循环体语句，如果为假则终止循环（若存在 else 分支，则执行该分支下的代码块）。

程序中将满足条件后需要反复执行某个功能的程序控制结构称为循环结构，在 Python 程序中的循环结构有 while 循环和 for 循环两种方式。

（1）while 循环：当真值表达式为真时，需要反复执行的程序，执行的次数未知。

（2）for 循环：根据可迭代对象中的元素数量，需要反复执行 N 次的程序，也称遍历循环，执行次数已知。

5.1.2 循环结构流程图

1. 循环结构执行流程图

循环结构流程图如图 5-1 所示。

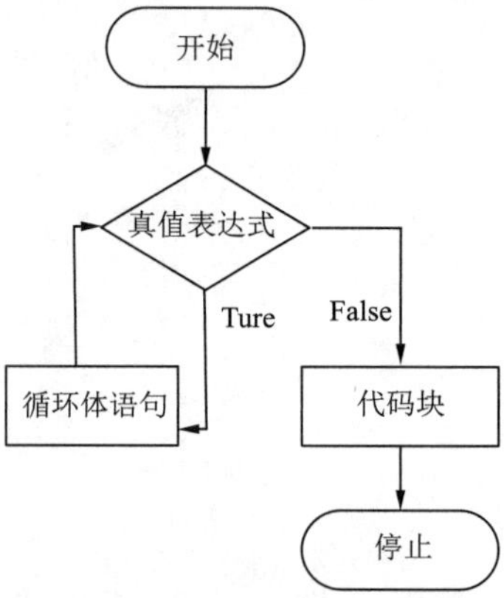

图 5-1 while 循环语句流程图

首先，会判断真值表达式的值，如果为真，则执行循环体语句，然后，再判断真值表达式的值，如此循环下去。最后，直到真值表达式的值为假时，整个循环结构结束。这样的循环结构可以通过条件的真假来控制代码的执行流程，使得代码能够根据需要重复执行某个功能。需要注意的是，循环结构的真值表达式应该能够在循环体中的某个时刻变为假，否则可能会导致死循环。在编写循环结构时，需要仔细考虑条件的设置，以确保循环能够正常退出。

以超市收银员结账为例，在超市结账时，收银员需要处理多个顾客的购物清单。他们通常会使用循环结构来逐个处理每个顾客的购物清单，计算商品的总价并打印收据。收银员会按顺序处理每个顾客的购物清单。他们会循环执行以下步骤：

（1）接收顾客的购物清单；

（2）对于清单中的每个商品，收银员会查询商品的价格，并计算该商品的总价；

（3）在清单上记录每个商品的数量和总价；

（4）继续处理下一个商品，直到清单中的所有商品都处理完毕；

（5）打印收据，包括每个商品的数量、单价和总价，以及整个购物清单的总价；

（6）如果还有下一个顾客，回到步骤 1；否则结束结账过程。

通过循环结构，收银员能够高效地处理每个顾客的购物清单，确保每个商品都被正确计算并记录下来。这样，顾客可以准确地了解购物花费，并获得相应的收据。

循环结构在这个实际案例中起到了重要的作用，提高了收银员的工作效率，并为顾客提供了良好的购物体验。

2. while 循环语法结构

while 循环是一种用于重复执行一段代码块的循环结构，在 Python 中，while 循环还可以结合 else 子句使用。这个 else 子句在循环条件变为 False 时执行，也就是当循环正常结束时执行，其语法结构如下：

```
while 真值表达式:
    循环体
else:
    代码块 A
```

在这个语法结构中，当循环条件为 True 时，会执行循环体中的代码。如果循环条件为 False，即循环正常结束时，会执行代码块 A 中的代码。使用 else 子句在循环结束后执行一些操作是很有用的，比如在搜索一个元素时，可以使用循环来遍历列表，如果找到了目标元素，则执行相应的操作，如果循环结束仍未找到目标元素，则执行代码块 A 中的代码。

while 循环的执行过程如下：

（1）首先判断条件是否为 True，如果条件为 True，则执行代码块中的代码；

（2）执行完代码块后，再次判断条件是否为 True；

（3）如果条件为 True，则再次执行代码块；

（4）直到条件为 False，循环终止。

在循环中，通常会使用一些控制语句来改变循环的执行流程，例如，break 语句用于提前终止循环，continue 语句用于跳过本次循环的剩余代码，直接进入下一次循环。这些控制语句可以帮助更灵活地控制循环的执行。

【示例 5.1】 while 循环来打印数字 0 ～ 100。

```
num = 0
while num <= 100:
    print(num)
    num += 1
```

运行结果：

```
0
1
……
100
```

代码解析：

在上述代码中，使用一个变量 num 来记录当前的数字，初始值为 0。在循环中，首先打印出当前的数字，然后将 num 的值加 1。循环会一直执行，直到 num 大于 100，循环终止。因此，通过这段代码，会依次打印出数字 0 ～ 100。每次循环，都会先打印出当前的 num 值，然后将 num 的值加 1，直到 num 的值大于 100，循环结束。

如果，将“num += 1”删除，代码如下所示，会产生怎样的结果呢？

```
num = 0
while num <= 100:
    print(num)
```

当不执行“num += 1”语句时，num 的值一直为 0，真值表达式一直未成立，程序会陷入死循环，一直输出 0。因此在编写程序时，注意不要陷入无限循环。

【示例 5.2】 计算 1 ～ 10 的累加和。

```
sum = 0
num = 1
while num <= 10:
    sum += num
    num += 1
print("1 到 10 的累加和为：", sum)
```

运行结果：

```
1 到 10 的累加和为：55
```

代码解析：

在上述代码中，首先，使用了一个变量 sum 来保存累加和的结果，初始值为 0。然后，使用一个变量 num 来表示当前的数字，初始值为 1。在循环中，判断 num 是否小于等于 10，如果是，则将 num 加到 sum 中，并将 num 的值加 1。循环会一直执行，直到 num 大于 10，循环终止。最后，打印出累加和的结果。

【示例 5.3】登录验证。

```
pwd = input("输入密码：")
while pwd != 'pwd123':
    print("密码输入错误，请重新输入密码！ ")
    pwd = input("输入密码：")
else:
   print("登录成功")
```

运行结果：

```
输入密码：2
密码输入错误，请重新输入密码！
输入密码：pwd123
登录成功
```

代码解析：

在上述代码中，首先，使用 input() 函数获取用户输入的密码，并将其存储在变量 pwd 中。进入 while 循环，判断条件 pwd != 'pwd123' 是否成立，即判断用户输入的密码是否与指定密码不相符。如果条件成立，执行循环体内的代码：

（1）打印出“密码输入错误，请重新输入密码！”的提示信息。

（2）再次使用 input() 函数获取用户输入的密码，并将其存储在 pwd 变量中。

（3）循环回到判断条件 pwd != 'pwd123'，再次判断是否成立。如果成立，继续执行循环体内的代码；如果不成立，跳出循环，执行 else 代码块中的内容。

（4）当用户输入的密码与指定密码相符时，循环终止，执行 else 代码块中的内容。

（5）在 else 代码块中，打印出“登录成功”的提示信息，表示密码验证通过。

代码的作用是，不断要求用户输入密码，直到用户输入的密码与指定密码相符为止。如果用户输入的密码与指定密码不相符，则会提示密码输入错误，并再次要求用户重新输入密码。当用户输入的密码与指定密码相符时，程序会打印出“登录成功”的提示信息。

5.2 for 循环

1. 可迭代对象

可迭代对象是能够逐一返回其成员项的对象，可迭代对象可用于 for 循环遍历，Python 中的可迭代对象包括字符串、列表、元组、字典、集合等：

（1）字符串 string：一个有序的字符序列，如 python、China。

（2）列表 list：一个有序、能保存任意数据类型的可变序列，如 [1, 2, 3, 4]、['python', 100]。

（3）元组 tuple：和列表类似，元组中数据不能被修改，如（1, 2, 3, 4）、（'china', 'python', 100）。

（4）字典 dict：一个无序、元素以 key-value 进行保存的可变类型，如 {name: "张三"}。

（5）集合 set：一个无序的不重复的数据类型，如 {'china', 'python', 100}。

2. 循环语法结构

for 循环是一种用于遍历可迭代对象的循环结构。在 Python 中可迭代对象可以是字符串、列表、元组、字典、集合等。在 Python 中，for 循环还可以搭配 else 语句来实现特定的逻辑。当 for 循环正常结束时（即没有被 break 语句中断），else 语句后的代码块 A 会被执行。如果 for 循环被 break 语句中断，则 else 语句后的代码块 A 不会执行，for 循环和 else 语句的语法结构如下：

```
for 变量 in 可迭代对象：
    循环体
else:（可省略）
    代码块 A
```

其中，变量会绑定每次循环中从可迭代对象中取出的值，可迭代对象表示需要遍历的对象，循环体表示每次循环中要执行的代码块，代码块 A 表示当循环正常结束时要执行的代码块。

【示例 5.4】for 循环遍历字符串。

```
text =" 少年强则国强 "
for i in text:
    print(i)
```

运行结果：

```
少
年
强
则
国
强
```

代码解析：

在上述代码中，定义了一个字符串，其中包含了六个汉字，使用 for 循环遍历该字符串，将每个字符赋给变量 i，然后通过 print() 函数打印出来。在每次循环中，i 依次取到了字符串 text 中的每个字符。首先，i 取到了字符“少”，然后打印出来；接着，i 取到了字符“年”，再次打印出来；依此类推，直到遍历完字符串中的所有字符。由于字符串是一个可迭代对象，因此可以使用 for 循环来遍历字符串中的每个字符。这种方式非常方便，可以对字符串中的字符进行各种操作，例如，打印、计算、判断等。

思考：如何通过遍历次数计算出字符串长度？

【示例 5.5】for 循环实现统计字符串长度。

```
text = '少年强则国强'
num = 0
for i in text:
    num += 1
print(num)
```

运行结果：

```
6
```

代码解析：

在上述代码中，定义了一个字符串 text，其中包含了六个汉字，然后定义了一个变量 num 并初始化为 0，使用 for 循环遍历字符串 text 中的每个字符，将变量 num 的值加 1。在每次循环中，变量 num 都会增加 1，这样就能统计出字符串 text 中的字符个数。最后，使用 print() 函数打印出变量 num 的值，即字符串 text 中的字符个数。

使用 for 循环遍历字符串可以对字符串中的每个字符进行操作，例如，统计字符个数、查找特定字符、替换字符等。

【示例 5.6】for…else 结构。

```
text = "少年强则国强"
for i in text:
    print(i)
else:
    print(" 循环结束 ")
```

运行结果：

```
少
年
强
则
国
强
循环结束
```

代码解析：

在上述代码中，首先，定义了一个字符串 text，其中包含了六个汉字。然后使用 for 循环遍历该字符串，将每个字符赋给变量 i，然后通过 print() 函数打印出来。在每次循环中，i 依次取到了字符串 text 中的每个字符。首先，i 取到了字符“少”，然后打印出来；接着，i 取到了字符“年”，再次打印出来；依此类推，直到遍历完字符串中的所有字符。在 for 循环结束后，Python 会执行 else 语句中的代码，因此会打印出“循环结束”这个字符串。需要注意的是，else 语句是可选的，只有在 for 循环正常结束时才会被执行。如果在循环过程中执行了 break 语句，就不会执行 else 语句。

【示例 5.7】for 循环遍历列表。

```
list = [1, 2, 3, 4]
for i in list:
    print(i)
```

运行结果：

```
1
2
3
4
```

代码解析：

在上述代码中，首先，定义了一个列表 list，其中包含了四个整数。然后使用 for 循环遍历该列表，将每个元素赋给变量 i，然后通过 print() 函数打印出来。在每次循环中，i 依次取到了列表 list 中的每个元素。首先，i 取到了元素 1，然后打印出来；接着，i 取到了元素 2，再次打印出来；依此类推，直到遍历完列表中的所有元素。需要注意的是，for 循环会按照列表中元素的顺序来进行迭代，即从第一个元素到最后一个元素。这意味着在每次循环中，i 的值会依次取到列表中的每个元素。通过这个例子可以看到，使用 for 循环遍历列表是非常方便的，可以对列表中的每个元素进行操作，例如，计算元素之和、查找特定元素、修改元素等。

思考：如果要连续输入 100 个整数，需要传入一个从 1~100 的列表，再遍历吗？有更快捷的方法吗？

3. 内置函数 range()

range() 函数是 Python 中的内置函数，是 Python 中常用的函数之一，用于生成一个整数序列的可迭代对象，并在 for 循环中进行遍历，其语法规则为：

```
range(stop)
range(start, stop[, step])
```

其中，start、stop、step 都是整数值，start 为可选参数，表示序列的起始值，默认为 0。stop 为必选参数，表示序列的终止值（不包括该值）。step 为可选参数，表示步长，默认为 1。

range() 函数会根据传入的参数生成一个整数序列，并返回一个可迭代对象。这个可迭代对象可以用于 for 循环中，遍历整数序列中的每一个元素。

如果只传入一个参数，range() 函数会生成从 0 到 stop-1 的整数序列。例如，range(5) 会生成 0、1、2、3、4 这五个整数。

如果传入两个参数，range() 函数会生成从 start 到 stop-1 的整数序列。例如，range(2, 5) 会生成 2、3、4 这三个整数。

如果传入三个参数，range() 函数会生成从 start 到 stop-1 的整数序列，步长为 step。例如，range(0,10,2) 会生成 0、2、4、6、8 这五个整数。

需要注意的是，range() 函数返回的是一个可迭代对象，而不是一个列表。如果需要将生成的整数序列转换为列表，可以使用 list() 函数进行转换。例如，list(range(5)) 会生成一个包含 0、1、2、3、4 的列表。

【示例 5.8】 for 循环结合 range() 函数输出 20~30 之间的整数。

```
for i in range(20, 30):
    print(i)
```

运行结果：

```
20
21
22
23
24
25
26
27
28
29
```

代码解析：

在上述代码中，首先，range(20, 30) 会生成一个从 20 到 29 的整数序列，但不包括 30。然后，使用 for 循环遍历这个序列，将每个整数赋给变量 i，最后打印出来。

5.3 循环嵌套

1. 循环嵌套结构

循环嵌套结构是指在一个循环结构内部再嵌套另一个循环结构，如图 5-2 所示。

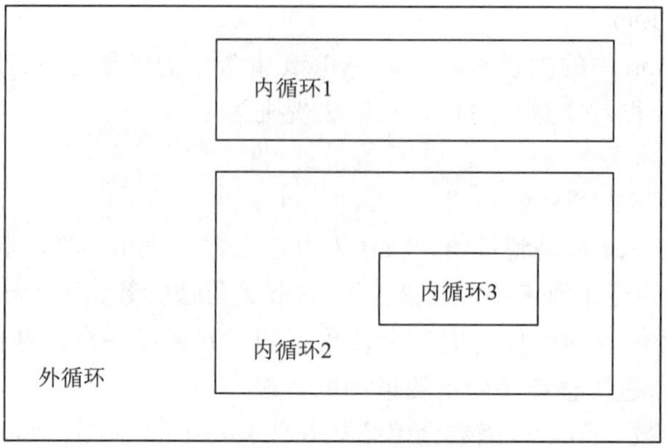

图 5-2 循环嵌套结构

其中内层循环会在外层循环的每次迭代中执行一次，内循环或外循环可以是任意循环结构，如 while 循环、for 循环，需根据实际情况理解程序逻辑，选择合适的循环结构，以 for 循环嵌套 for 循环为例，其语法结构如下：

```
for 外层变量 in 外层可迭代对象：
    for 内层变量 in 内层可迭代对象：
        内层循环体
    外层循环体
```

在这个循环结构中，外层循环会先执行一次，然后内层循环会完整地执行一遍。执行完第一遍后，外层循环会再次迭代，内层循环又会完整地执行一遍。这个过程会一直重复，直到外层循环迭代完毕。在内层循环中，可以使用外层循环的变量，也可以定义新的变量。同样，在内层循环中也可以嵌套更深层次的循环结构。

循环嵌套结构在实际编程中很常见，可以用于解决一些复杂的问题，通过合理地嵌套多个循环，可以实现对多维数据的遍历、搜索等操作。

需要注意的是，循环嵌套结构可能导致代码的执行时间增加，特别是当嵌套层数较多或数据量较大时，还需要严格注意代码间的缩进关系。因此，在使用循环嵌套结构时，需要谨慎考虑代码的效率，并且尽量避免不必要的循环嵌套。

2. 循环嵌套执行流程图

循环嵌套可以用来解决一些需要多层次遍历或多次重复执行的问题，循环嵌套的执行流程图如图 5-3 所示。

（1）开始执行外层循环。

（2）判断外层循环条件是否满足，如果满足，则执行外层循环体（包括内层循环结构）。

（3）进入内层循环。

（4）判断内层循环条件是否满足，如果满足，则执行内层循环体。

（5）内层循环体执行完毕后，回到内层循环条件判断，继续判断条件是否满足。

（6）如果内层循环条件满足，继续执行内层循环体，否则跳出内层循环。

（7）回到外层循环条件判断，继续判断条件是否满足。

（8）如果外层循环条件满足，继续执行外层循环体（包括内层循环结构），否则跳出外层循环。

（9）重复步骤（2）～（8），直到外层循环条件不满足为止。

（10）程序结束。

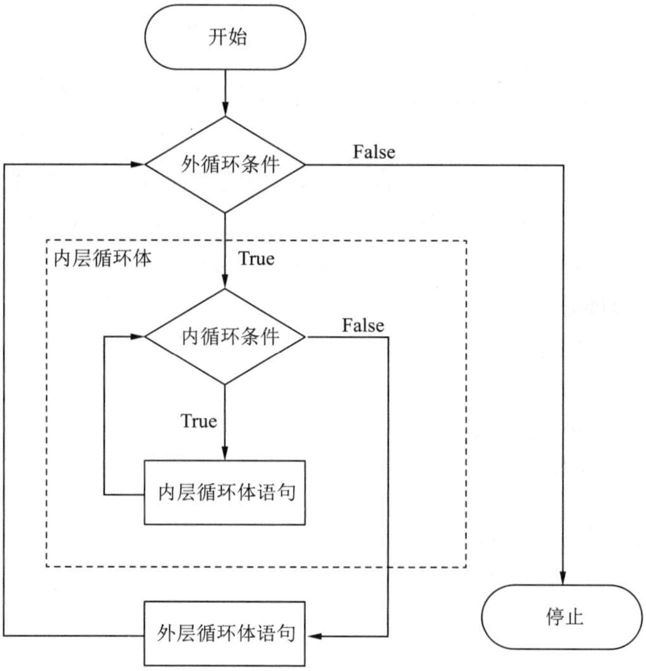

图 5-3　循环嵌套执行流程图

在循环嵌套中，内层循环的执行次数与外层循环的迭代次数相关。每次外层循环迭代时，内层循环都会完整地执行一次。只有当内层循环条件不满足时，才会跳出内层循环，继续执行外层循环。通过循环嵌套，可以实现更复杂的程序逻辑和多层次的遍历操作，提高代码的灵活性和效率。但同时，也需要谨慎设计循环嵌套的结构，避免出现死循环或过度复杂的逻辑。

【示例 5.9】使用 for 循环嵌套 for 循环。

```
for i in range(1, 3):
    print(f'外循环第{i}次', i * " * ")
    for j in range(1, 5):
        print(f"内循环第{j}次", j * "#")
```

运行结果：

```
外循环第 1 次  *
内循环第 1 次  #
内循环第 2 次  ##
内循环第 3 次  ###
内循环第 4 次  ####
外循环第 2 次  **
内循环第 1 次  #
内循环第 2 次  ##
内循环第 3 次  ###
内循环第 4 次  ####
```

代码解析：

上述代码是一个简单的循环嵌套示例，代码中有两个循环，外层循环用于控制打印外循环的次数，内层循环用于控制打印内循环的次数。

执行流程如下：

（1）外层循环开始执行，循环变量 i 的初始值为 1。执行外层循环体，打印“外循环第 1 次”，并打印一行由 i 个“*”号组成的字符串；

进入内层循环，循环变量 j 的初始值为 1；执行内层循环体，打印“内循环第 1 次”，并打印一行由 j 个“#”号组成的字符串；

内层循环迭代，j 的值增加 1；继续执行内层循环体，打印“内循环第 2 次”，并打印一行由 j 个“#”号组成的字符串；内层循环迭代，j 的值增加 1；继续执行内层循环体，打印“内循环第 3 次”，并打印一行由 j 个“#”号组成的字符串；内层循环迭代，j 的值增加 1；继续执行内层循环体，打印“内循环第 4 次”，并打印一行由 j 个“#”号组成的字符串；

内层循环结束，跳出内层循环；回到外层循环，判断外层循环条件，i 的值增加 1。

（2）继续判断外循环是否成立，执行外层循环体，打印“外循环第 2 次”，并打印一行由 i 个“*”号组成的字符串。再次进入内层循环，内层循环的执行与前面的步骤类似；内层循环结束，跳出内层循环。

（3）外层循环结束，跳出外层循环。

【示例 5.10】循环嵌套案例。

```
for i in range(1, 3):
    for j in range(1, 5):
        print(j, end = '')
    print()
```

运行结果：

```
1234
1234
```

代码解析：

在上述代码中，这是一个嵌套循环的示例，代码中有两个循环，外层循环控制行数，内层循环控制每行的输出，具体执行流程如下：

（1）外层循环开始执行，循环变量 i 的初始值为 1。进入内层循环，循环变量 j 的初始值为 1；执行内层循环体，打印 j 的值，并使用 end = '' 指定输出不换行；内层循环迭代，j 的值增加 1；继续执行内层循环体，打印 j 的值，并使用 end = '' 指定输出不换行；内层循环迭代，j 的值增加 1；继续执行内层循环体，打印 j 的值，并使用 end = '' 指定输出不换行；内层循环迭代，j 的值增加 1；继续执行内层循环体，打印 j 的值，并使用 end = '' 指定输出不换行；内层循环迭代，j 的值增加 1；内层循环结束，跳出内层循环；执行 print 语句，输出一个空行，实现换行效果。

（2）回到外层循环，判断外层循环条件，i 的值增加 1。继续执行外层循环体，进入内层循环，内层循环的执行与前面的步骤类似；内层循环结束，跳出内层循环；执行 print 语句，输出一个空行，实现换行效果。

（3）外层循环结束，跳出外层循环。

通过这个示例，可以看到内层循环在每次外层循环迭代时都会完整地执行一次，并且内层循环的输出会在一行中连续显示。外层循环控制行数，内层循环控制每行的输出内容。

【示例 5.11】用符号“*”打印一个 5 行 10 列的矩形。

```
for i in range(5):
    for j in range(10):
        print('*', end = ' ')
    print()
```

运行结果：

```
* * * * * * * * * *
* * * * * * * * * *
* * * * * * * * * *
```

```
* * * * * * * * * *
* * * * * * * * * *
```

代码解析：

在上述代码中，可以看到内层循环在每次外层循环迭代时都会完整地执行一次，并且内层循环的输出会在一行中连续显示。其中，外层循环控制行数，内层循环控制每行的输出内容。每行输出的内容都是由 10 个星号组成，并且每个星号之间以空格分隔。

【示例 5.12】九九乘法表。

```
for i in range(1, 10):
    for j in range(1, i+1):
        print(i,'*', j, '=', i*j, end=' ',)
    print()
```

运行结果：

```
1*1=1
2*1=2   2*2=4
3*1=3   3*2=6    3*3=9
4*1=4   4*2=8    4*3=12   4*4=16
5*1=5   5*2=10   5*3=15   5*4=20   5*5=25
6*1=6   6*2=12   6*3=18   6*4=24   6*5=30   6*6=36
7*1=7   7*2=14   7*3=21   7*4=28   7*5=35   7*6=42   7*7=49
8*1=8   8*2=16   8*3=24   8*4=32   8*5=40   8*6=48   8*7=56   8*8=64
9*1=9   9*2=18   9*3=27   9*4=36   9*5=45   9*6=54   9*7=63   9*8=72   9*9=81
```

代码解析：

在上述代码中，可以看到内层循环在每次外层循环迭代时都会完整地执行一次，并且内层循环的次数会随着外层循环的迭代而增加。内层循环的输出结果为每个 i 和 j 的乘积，以及相应的等号和乘积结果。每行输出的内容都是以空格分隔，并且每行输出的内容会在一行中连续显示。外层循环控制行数，内层循环控制每行的输出内容。

5.4　continue 和 break 语句

5.4.1　continue 语句

continue 语句是用于中断当前循环并跳过剩余代码，然后继续下一次循环的执行。当循环遇到 continue 语句时，会立即停止当前迭代，并开始下一次迭代，如图 5-4 所示，continue 语句的执行流程如下：

（1）当 continue 语句被执行时，会跳过当前循环体中本轮循环的剩余代码，直接进入下一轮循环。

（2）如果 continue 语句在内循环结构（如 while 循环、for 循环）中被执行，它将跳过内循环体中 continue 语句之后的代码，并继续进行下一轮的内循环。

（3）如果 continue 语句在外循环结构中被执行，它将跳过外循环体中 continue 语句之后的代码，并开始下一轮的外循环。

（4）continue 语句的执行流程是：当满足某个条件时，执行 continue 语句，跳过本轮循环体中 continue 语句之后的代码，开始下一轮的循环。

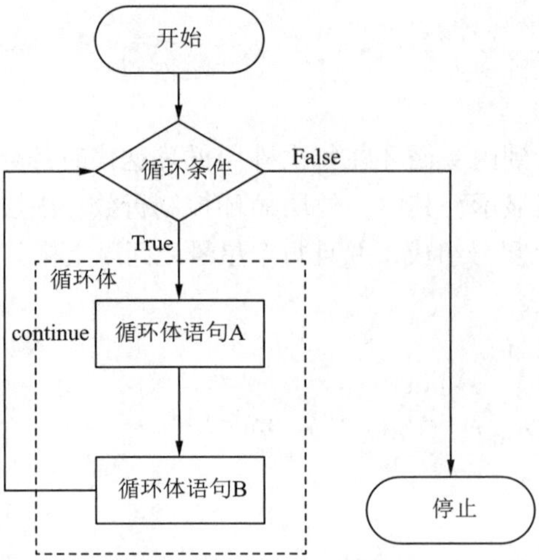

图 5-4　continue 语句

【示例 5.13】continue 语句。

```
for i in range(1, 6):
    if i == 3:
        continue
    print(i, end = ' ')
```

运行结果：

```
1 2 4 5
```

代码解析：

在上述代码中，使用了 for 循环来迭代 1 ～ 5 的数字，当循环变量 i 的值等于 3 时，遇到了 continue 语句。在这种情况下，循环会立即跳过 continue 语句下面的代码，然后继续下一次循环。因此，数字 3 被跳过，不会被打印出来。

需要注意的是，continue 语句只会中断当前循环的迭代，然后继续下一次迭代，它不会中断整个循环的执行。在循环体中的 continue 语句之后的代码会被忽略，直接进入下一次循环。使用 continue 语句可以在满足某些条件时跳过特定的迭代，提高代码的效率和灵活性。

【示例 5.14】输出 1 ～ 10 数字中的偶数。

```
num = 0
while num < 10:
    num += 1
    if num % 2!= 0:
        continue
    print(num, end = ' ')
```

运行结果：

```
2 4 6 8 10
```

代码解析：

在上述代码中，while 循环的条件是 num 的值小于 10。在每一次循环中，先将 num 的值增加 1，然后判断 num 是否为奇数。如果 num 是奇数，则执行 continue 语句，跳过本次循环的剩余代码，直接进行下一次循环；如果 num 不是奇数，则执行 print 语句，打印 num 的值。因此，最终只有偶数被打印出来。通过使用 continue 语句，可以在满足某些条件时跳过特定的迭代，提高代码的效率和灵活性。

5.4.2　break 语句

break 语句是另一个重要的条件控制结构，用于在循环中直接结束当前的循环体，即使循环条件仍然成立，如图 5-5 所示。

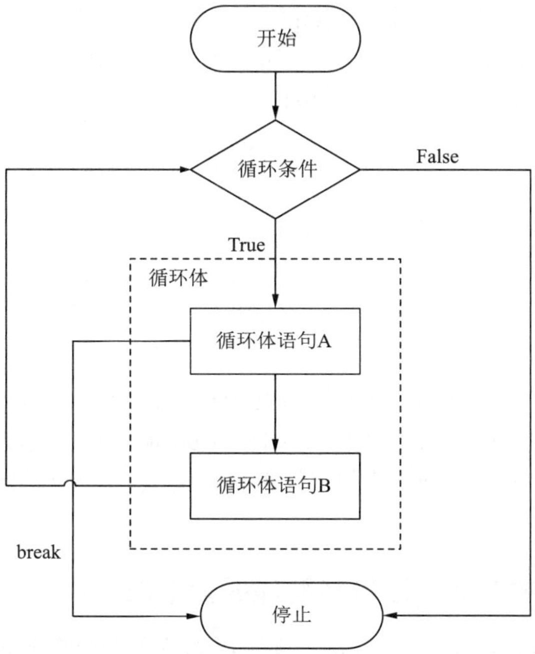

图 5-5　break 语句

当使用循环结构（如 for 循环、while 循环）进行迭代操作时，有时候希望在满足某个条件时直接结束当前循环，跳出循环体，而不再执行循环中的后续代码，这时，可以使用 break 语句。当 break 语句被执行时，它会立即结束当前的循环体，并跳出循环，不再执行循环中的后续代码，程序会继续执行循环外的代码，break 语句的流程如下：

（1）当 break 语句被执行时，会立即结束当前循环体，并跳出循环，不再执行循环中的后续代码。

（2）如果 break 语句在内循环结构中被执行，它将直接退出内循环体结构，并开始执行内循环之后的代码。

（3）如果 break 语句在外循环结构中被执行，它将直接退出整个循环体结构，不再执行外循环中的后续代码。

（4）break 语句的执行流程是：当满足某个条件时，执行 break 语句，立即结束当前循环体，并跳出循环。

使用 break 语句可以提前终止循环，跳出循环体，从而有效地控制程序的执行流程。它可以在满足某些条件时快速退出循环，避免不必要的迭代，提高程序的执行效率。

【示例 5.15】使用 for 语句和 break 语句。

```
for i in range(10):
    if i > 5:
        break
    print(i, end = ' ')
```

运行结果：

```
0 1 2 3 4 5
```

代码解析：

在上述代码中，使用了 for 循环来遍历范围为 0 到 9 的整数。在每一次循环中，先判断 i 是否大于 5。如果 i 大于 5，则执行 break 语句，直接结束当前循环，跳出循环；如果 i 不大于 5，则执行 print 语句，打印 i 的值。因此，最终只有 i 小于等于 5 的值被打印出来。

【示例 5.16】使用 while 语句和 break 语句。

```
num = 0
while num < 5:
    num += 1
    if num > 3:
        break
    print(num, end = ' ')
```

运行结果：

```
123
```

代码解析：

在上述代码中，使用 while 循环来判断 num 是否小于 5。在每次循环中，先将 num 的值加 1，然后判断 num 是否大于 3。如果 num 大于 3，则执行 break 语句，直接结束当前循环，跳出循环体；如果 num 不大于 3，则执行 print 语句，打印 num 的值。因此，最终只有 num 小于等于 3 的值被打印出来。

5.4.3 continue 语句和 break 语句在循环嵌套中的应用

循环嵌套结构中的 break 和 continue 语句在不同的位置会产生不同的效果，continue 会跳过当前循环体中本轮循环，而 break 直接退出当前的循环体，如图 5-6 所示。

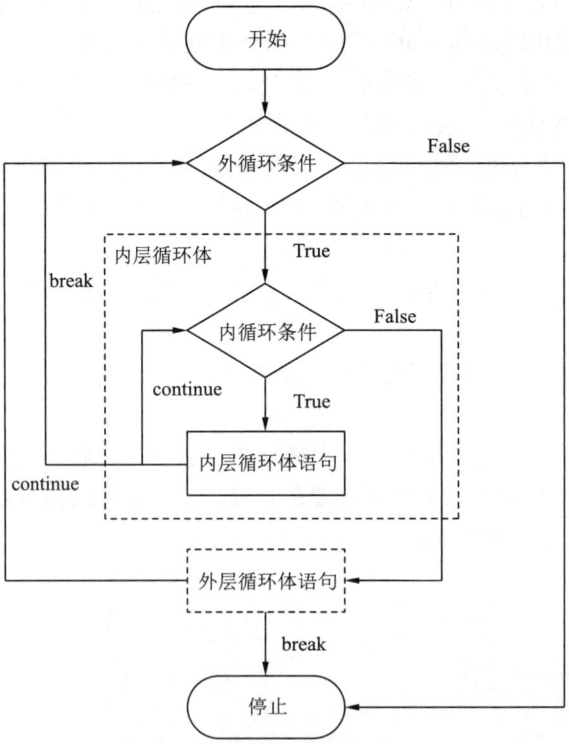

图 5-6 循环嵌套中的 break

在嵌套循环结构中，continue 和 break 语句只会影响到直接包含它们的最内层循环。如果需要跳出多层循环，可以使用额外的标记或条件来控制。

总结起来，continue 语句会跳过当前循环体中本轮循环的剩余代码，进入下一轮循环；而 break 语句会立即结束当前循环体，并跳出循环。它们在循环嵌套结构中的效果取决于它们所在的位置，可以通过合理使用它们来控制程序的执行流程。

【示例 5.17】continue 语句在循环嵌套中的应用。

```
for i in range(2):
    for j in range(10):
        if j % 2 == 0:
            continue
        print(j, end = ' ')
    print()
```

运行结果：

```
1 3 5 7 9
1 3 5 7 9
```

代码解析：

在上述代码中，内层 for 循环遍历 0 到 9 之间的所有数，通过判断 j 是否为偶数，如果为偶数，则使用 continue 语句跳过本次循环，不执行后续的 print() 函数；如果 j 为奇数，则执行 print() 函数，输出 j 的值。每次内层 for 循环结束后，使用 print() 函数输出一个换行符，用于换行。外层 for 循环控制内层 for 循环的重复执行次数，外循环体有 2 轮，第一轮内循环中，通过使用 continue 语句，可以在满足某些条件时跳过本次循环，只处理满足条件的情况，从而实现对特定数据的筛选和处理。在这个例子中，通过 continue 语句跳过了偶数的打印，只输出了奇数。

【示例 5.18】break 在循环嵌套中的应用。

```
for i in range(2):
    for j in range(10):
        if j > 5:
            break
        print(j, end = ' ')
    print()
```

运行结果：

```
0 1 2 3 4 5
0 1 2 3 4 5
```

代码解析：

在上述代码中，内层 for 循环遍历 0 到 9 之间的所有数，通过判断 j 是否大于 5，如果大于 5，则使用 break 语句跳出内层循环，不再继续执行后续的 print() 函数；如果 j 不大于 5，则执行 print() 函数，输出 j 的值。每次内层 for 循环结束后，使用 print() 函数输出一个换行符，用于换行。外层 for 循环控制内层 for 循环的重复执行次数。通过使用 break 语句，可以在满足某些条件时立即跳出循环，提前结束循环的执行，从而实现对特定情况的处理。在这个例子中，通过 break 语句在 j 大于 5 时跳出内层循环，只打印出 0 到 5 的数字。

5.4.4 pass 语句

pass 语句是 Python 中的一个特殊语句，它是一个空语句，用于在语法上需要语句的位置做占位操作，pass 语句不执行任何操作，只是用于占据一个语句的位置，使得程序的语法结构完整，

pass 语句的语法结构如下：

```
pass
```

pass 语句可以在任何需要语句的地方使用，比如在条件语句、循环语句、函数定义等语法结构中。

pass 语句不受代码逻辑限制，在编程过程中，一般会先定义一个基础框架，使用 pass 进行占位操作，避免程序运行报错，再逐步补全逻辑代码，方便构思局部代码结构如果不使用 pass 语句，而是直接省略需要语句的位置，可能会导致代码逻辑错误或语法错误。同时方便构思和设计局部代码结构，下面为不使用 pass 语句的情况：

```
if condition:
    # do something
else:
    # do something else
```

如果不使用 pass 语句，直接省略需要语句的位置，代码会变得不完整，导致语法错误。如果使用 pass 语句，则可以避免这个问题，以下是 pass 语句的使用示例。

【示例 5.19】pass 语句。

```
for i in range(10):
    if i < 5:
        pass
    else:
        pass
```

代码解析：

在上述代码中，使用了 pass 语句在条件语句的分支中进行占位操作。在循环中，当 i 小于 5 时，pass 语句会占据 if 语句的位置，不执行任何操作；当 i 大于等于 5 时，pass 语句会占据 else 语句的位置，同样不执行任何操作。这个示例中的 pass 语句虽然没有具体的逻辑代码，但它们在语法上保持了条件语句的完整性。所以即使没有具体的操作，代码也可以正常运行，避免了因缺少语句而导致的语法错误。

在实际编程中，可以根据需要在 pass 语句的位置逐步补充具体的逻辑代码，来完成相应的操作。这种使用 pass 语句的方式，可以帮助构建代码的框架和思路，方便后续的代码编写和调试。

5.5 项目实训

5.5.1 实训需求

（1）使用 while、for 循环语句，设计程序逻辑实现奥特曼 VS 小怪兽游戏。

（2）创建两个角色：奥特曼和小怪兽，并为它们分别设置初始的生命值和攻击力，见表 5-1。

表 5-1 用户生命值、攻击力详情表

角 色	生命值（HP）	攻击力（SP）
奥特曼	10	2
小怪兽	20	5

（3）提供三种操作给用户选择：进攻、升级和退出游戏。

① 当用户选择进攻时，另一个角色的生命值会下降，下降的数值等于用户的攻击力。可以使用条件语句判断当前角色是奥特曼还是小怪兽，然后相应地减少对方角色的生命值。

② 当用户选择升级时，当前角色的生命值和攻击力都会增加 2。可以使用赋值运算符，将当前角色的生命值和攻击力分别加上 2。

③ 当用户选择退出游戏时，或者当前角色的生命值低于 0 时，游戏结束。可以使用条件语句判断用户是否选择退出游戏，或者判断当前角色的生命值是否小于 0，如果满足条件，则结束游戏。

④ 在游戏过程中，可以使用循环结构来不断进行用户的选择和角色操作，直到游戏结束。

5.5.2　实训步骤

首先使用 print() 函数输出用户欢迎界面，为角色属性进行初始化操作。其次使用 input() 函数获取到用户选择的角色，对用户输入值进行判断并输出选择角色，循环判断用户输入是否成立，不成立则重新输入。最后使用 input() 函数获取到用户选择的操作，针对不同操作、不同角色计算角色的生命值、攻击力。当任一角色生命值低于 0 时，该角色死亡，游戏结束。具体步骤如下：

1. 初始化角色

首先，使用 print() 函数输出用户欢迎界面，并为角色属性进行初始化操作。

【示例 5.20】初始化角色。

```
hero = '奥特曼'
monster = '小怪兽'
print(' * ' * 20,f'欢迎玩家进入《{hero}VS{monster}》',' * ' * 20,)
print('请选择你的角色：')
print('1.奥特曼')
print('2.小怪兽')
#初始化角色属性，h_xx 为奥特曼属性，m_xx 为小怪兽属性
h_HP = 10
h_SP = 2
m_HP = 20
m_SP = 5
print(f'{hero}的初始生命值是{h_HP}，攻击力是{h_SP}')
print(f'{monster}的初始生命值是{m_HP}，攻击力是{m_SP}')
```

代码解析：

在上述代码中，是一个角色选择游戏的开场界面，展示了角色名称、属性和选项供用户选择，可以根据需要进行修改和扩展，添加更多角色和属性。

（1）使用 print() 函数输出欢迎界面的分隔线和游戏标题。游戏标题使用 f-string 格式化字符串，显示角色名称和对战关系。

（2）使用 print() 函数输出角色选择提示信息和选项。选项分别是“1. 奥特曼”和“2. 小怪兽”。使用 print() 函数输出角色的初始属性信息。属性包括生命力和攻击力。使用 f-string 格式化字符串，显示角色名称和属性值。

2. 判断用户角色

使用 input() 获取用户选择的角色，通过循环结构和条件判断，实现了不同角色操作，如果用户输入的不是“奥特曼”或“小怪兽”，则要求用户重新输入。

【示例 5.21】判断用户角色。

```
hero = '奥特曼'
monster = '小怪兽'
# 判断用户选择角色
while True:
    user = int(input('请选择你的角色（输入 1 或 2）：'))
    if user == 1:
        print(f'你的角色是{hero}，你的目标是击杀{monster}，保卫地球！')
        break
    elif user == 2:
        print(f'你的角色是{monster}，你的目标是击杀{hero}，毁灭地球！')
        break
    else:
        print('你的输入有误，请重新输入！')
print('-·-' * 20)
```

代码解析：

使用 while 循环来进行角色选择，条件为 True，表示一直循环直到用户输入正确的选项。

使用 input() 函数获取用户输入的角色选项，并使用 int() 函数将输入转换为整数类型。

使用 if…elif…else 语句判断用户选择的角色选项：

（1）如果用户选择了 1（即奥特曼），使用 print() 函数输出角色信息，并使用 break 语句结束循环；

（2）如果用户选择了 2（即小怪兽），使用 print() 函数输出角色信息，并使用 break 语句结束循环；

（3）如果用户输入的选项既不是 1 也不是 2，使用 print() 函数输出错误提示信息。

3. 获取用户选择的操作

首先打印用户操作选项：选项 1 为进攻，选项 2 为升级，选项 3 为退出游戏。

```
print('游戏开始')
print(f'请选择你的操作：\n 1. 进攻 \n2. 升级 \n3. 退出游戏')
```

用户选择不同角色时，不同操作对应属性变化见表 5-2。

表 5-2 角色进攻、升级表

角 色	进 攻	升 级
奥特曼	怪兽生命值 -= 奥特曼攻击力	奥特曼攻击力 +2 奥特曼生命值 +2
小怪兽	奥特曼生命值 -= 怪兽攻击力	小怪兽攻击力 +2 小怪兽生命值 +2

使用 input() 函数获取用户选择的操作，并根据不同操作和角色计算角色的生命值和攻击力。如果任一角色的生命值低于 0，则判定该角色死亡，游戏结束。

【示例 5.22】选择进攻。

```
while True:
    choise = int(input('请选择你的操作（输入 1 或 2 或 3）：'))
    if choise == 1:            # 用户是奥特曼
        if user == 1:          # 用户是奥特曼
            m_HP-=h_SP  # 小怪兽生命值 - 奥特曼攻击力（-2）
            if m_HP <= 0:
                print(f'{monster}当前当前生命值{m_HP}，{monster}死亡，{hero}胜利，游戏结束！')
```

```
                print('-·-' * 20)
                break
        else:                      # 用户是小怪兽
            h_HP-=m_SP             # 奥特曼生命值 - 小怪兽攻击力（-5）
            if m_HP <= 0:
                print(f'{hero}当前当前生命值{h_HP},{hero}死亡,{monster}胜利,游戏结束！')
                print('-·-' * 20)
                break
        print(f'{hero}当前生命值是{h_HP}，攻击力是{h_SP}')
        print(f'{monster}当前生命值是{m_HP}，攻击力是{m_SP}')
        continue
```

在上述代码中，当用户选择进攻时（choice==1），使用嵌套的条件控制结构来判断用户角色（奥特曼还是小怪兽）：

（1）如果用户是奥特曼，小怪兽的生命值会减去奥特曼的攻击力（m_HP-=h_SP）；

（2）如果用户是小怪兽，奥特曼的生命值会减去小怪兽的攻击力（h_HP-=m_SP）。

再次使用条件控制结构根据角色的生命值判断角色是否死亡，如果生命值小于等于 0，则输出相应的胜利或失败信息，并使用 break 语句结束游戏。否则使用 print() 函数输出当前角色的生命值和攻击力，并使用 continue 语句继续下一轮的操作。

【示例 5.23】 选择升级。

```
elif choise == 2:
    if user == 1:              # 用户是奥特曼，奥特曼的生命值、攻击力都+2
        h_HP += 2
        h_SP += 2
        print(f'{hero}升级成功，当前生命值是{h_HP}，攻击力是{h_SP}')
        print('-·-' * 20)
    else:                      # 用户是小怪兽，小怪兽的生命值、攻击力都+2
        m_HP += 2
        m_SP += 2
        print(f'{monster}升级成功，当前生命值是{m_HP}，攻击力是{m_SP}')
        print('-·-' * 20)
        continue
```

在上述代码中，实现了升级操作的逻辑。当用户选择的操作为升级（choise == 2），再次使用条件控制结构判断用户角色（奥特曼还是小怪兽）：

（1）如果用户是奥特曼，奥特曼的生命值和攻击力都会增加 2；

（2）如果用户是小怪兽，小怪兽的生命值和攻击力都会增加 2；

（3）使用 print() 函数输出升级成功后的生命值和攻击力，并使用 continue 语句继续下一轮的操作。

【示例 5.24】 选择退出游戏、或其他选择时。

```
elif choise == 3:
    print('你选择退出游戏，游戏结束。')
    print('-·-' * 20)
    break
else:
    print('你的选择有误，请重新选择')
    continue
```

在上述代码中，处理用户选择退出游戏的情况，并对其他选择进行错误处理。

（1）当用户的选择为退出游戏（choise == 3）：程序打印“你选择退出游戏,游戏结束”信息，通过 break 语句跳出循环结束游戏。

（2）当用户选择其他任意操作时，则会执行 else 语句块：程序打印“你的选择有误，请重新选择”信息，然后通过 continue 语句继续循环，等待用户重新选择操作。

5.5.3　实现效果

运行程序，根据用户选择的角色及操作，执行不同语句块，整体代码运行结果：

```
******************** 欢迎玩家进入《奥特曼 VS 小怪兽》 ********************
请选择你的角色：
1. 奥特曼
2. 小怪兽
奥特曼的初始生命值是 10，攻击力是 2
小怪兽的初始生命值是 20，攻击力是 5
请选择你的角色（输入 1 或 2）：1
你的角色是奥特曼，你的目标是击杀小怪兽，保卫地球！
-·--·--·--·--·--·--·--·--·--·--·--·--·--·--·--·--·--·-
游戏开始
请选择你的操作：
1. 进攻
2. 升级
3. 退出游戏
请选择你的操作（输入 1 或 2 或 3）：1
奥特曼当前生命值是 10，攻击力是 2
小怪兽当前生命值是 18，攻击力是 5
请选择你的操作（输入 1 或 2 或 3）：2
奥特曼升级成功，当前生命值是 12，攻击力是 4
-·--·--·--·--·--·--·--·--·--·--·--·--·--·--·--·--·--·--·--·-
请选择你的操作（输入 1 或 2 或 3）：2
奥特曼升级成功，当前生命值是 14，攻击力是 6
……（此处省略重复操作）
小怪兽当前生命值 -2，小怪兽死亡，奥特曼胜利，游戏结束！
-·--·--·--·--·--·--·--·--·--·--·--·--·--·--·--·--·--·--·--·-
```

本项目是一个简单的角色对战游戏，通过 while 循环、if 条件控制语句的综合应用，实现不同的角色和操作对应不同的判断和计算，并输出相应的结果，锻炼读者对循环结构和条件控制结构的逻辑思维。

小　　结

本章主要介绍了 while 循环的定义和语法结构，并通过示例演示了 while 循环的应用场景；for 循环的定义和语法结构，并说明了 for 循环可以遍历任何可迭代对象（如字符串、列表、元组、字典、集合等）；通过 range() 函数进行整数迭代的用法，说明了在循环结束后执行 else 分支的情况，并强调了 else 分支是可选的。讲解了嵌套循环的逻辑和应用，即在一个循环体内使用另一个循环结构；break 语句和 continue 语句的作用，分别用于提前结束循环和跳过当前循环的剩余部分。通过本章的学习，读者能够掌握循环结构的基本概念和语法，能够灵活运用 while 循环和 for 循环解决问题。同时，理解嵌套循环的逻辑和应用，并能够合理运用 break 和 continue 语句控制循环结构的执行顺序。

习　题

一、选择题

1. 下列 while 循环语句中程序会执行（　　）。

```
num = 0
while num <= 100:
    print(num)
num += 2
```

A. 100 次　　B. 50 次　　C. 101 次　　D. 51 次

2. 下列 while 循环中会输出的结果是（　　）。

```
while True:
print(0)
```

A. 陷入死循环，一直输出 0　　B. NameError: name 'true' is not defined

C. 没有输出　　D. 等价于代码：while True: print(0)

3. 以下关于 range() 内置函数描述正确的是（　　）。

A. range() 函数能生成任意序列的正整数。

B. range() 函数返回的是一个列表数据。

C. 使用 for 循环遍历 range(1)，其返回值是 0。

D. 使用 for 循环遍历 range(10,2)，其返回值是 0、2、4、6、8。

4. 下列关于循环结构描述正确的是（　　）。

A. for 循环进行遍历时不需要 break 结束循环

B. 使用 continue 可以继续当前循环

C. 使用 break 可以跳出当前循环语句，继续执行后续循环

D. Python 循环结构中有 for 循环和 while 循环

二、编程题

1. 使用 while 循环编写程序，打印出 100 以内能被 5、7 整除的值。
2. 使用 for 循环，计算数据 1~100 的累加和。
3. 使用 for 循环，分别计算 1~100 中偶数、奇数的累加和。
4. 用符号“*”打印一个 9 行 9 列的三角形。
5. 使用 while 嵌套 for 循环，实现九九乘法表。

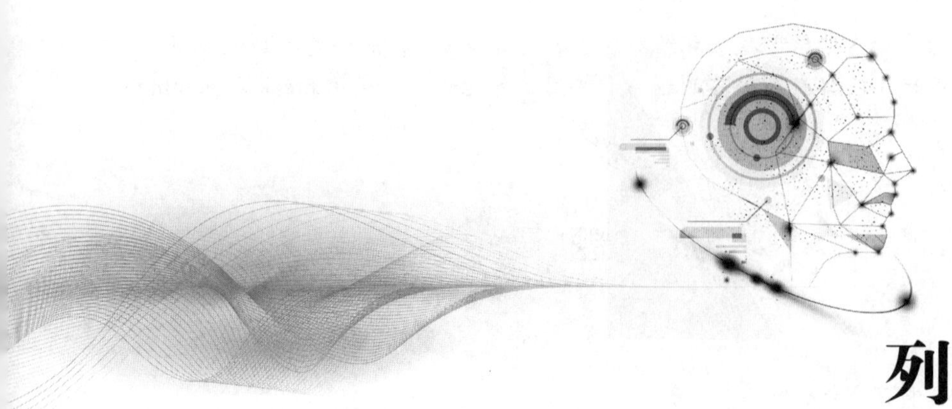

第 6 章 列表和元组

本章导学：

列表和元组在程序中都有其独特的作用和用途。列表适用于存储可变的、有序的数据集合，可以进行添加、修改和删除操作；元组适用于存储不可变的、有序的数据集合，用于保护数据的完整性和不变性。根据具体的需求，选择合适的数据类型来存储和处理数据，能够提高程序的效率和可靠性。本章将学习列表、元组的概念，创建列表、元组的方法，常用列表、元组的操作。通过学习本章内容，可以掌握列表和元组相关的操作方法，提高数据处理的能力和灵活性，使程序更加高效和可靠。

学习目标：

- 了解列表、元组的概念。
- 掌握创建列表、元组的方法。
- 掌握元组、列表的常用操作。
- 通过学习本章提供的案例，学会列表和元组的实践应用。

6.1 列表的创建

6.1.1 列表的定义与特性

当去超市购物时，购物清单可以用列表来表示，假设需要购买苹果、香蕉和橙子，可以将它们存储在一个列表中，在购物过程中，可以根据需要对列表进行操作，可以根据购物清单列表来管理和处理购物任务，方便添加、删除、修改和查找需要购买的物品，列表的灵活性和多样性使得它成为处理实际生活中的各种数据的常用工具。

列表（list）是 Python 中最常见的内置数据类型之一，可以存储任意 Python 数据类型的数据，例如，字符串、数字、列表、元组、字典等。列表使用一对中括号（[]）来表示，其中的数据元素通过逗号进行分隔。列表中的每个元素都有一个对应的位置，被称为索引。索引从 0 开始计数，表示列表中的第一个元素，依次递增，可以使用索引来访问和修改列表中的元素。

列表是 Python 中的一种有序可变序列，具有以下三大特性：

（1）有序性：列表中的元素按照它们在列表中的位置进行排列，可以通过索引来访问和操作列表中的元素。通过索引，可以按照顺序获取和修改列表中的元素。同时，列表也支持切片操作，可以通过切片来获取列表中的一部分元素。

（2）可变性：列表中的元素可以根据需要进行添加、修改、删除和排序等操作。这表示列表的长度是可变的，可以随时改变列表中的元素数量和内容。通过使用内置函数和方法，可以对列表进行各种操作，例如，使用 append() 方法在列表末尾添加元素，使用 insert() 方法在指定位置插入元素，使用 remove() 方法删除指定元素，使用 sort() 方法对列表进行排序等。

（3）数据类型多样性：列表中的元素可以是任何类型的数据，包括整数、浮点数、字符串、布尔型、字典、元组甚至其他列表等。列表的元素类型不限制，可以混合存储不同类型的数据。这使得列表非常灵活，可以根据需要存储和处理各种不同类型的数据。

6.1.2　创建列表

1. [] 创建列表

创建列表的方式有多种，可以根据具体的需求和使用场景选择适合的方式，第一种方式是直接使用中括号 [] 来创建列表，在中括号中，可以写入一组元素（元素可以是任意类型的数据，包括数字、字符串、布尔值等类型），使用逗号进行分隔，其语法格式如下：

```
[元素1, 元素2, 元素3, …元素N]
```

【示例 6.1】使用“[]”进行赋值变量，完成列表创建。

```
list1 = [1, 1, 2, 2, 3, 3, 4]
list2 = ['a', 'b', 'c', 'd']
list3 = []
list4 =['hello python',100,3.5,True]
list5 = [list1,['hello','python']]
print('显示列表:\n', list1, '\n', list2, '\n', list3, '\n',list4,'n',list5)
```

运行结果：

```
显示列表:
[1, 1, 2, 2, 3, 3, 4]
['a', 'b', 'c', 'd']
[]
['hello python', 100, 3.5, True]
[[1, 1, 2, 2, 3, 3, 4], ['hello', 'python']]
```

代码解析：

在上述代码中，创建了五个列表并输出它们的值，list1 是一个包含重复整数的列表，数据类型一致，list2 是一个包含字符的列表，数据类型一致，list3 是一个空列表，没有任何元素，list4 包含多种数据类型（字符串、整数、浮点数和布尔值），list5 是一个嵌套列表，其中包含了 list1 和另一个列表 ['hello', 'python']。

2. list() 函数创建列表

第二种方式是 Python 内置的 list() 构造函数进行转换，list() 函数可以接受一个可迭代的数据作为参数，并将其转换为列表，可迭代的数据可以是字符串、元组、字典、集合等，当参数为空时可创建一个空列表对象，其语法格式如下：

```
list(可迭代数据)
```

type() 函数是 Python 的内置函数，可查看数据类型，其语法格式如下：

```
type(对象)
```

根据具体的需求和使用场景，可以选择适合的创建列表的方式，并遵循相应的语法规则进行操作。

【示例 6.2】使用 list() 函数将数据对象转换为列表。

```
list6 = list()
list7 = list('hello python')
list8 = list(range(5))
print('显示列表: \n', list6,'\n', list7,'\n', list8)
print('数据类型: ',type(list6),type(list7),type(list8))
```

运行结果：

```
显示列表:
[]
['h','e','l','l','o',' ','p','y','t','h','o','n']
[0, 1, 2, 3, 4]
数据类型:  < class 'list' > < class 'list' > < class 'list' >
```

代码解析：

在上述代码中，使用了 list() 函数来创建空列表、将字符串转换为列表以及将可迭代序列转换为列表，并打印了结果和数据类型。list6 是通过 list() 函数创建的空列表，list7 是将字符串 'hello python' 转换为的列表，list8 是将 range(5) 可迭代对象转换为的列表，通过打印这些列表和它们的数据类型，可以看到它们的内容和类型。

3. 列表结构

Python 中的列表是通过一个结构体 PyListObject 来实现的，如图 6-1 所示。其中，PyListObject 包含以下几个字段：

- ob_refcnt：表示对象的引用计数，用于内存管理。
- ob_type：表示对象的类型。
- ob_size：表示列表中当前存储的元素个数。
- ob_item：一个二级指针，指向一个指针数组，这个指针数组保存的是对象的指针。
- allocated：表示该列表已经分配的内存空间大小，即可以存储的元素个数，这个值通常会比 ob_size 大一些，以避免频繁的内存重新分配操作。

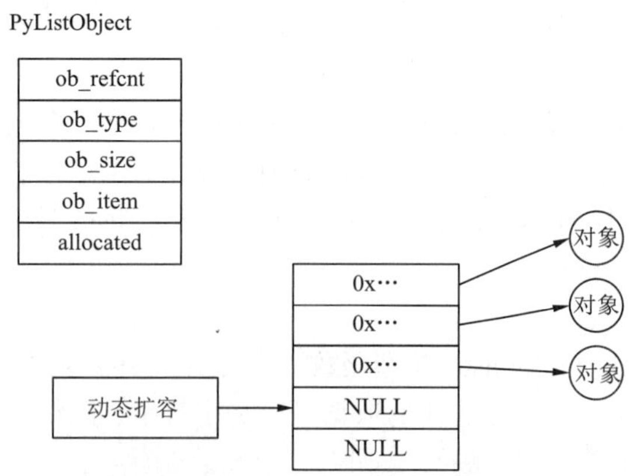

图 6-1 列表结构

当列表中的元素个数增加时，Python 会自动重新分配更大的内存空间来存储这些元素。这个过程被称为“扩容”，每次扩容的容易会基于相应的算法计算得到（远大于 1）这样可以减少频繁的内存分配和复制操作，提高列表的性能。

6.2　列表的运算

6.2.1　列表的运算符

列表在 Python 中支持一些常用的运算符，包含 +、* 、in、not in、[]，这些运算符可以对列表进行各种操作和组合。列表的运算符可以在实际生活中有很多应用。例如，假设有两个购物清单，分别是食品清单和家居用品清单，可以使用“+”运算符将这两个清单合并成一个完整的购物清单，使用“*”运算符，则可以将某些商品在清单中重复多次，比如买 3 盒牛奶，使用“in”运算符可以判断某个商品是否在购物清单中，帮助检查是否漏掉了某些东西，使用 [] 运算符可以通过索引获取购物清单中的特定商品，比如获取清单中的第一件商品，在这些例子中展示了列表运算符在实际生活中的一些应用，常用运算符见表 6-1。

表 6-1　常用运算符

运 算 符		说　明
操作运算符	+	连接两个列表，返回一个新的列表
	*	使用整数和列表 * 操作，对列表进行重复操作
成员运算符	in	判断元素是否在列表中，返回布尔值
	not in	
比较运算符	is	比较列表地址是否相等，返回布尔值
	is not	
	== 、!=	依次比较列表中对应位置元素的大小，返回布尔值
	> 、<	
	>= 、<=	

【示例 6.3】列表的操作运算。

```
list1 = [1, 2, 3]
list2 = [4, 5, 6]
list3 = list1 + list2
print(list3)
list4 = list1 * 3
print(list4)
```

运行结果：

```
[1, 2, 3, 4, 5, 6]
[1, 2, 3, 1, 2, 3, 1, 2, 3]
```

代码解析：

在上述代码中，定义了两个列表 list1 和 list2，然后使用（+）运算符将它们连接起来，生成一个新的列表 list3，list3 中包含了 list1 和 list2 中的所有元素。接下来，使用 * 运算符将 list1 中的元素重复 3 次，生成一个新的列表 list4。最后，通过 print() 函数将 list3 和 list4 打印出来验证运算结果。

6.2.2 列表的成员运算

列表的成员运算包括 in 和 not in 两个运算符，用于判断一个元素是否在列表中。

• in 运算符：当某个元素在列表中时，返回 True；否则，返回 False。

• not in 运算符：当某个元素不在列表中时，返回 True；否则，返回 False。

这两个运算符可以用于任何可迭代对象，包括列表、元组、字符串等。成员运算对于判断一个元素是否在列表中非常有用。它可以帮助在程序中进行条件判断，根据元素是否在列表中来执行不同的操作。例如，可以使用成员运算来判断一个用户输入的数字是否在一个预先定义好的列表中，或者判断一个字符串是否包含某个特定的字符。

【示例 6.4】判断某个元素是否在 list10 列表中。

```
list1 = 9 # 如果 list1 未定义和赋值，结果会报错 NameError: name 'list1' is not defined.
list10 = [1, 1, 2, 2, 3, 3, 4, 1, 1, 2, 2, 3, 3, 4, 1, 1, 2, 2, 3, 3, 4]
print(1 in list10)
print('a' in list10)
print(list1 in list10)
print(10 not in list10)
print(1 not in list10)
```

运行结果：

```
True
False
False
True
False
```

代码解析：

在上述代码中，在第一个 print 语句中，使用 in 运算符来判断 1 是否在 list10 中，由于 1 确实在 list10 中，所以输出结果为 True。在第二个 print 语句中，判断字符串 'a' 是否在 list10 中，由于 'a' 不在 list10 中，所以输出结果为 False。同理可判断其他表达式的结果。

in 还可应用在 for 循环结构中，用于遍历可迭代对象中的元素，如列表、元组、字符串等，它的语法格式如下：

```
for 变量 in 可迭代对象：
    # 执行的代码块
```

for in 可以遍历可迭代对象中的每一个元素，将每个元素赋值给指定的变量，执行循环体中的代码块，对每个元素进行操作，循环体执行完毕后，继续迭代下一个元素，直到可迭代对象中的所有元素都被遍历。

【示例 6.5】for 循环迭代。

```
numbers = [1, 2, 3, 4, 5]
for num in numbers:
    square = num ** 2
    print(square)
```

运行结果：

```
1
4
9
16
25
```

代码解析：

在上述代码中，for 循环遍历了 numbers 列表中的每个元素，将每个元素赋值给变量 num，然后在循环体中，计算了每个元素的平方，并使用 print 函数打印出来，通过 for 循环，可以轻松地对列表中的每个元素进行迭代，从而对它们进行各种操作，如计算、打印、筛选等，这使得代码更加简洁和高效。

6.2.3 列表的比较运算

1. is 和 is not 比较运算符

id() 函数用于获取对象在内存中的唯一标识，即对象的内存地址，使用 is 和 is not 运算符可以对两个对象的内存地址进行比较。

- is 运算符：当两个对象的内存地址相同时，返回 True；否则，返回 False。
- is not 运算符：当两个对象的内存地址不相同时，返回 True；否则，返回 False。

这两个运算符用于比较两个对象是否是同一个对象，即它们是否引用了同一块内存空间。

【示例 6.6】is 和 is not 比较运算符。

```
list1 = [1, 2, 3]
list2 = [1, 2, 3]
if list1 is list2:
    print("list1 和 list2 引用同一块内存空间 ")
else:
    print("list1 和 list2 引用不同的内存空间 ")
if list1 is not list2:
    print("list1 和 list2 引用不同的内存空间 ")
else:
    print("list1 和 list2 引用同一块内存空间 ")
print(id(list1), id(list2))
```

运行结果：

```
list1 和 list2 引用不同的内存空间
list1 和 list2 引用不同的内存空间
2183395258240 2183351743616
```

代码解析：

在上述代码中，list1 和 list2 虽然具有相同的元素值，但它们是不同的对象，引用了不同的内存空间。因此，使用 is 运算符比较它们的内存地址时返回 False，而使用 is not 运算符比较时返回 True。具体的地址值会根据具体的运行环境而变化，通过打印内存地址，可以看到 list1 和 list2 引用了不同的内存空间。

2. “ == ” 和 “!=” 比较运算符

“==” 和 “!= ” 运算符用于比较两个对象的值是否相等。

- “==” 运算符：当两个对象的值相等时，返回 True；否则，返回 False。
- “!= ” 运算符：当两个对象的值不相等时，返回 True；否则，返回 False。

【示例 6.7】“==” 和 “!=” 比较运算符比较两个列表的元素值是否相等。

```
list1 = [1, 2, 3]
list2 = [1, 2, 3]
if list1 == list2:
    print("list1 和 list2 的元素值相等 ")
else:
```

```
    print("list1 和 list2 的元素值不相等 ")
if list1 != list2:
    print("list1 和 list2 的元素值不相等 ")
else:
    print("list1 和 list2 的元素值相等 ")
```

运行结果：

```
list1 和 list2 的元素值相等
list1 和 list2 的元素值相等
```

代码解析：

在上述代码中，list1 和 list2 具有相同的元素值，所以使用“==”运算符比较它们的元素值时返回 True，而使用“!=”运算符比较时返回 False，通过使用“==”和“!=”运算符，可以比较两个对象的值是否相等，即它们是否具有相同的元素值。

6.3 列表的索引和切片

6.3.1 列表的索引

列表的索引是用来访问列表中特定元素的位置，索引从 0 开始，表示列表中的第一个元素，依次递增，可以使用方括号 [] 来访问列表中的元素，将所需元素的索引放在方括号内。列表的索引和切片规则与字符串一致，同样支持使用下标索引访问，支持正索引和负索引。除此之外，列表是可变对象，可以通过索引、切边进行更改赋值。正索引表示从左往右的索引，从 0 开始递增；负索引表示从右往左的索引，从 -1 开始递减。当涉及列表的索引时，如图 6-2 所示的示意图可以帮助理解。

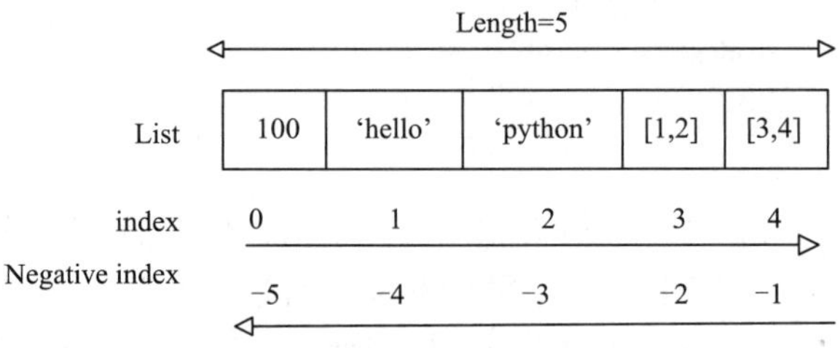

图 6-2　索引示意图

在图 6-2 中，列表中的每个元素都用一个编号表示，正索引从左往右递增，从 0 开始；负索引从右往左递减，从 -1 开始。例如，列表 [1, 2, 3, 4, 5] 中的第一个元素 1 可以使用正索引 0 来访问，也可以使用负索引 -5 来访问。最后一个元素 5 可以使用正索引 4 或者负索引 -1 来访问。

【示例 6.8】获取列表指定元素。

```
list1 = [100, 'hello', 'python', [1, 2], 3.14]
print(list1[0], '\t', type(list1[0]))
print(list1[3], '\t', type(list1[3]))
print(list1[-1], '\t', type(list1[-1]))
print(list1[-3], '\t', type(list1[-3]))
```

运行结果：

```
100       <class 'int'>
[1, 2]    <class 'list'>
3.14      <class 'float'>
python    <class 'str'>
```

代码解析：

在上述代码中，list1[0] 表示访问列表 list1 中的第一个元素，即 100，它的类型是整数（int）；list1[3] 表示访问列表 list1 中的第四个元素，即 [1,2]，它的类型是列表（list）；list1[-1] 表示访问列表 list1 中的最后一个元素，即 3.14，它的类型是浮点数（float）；list1[-3] 表示访问列表 list1 中的倒数第三个元素，即 hello，它的类型是字符串（str）。

除此之外，列表是可变对象，可以通过索引、切片进行更改赋值。

【示例 6.9】索引赋值修改元素。

```
list2 = [1, 2, 3, 4, 5]
list2[0] = 'hello python'
print(list2)
```

运行结果：

```
['hello python', 2, 3, 4, 5]
```

代码解析：

在上述代码中，通过使用索引赋值将列表 list2 的第一个元素修改为 'hello python'，可以看到列表中的元素已经被成功修改。

6.3.2　列表的切片

切片是一种非常便捷的用来获取列表中的子列表的方式，通过切片，可以根据指定的起始索引、结束索引和步长来获取列表中的一部分元素。语法格式如下：

```
start:end:step
```

使用 start 表示起始索引，end 表示结束索引（不包括该索引处的元素），step 表示步长，决定切片的顺序，默认为 1。

列表的切片思路如下：

（1）确定切片的步长方向。步长可以为正数（从左到右）或负数（从右到左）。正数表示从左到右获取元素，负数表示从右到左获取元素。

（2）起始索引表示切片开始的位置，结束索引表示切片结束的位置。需要注意的是，起始索引对应的元素会包括在切片中，但结束索引对应的元素不会包括在切片中。

（3）根据来指定每次获取元素的间隔。如果步长为正数，则按照正向顺序获取元素；如果步长为负数，则按照逆向顺序获取元素。

示例 6.10 实现了对列表进行切片操作，并根据不同的切片参数获取了不同的子列表。

【示例 6.10】列表的切片。

```
list3 = list(range(0, 20, 2))
print('list3 列表: ', list3)
ls1 = list3[1:7]
print('ls1 列表: ', ls1)
ls2 = list3[1: 7: 2]
```

```
print('ls2 列表：', ls2)
ls3 = list3[7: 1: -2]
print('ls3 列表：', ls3)
ls4 = list3[-1: -7: -2]
print('ls4 列表：', ls4)
ls5 = list3[1: 7: -2]
print('ls5 列表：', ls5)
```

运行结果：

```
list3 列表：[0, 2, 4, 6, 8, 10, 12, 14, 16, 18]
ls1 列表： [2, 4, 6, 8, 10, 12]
ls2 列表： [2, 6, 10]
ls3 列表： [14, 10, 6]
ls4 列表： [18, 14, 10]
ls5 列表： []
```

代码解析：

在上述代码中，生成的列表 list3 包含从 0 到 19 的偶数，通过 range() 函数生成的序列是从 0 开始，以 2 为步长逐渐增加的。然后，使用切片操作 list3[1:7] 对列表 list3 进行切片，默认使用正向切片。切片得到的子列表 ls1 包含了 list3 中索引为 1 到 6 的元素。接下来，设置了正向步长为 2 的切片 list3[1:7:2]，即每隔一个元素取一个元素。ls2 包含了 list3 中索引为 1 到 6 的元素。然后，设置了逆向步长为 2 的切片 list3[7:1:-2]，即从索引为 7 的元素开始，每隔一个元素取一个元素，直到索引为 1 的元素（不包括索引为 1 的元素）。由于步长为负数，切片是从右到左获取元素的。ls3 包含了 list3 中索引为 7 到 2 的元素。接下来，设置了逆向步长为 2 的切片 list3[-1:-7:-2]，即从索引为 -1 的元素开始，每隔一个元素取一个元素，直到索引为 -7 的元素（不包括索引为 -7 的元素）。同样由于步长为负数，切片是从右到左获取元素的。ls4 包含了 list3 中索引为 -1 到 -6 的元素。最后，设置了逆向步长为 2 的切片 list3[1:7:-2]，即从索引为 1 的元素开始，每隔一个元素取一个元素，直到索引为 7 的元素（不包括索引为 7 的元素）。由于步长为负数，切片是从右到左获取元素的。由于切片的起始索引大于结束索引，因此结果为空列表，ls5 为空列表。

通过这些切片操作，可以根据需要灵活地获取列表中的子列表，并可以设置步长来控制获取元素的间隔。在这个例子中，根据不同的切片参数，得到了不同范围和顺序的子列表。

6.4 列表的方法

6.4.1 列表的常用函数

Python 提供了丰富的列表方法和函数，用于对列表进行操作和处理，帮助对列表进行增删改查、排序等操作，函数可以简化代码，提高代码的可读性和可维护性。在实际生活中，可以使用这些方法和函数来处理各种数据，例如，购物列表、任务列表、学生名单、成绩统计等，通过列表的方法和函数，可以方便地对这些数据进行管理和处理，列表的常用函数见表 6-2。

表 6-2　列表的常用函数

函　　数	说　　明
len(list)	获取列表元素个数（列表的长度）
type(list)	获取数据类型
max(list)	获取列表元素中的最大值
min(list)	获取列表元素中的最小值
sum(list)	对数值型列表的元素进行求和运算
zip(list1, list2,…)	将多个列表对应索引元素组合成元组，并返回包含这些元组的对象
list()	转换函数，将其他可迭代对象转换为列表
enumerate()	枚举列表元素，返回枚举对象（包含索引和值）

1. len() 函数

在 Python 中，可以使用 len() 函数来获取可迭代对象的长度，即元素的数量，可迭代对象可以是字符串、列表、元组等，len() 函数的语法格式如下：

```
leniterable
```

其中，iterable 是要获取长度的可迭代对象。

2. type() 函数

type() 函数是 Python 内置的一个函数，它用于返回一个对象的类型。type() 函数的语法格式如下：

```
type(object)
```

其中，object 是要查询类型的对象。type() 函数会返回 object 的类型。

【示例 6.11】len() 函数和 type() 函数。

```
list1 = list(range(1, 11))
print('获取 list1 的长度：', len(list1))
print('获取 list1 的数据类型：', type(list1))
```

运行结果：

```
获取 list1 的长度：10
获取 list1 的数据类型： <class 'list'>
```

代码解析：

在上述代码中，使用 len() 函数可以获取列表 list1 的长度，list1 是通过 range(1, 11) 创建的，表示从 1 到 10 的整数列表。通过使用 len(list1)，可以获取到 list1 中元素的数量，即列表的长度。使用 type() 函数可以获取列表 list1 的数据类型。

3. max()、min() 函数

max() 和 min() 函数是 Python 内置的两个函数，用于返回数值型列表中的最大值和最小值，max() 函数的语法格式如下：

```
max(iterable, * [, key, default])
```

其中，iterable 是一个可迭代对象，例如，列表、元组、集合等。key 是一个可选参数，用于指定一个函数，用于从 iterable 中的每个元素中提取一个用于比较的键。default 是一个可选参数，用于指定当 iterable 为空时的默认返回值，max() 函数会返回 iterable 中的最大值，min() 函数会返回 iterable 中的最小值。

【示例 6.12】max()、min() 函数。

```
list1 = list(range(1, 11))
print('获取 list 列表中的最大值：', max(list1))
print('获取 list 列表中的最小值：', min(list1))
```

运行结果：

```
获取 list 列表中的最大值：10
获取 list 列表中的最小值：1
```

代码解析：

在上述代码中，max() 和 min() 函数获取列表 list1 中的最大值和最小值，并将结果输出到控制台，得出最大值 10，最小值 1。

4. sum() 函数

sum() 函数是 Python 内置的一个函数，用于返回数值型列表中元素的和，sum() 函数的语法格式如下：

```
sum(iterable,start=0)
```

其中，iterable 是一个可迭代对象，例如，列表、元组、集合等。start 是一个可选参数，用于指定求和的初始值，默认为 0，sum() 函数会返回 iterable 中元素和。

【示例 6.13】sum() 函数。

```
list1 = list(range(1, 11))
print('获取 list 列表中元素和：', sum(list1))
```

运行结果：

```
获取 list 列表中元素和 :55
```

代码解析：

在上述代码中，sum() 函数可以方便地计算列表中元素的总和。在这个例子中，列表 list1 包含了从 1 到 10 的整数，通过 sum(list1) 可以得到它们的和。

5. zip() 函数

zip() 函数是一个非常有用的函数，可以用来并行遍历一个或多个可迭代的数据对象，zip() 函数的语法格式如下：

```
zip( * iterables)
```

其中，iterables 是一个或多个可迭代的数据对象，如列表、元组、字典、字符串等。zip() 函数会返回一个迭代器，该迭代器生成一个元组序列，每个元组由传入的可迭代对象中相同位置的元素组成。如果需要查看 zip 对象的元素，可以使用 list() 函数将其转换为列表。如果传入的可迭代对象的长度不相同，zip() 函数将以最短的序列为准，忽略掉多余的元素。

（1）并行遍历多个可迭代的数据对象，可迭代对象的长度不相同将按短的序列为准，如示例 6.14 所示。

【示例 6.14】zip() 函数。

```
list1 = ['a', 'b', 'c']
list2 = [1, 3, 5, 10]
list3 = ['A', 'B', 'C', 'D']
for i, j, k in zip(list1, list2, list3):
    print(i, j, k)
```

运行结果：

```
a 1 A
b 3 B
c 5 C
```

代码解析：

在上述代码中，zip() 函数将三个列表并行遍历，在每次迭代中，zip() 函数生成一个元组，元组的第一个元素来自 list1 列表，第二个元素来自 list2 列表，第三个元素来自 list3 列表。然后将元组中的元素分别赋值给变量 i、j、k，最后打印输出这三个变量的值。由于 list1 列表的长度为 3，而 list2 和 list3 列表的长度为 4，所以 zip() 函数将按照最短的序列进行遍历。当遍历的多个列表元素个数一致，会遍历完所有元素，代码调整为示例 6.15 所示。

【示例 6.15】 zip() 函数遍历个数一致的列表。

```
list1 = ['a', 'b', 'c']
list2 = [1, 3, 5, 10]
list3 = ['a', 'b', 'c', 'd']
for i,j in zip(list2, list3):
    print(i, j)
```

运行结果：

```
1 a
3 b
5 c
10 d
```

代码解析：

在上述代码中，定义了三个列表 list1、list2 和 list3。然后使用 zip() 函数将 list2 和 list3 并行遍历，并将对应位置的元素赋值给变量 i 和 j，然后使用 print() 函数打印变量 a 和 b 的值。在每次迭代中，zip() 函数生成一个元组，元组的第一个元素来自 list2 列表，第二个元素来自 list3 列表。然后将元组中的元素分别赋值给变量 i 和 j。最后打印输出这两个变量的值。由于 list2 和 list3 列表的长度都为 4，所以能遍历完所有元素。

（2）zip() 函数将一个或多个可迭代对象进行压缩，将对应元素组成一个个的元组，返回一个 zip 对象，通过 list() 函数可查看 zip 对象元素，如示例 6.16 所示。

【示例 6.16】 list() 函数可查看 zip 对象元素。

```
list1 = ['a', 'b', 'c']
list2 = [1, 3, 5, 10]
zip_list = zip(list1, list2)
print('zip_list 对象类型：',type(zip_list))
print('查看 zip_list 对象元素：', list(zip_list))
```

运行结果：

```
zip_list 对象类型： < class 'zip' >
查看 zip_list 对象元素： [('a', 1),('b', 3),('c', 5)]
```

代码解析：

在上述代码中，zip() 函数将 list1 和 list2 并行遍历，生成一个 zip 对象并赋值给变量 zip_list。这个对象的类型是 zip。然后使用 list() 函数将 zip_list 转换为一个列表，打印输出每个元组的内容，每个元组是由 list1 和 list2 对应位置的元素组成的，所以 ('a',1) 表示 list1 的第一个元素和 list2 的第一个元素组成的元组，以此类推。

6. enumerate() 函数

enumerate() 函数可以用于获取一个可遍历的数据对象的元素及其索引位置，它返回一个 enumerate 枚举对象，可以通过 for 循环进行遍历，得到数据和数据索引组成的元组。

【示例 6.17】enumerate() 函数。

```
fruits = ['apple', 'banana', 'orange']
for i in enumerate(fruits):
    print(i)
```

运行结果：

```
(0, 'apple')
(1, 'banana')
(2, 'orange')
```

代码解析：

在上述代码中，定义了一个列表 fruits，它包含了一些水果的名称，使用 for 循环和 enumerate() 函数遍历这个列表，并将每个元素及其索引位置分别赋值给变量 i，最后打印输出这两个变量的值。enumerate() 函数返回的是一个枚举对象，它实际上是一个迭代器，每次迭代，它会生成一个包含索引和对应元素的元组，在这个示例中，通过 for 循环迭代这个枚举对象，并将每个元组的值打印输出。

6.4.2 列表的常用方法

Python 中的列表是可以修改的，并且提供了一些常用的方法来对列表元素进行增加、删除、查询等操作，见表 6-3。

表 6-3 列表的常用方法

方法		说明
增加元素	list.append(obj)	在列表尾部添加一个新的对象
	list.extend(seq)	在列表结尾添加一个可迭代对象中的所有元素
	list.insert(index,obj)	在列表指定位置插入一个元素
删除元素	list.pop()	删除列表中指定位置的元素并返回该元素的值
	list.remove(obj)	删除列表第一个和指定元素相同的元素
	list.clear()	清空列表
	del 关键字 / 语句	删除列表中指定元素或列表
查询元素	list.index(obj)	查询列表中第一个匹配指定元素的索引
	list[:]	获取列表中指定索引位置的元素
	sorted(seq)	对可迭代对象进行升序并返回一个新的可迭代对象
	list.reverse()	翻转列表中元素
列表排序	list.sort()	对列表进行升序排序
	sorted(seq)	对可迭代对象进行升序并返回一个新的可迭代对象
	list.reverse()	翻转列表中元素
其他方法	list.count()	统计指定元素在列表中出现的次数
	list.copy()	复制列表

1. 列表增加元素

在 Python 中，可以使用多种方法向列表中添加元素，包括 append、insert、extend、使用加号运算符（+）：可以将两个列表连接成一个新的列表，需要注意的是，append() 方法、insert() 方法和 extend() 方法会直接修改原列表，而使用加号运算符 "+" 则会返回一个新的列表，原列表不会发生改变。根据具体需求，选择合适的方法来添加元素到列表中。

1）append() 方法

append() 方法是列表对象的一个方法，用于在列表的尾部追加一个元素，该元素可以是任意数据类型，例如，整数、字符串、列表等。

【示例 6.18】append() 方法。

```
list1 = ['a', 'b,', 'c']
num = 10
lst = [10, 20]
s = 'hello list'
list1.append(num)
print('第一次追加：', list1)
list1.append(lst)
print('第二次追加：', list1)
list1.append(s)
print('第三次追加：', list1)
```

运行结果：

```
第一次追加： ['a', 'b,', 'c', 10]
第二次追加： ['a', 'b,', 'c', 10, [10, 20]]
第三次追加： ['a', 'b,', 'c', 10, [10, 20], 'hello list']
```

代码解析：

在上述代码中，首先创建了一个列表 list1，包含了三个字符串元素 'a'、'b' 和 'c'。然后定义了一个整数变量 num、一个列表 lst 和一个变量 s，分别赋值为 10、[10,20] 和 'hello list'。接下来，使用 append() 方法分别将 num、lst 和 s 追加到 list1 中。在输出结果中，可以看到 num 被追加为一个单独的元素 10，lst 被追加为一个嵌套的列表 [10,20]，而 s 则成为了列表的最后一个元素。这说明 append() 方法可以接受任意类型的元素作为参数，并将其追加到列表的末尾，无论是单个元素还是列表，都会作为一个整体被添加到列表中。

2）extend() 方法

extend() 方法可以接受一个可迭代对象作为参数，并将可迭代对象中的每个元素依次添加到当前列表的尾部。

【示例 6.19】extend() 方法。

```
list1 = ['a', 'b', 'c']
lst = [10, 20]
s = 'hello list'
list1.extend(lst)
print('第一次追加：', list1)
list1.extend(s)
print('第二次追加：', list1)
```

运行结果：

```
第一次追加：['a', 'b', 'c', 10, 20]
第二次追加：['a', 'b', 'c', 10, 20, 'h', 'e', 'l', 'l', 'o', ' ', 'l', 'i', 's', 't']
```

代码解析：

在上述代码中，在第一次调用extend()方法时，将列表lst中每个元素依次添加到list1的末尾。因此，list1 的内容变为 ['a', 'b', 'c', 10, 20]。在第二次调用 extend() 方法时，需要将字符串 s 转换为一个可迭代对象。将其每个字符依次追加到 list1 中。注意，也可以使用元组 tuple 来代替列表 list，例如 list1.extend((s))，这样做的目的是确保字符串 s 被视为一个整体，而不是将其拆分为单个字符。

3）insert() 方法

insert() 方法可以在列表的指定位置插入一个新元素。具体来说，该方法接受两个参数：要插入的元素和插入的位置（即索引值）。

【示例 6.20】insert() 方法。

```
list1 = ['a', 'b', 'c']
lst = [10, 20]
s = 'hello list'
list1.insert(1, lst)    # 正索引
print(list1)
list1.insert(-2, s)     # 负索引
print(list1)
```

运行结果：

```
['a', [10, 20], 'b', 'c']
['a', [10, 20], 'hello list', 'b', 'c']
```

代码解析：

在上述代码中，在第一次调用 insert() 方法时，将列表 lst 作为一个整体插入到 list1 的索引为 1 的位置。因此，list1 的内容变为 ['a',[10,20], 'b', 'c']。在第二次调用 insert() 方法时，将 S 作为一个整体插入到 list1 的倒数第 2 个位置。因此，list1 的内容变为 ['a',[10,20], 'hello list','b', 'c']。

注意，正索引表示从列表的开头开始的位置，而负索引表示从列表的末尾开始的位置。在这个例子中，索引为 1 表示在第二个位置插入元素，而索引为 -2 表示在倒数第 2 个位置插入元素。

2. 列表的删除操作

在 Python 中，可以使用 del 语句、pop()、clear() 或 remove() 方法来删除列表中的元素。

1）pop() 方法

【示例 6.21】pop() 方法。

```
list1 = list(range(10))
print("默认删除最后一位元素：", list1.pop(), "删除后的列表：", list1)
print("删除最后一位元素：", list1.pop(-1), "删除后的列表：", list1)
print("删除第 2 位元素：", list1.pop(1), "删除后的列表：", list1)
```

运行结果：

```
默认删除最后一位元素：9 删除后的列表：[0, 1, 2, 3, 4, 5, 6, 7, 8]
删除最后一位元素：8 删除后的列表：[0, 1, 2, 3, 4, 5, 6, 7]
删除第 2 位元素：1 删除后的列表：[0, 2, 3, 4, 5, 6, 7]
```

代码解析：

在上述代码中，第一个 pop() 方法调用没有指定索引，因此默认删除最后一个元素 9，并返回其值，最终 list1 变为 [0,1, 2, 3, 4, 5, 6,7,8]；第二个 pop() 方法调用指定了索引为 -1，也就是倒数第一个元素，即删除了元素 8，并返回其值，最终 list1 变为 [0,1, 2, 3, 4, 5, 6,7]；第三个 pop() 方法调用指定了索引为 1，即删除了第 2 个元素 1，并返回其值，最终 list1 变为 [0,2,3,4, 5, 6,7]。

2）remove() 方法

remove(obj) 方法表示从列表中删除指定元素的方法，它会在列表中查找第一个与指定元素值相同的元素，并将其删除。remove(obj) 方法的语法格式如下：

```
list_name.remove(obj)
```

其中，list_name 为列表名，obj 为要删除的元素值。

【示例 6.22】remove() 方法。

```
list1 = ['a', 'b', 'c'] * 2
list1.remove('a')
print(' 第一次删除 a: ', list1)
list1.remove('a')
print(' 第二次删除 a: ', list1)
list1.remove('a')
print(' 第三次删除 a: ', list1)
```

运行结果：

```
第一次删除 a:  ['b', 'c', 'a', 'b', 'c']
第二次删除 a:  ['b', 'c', 'b', 'c']
Traceback (most recentcall last):
 file” < stdin > ",line5,in < module >
ValueError: list.remove(x):x not in list
```

代码解析：

在上述代码中，创建了一个列表 list1，其中包含了元素 'a'、'b' 和 'c'，然后使用“*”运算符将列表重复了两次，接下来连续三次使用 remove('a') 方法来删除列表中的元素 'a'，在第三次调用 remove('a') 时，由于列表中已经没有元素 'a' 了，所以会引发 ValueError 错误。这是因为 remove() 方法要求被删除的元素必须存在于列表中，否则会报错。

3）clear() 方法

clear() 方法是用于删除列表中的所有元素，实现清空列表的操作，调用 clear() 方法后，列表将变为空列表。clear() 方法的语法格式如下：

```
list_name.clear()
```

其中，list_name 为列表名。

【示例 6.23】clear() 方法。

```
list1 = ['a', 'b', 'c'] * 2
print('list1 清空前: ', list1)
list1.clear()
print('list1 清空后: ', list1)
```

运行结果：

```
list1 清空前:  ['a', 'b', 'c', 'a', 'b', 'c']
list1 清空后:  []
```

代码解析：

在上述代码中，当第一次打印 list1 时，列表 list1 的内容为 ['a', 'b', 'c', 'a', 'b', 'c']，因为使用 * 运算符将原列表重复了两次，然后调用 clear() 方法清空了列表 list1；当第二次打印 list1 时，列表已经变为空列表 []，这说明 clear() 方法成功地删除了列表中的所有元素，实现了清空列表的操作。

4）del 语句

del 语句可以删除变量、列表中的元素、字典中的键值对等。del 语句的使用方式有以下几种：

• 删除变量：可以使用 del 语句删除一个或多个变量，使其不存在于当前命名空间中。

```
del variable_name
```

或者

```
del variable_name1, variable_name2, ...
```

• 删除列表中的元素：可以使用 del 语句删除列表中的一个或多个元素，根据索引进行删除。

```
del list_name[index]
```

或者

```
del list_name[start_index:end_index]
```

• 删除字典中的键值对：可以使用 del 语句删除字典中的一个或多个键值对，根据键进行删除。

```
del dict_name[key]
```

【示例 6.24】del 语句。

```
list1 = list(range(10))
del list1[5]
print('删除索引 5 的元素：', list1)
del list1[-3:]
print('删除后 3 个索引值对应元素：', list1)
del list1[1: -1]
print('删除列表中间所有元素：', list1)
```

运行结果：

```
删除索引 5 的元素： [0, 1, 2, 3, 4, 6, 7, 8, 9]
删除后 3 个索引值对应元素： [0, 1, 2, 3, 4, 6]
删除列表中间所有元素： [0, 6]
```

代码解析：

在上述代码中，首先，使用 list() 函数和 range() 函数创建了一个包含了 0 到 9 的整数的列表 list1，然后来使用 del 语句删除了索引为 5 的元素，接下来使用了切片操作 [-3:] 删除了末尾 3 个元素，最后使用 del 语句删除了列表中除了第一个和最后一个元素之外的所有元素，这里使用了切片操作 [1:-1] 来指定要删除的元素范围。

3. 列表的查询操作

在 Python 中，可以使用索引和切片来进行列表的查询操作，索引是用于定位列表中单个元素的整数值，从 0 开始计数，可以使用方括号 [] 和索引值来访问列表中的元素。切片是用于获取列表中一定范围的元素，并返回一个新的列表。可以使用方括号 [] 和切片范围来进行切片操作，切片范围的语法是 start_index:end_index:step，其中 start_index 表示起始索引（包含），end_index 表示结束索引（不包含），step 表示步长（默认为 1）。

除了切片操作外，Python 中的列表还提供了 index() 方法来查询第一个匹配指定元素的索引，index() 方法的语法格式如下：

```
list.index(element, start, end)
```

其中，element 表示要查询的元素，start 和 end 表示查询的区间范围（可选参数，默认为整个列表）。

【示例 6.25】list.index() 方法。

```
list1 = ['a', 'b', 'c'] * 2     #['a','b','c','a','b','c']
print('返回 c 的索引：', list1.index('c'))
print('返回第 2 个 c 的索引：', list1.index('c', 3))
```

```
print('返回第 2 个 c 的索引：', list1.index('c', 3, -1))
```

运行结果：

```
返回 c 的索引：2
返回第 2 个 c 的索引：5
Value Error: 'c' is not in list
```

代码解析：

在上述代码中，使用 index() 方法来查询列表中元素 'c' 的索引，可以看到 'c' 的索引是 2，接着使用 index() 方法来查询列表中第二个 'c' 的索引，可以通过指定 start 参数来跳过前面的元素，可以看到第二个 'c' 的索引是 5，最后使用 index() 方法来查询列表中第二个 'c' 的索引，但这次限制了查询范围，指定了 end 参数为 -1，不在索引范围 3 到 -1 之间（不包括 -1），故报错。通过使用 index() 方法，可以方便地查询指定元素在列表中的索引，并可以根据需要通过调整 start 和 end 参数来指定查询的范围。

4. 列表的排序操作

1）list.sort()

Python3 列表的内置方法 list.sort() 方法直接修改原列表进行排序，而 sorted() 内置函数会返回一个新的已排序列表，此外 sorted() 可以对任意可迭代对象进行排序。使用上 sorted() 函数更方便且不会改变原列表，list.sort() 方法效率更高，其语法结构为：

```
list.sort(key = None,reverse = False)
sorted(seq,key = None,reverse = False)
```

其中，seq 用于排序的可迭代对象，key 可选参数，指定函数，该函数只有一个参数，在排序前每个元素都调用该函数再进行排序比较操作；revers：默认为 False 进行升序，设置为 True 进行降序。

list.sort() 方法会直接修改原列表，而 sorted() 函数会返回一个新的已排序列表。对于需要保留原列表的情况，使用 sorted() 函数更合适。而对于需要在原列表上进行排序的情况，使用 list.sort() 方法可以提高效率。此外，sorted() 函数可以对任意可迭代对象进行排序，而 list.sort() 方法只能用于列表。这使得 sorted() 函数更加灵活，可以用于对字符串、元组等不可变对象进行排序。在使用 list.sort() 方法和 sorted() 函数时，可以使用 key 参数来指定排序的依据。该参数接受一个函数，该函数将在排序之前应用于每个元素，以便进行比较操作。通过使用 key 参数，可以根据自定义的规则对元素进行排序。

总结起来，list.sort() 方法和 sorted() 函数是 Python 列表排序的两种常用方式。根据具体需求，可以选择合适的方法来进行列表排序,并可以使用key和reverse参数来自定义排序规则和排序顺序。

在 Python 语言中，list.sort() 可以对非数值型元素排序，例如，字符串类型排序，也可对数值型元素排序

【示例 6.26】对字符型排序。

```
list1 = ['hello', 'abc', 'Hi', 'a']
print(list1.sort())
print('升序：', list1)
list1.sort(reverse = True)
print('降序：', list1)
list1.sort(key = str.upper)
print('忽略字符串的大小写升序', list1)
```

运行结果：

```
None
```

```
升序: ['Hi, a', 'abc', 'hello']
降序: ['hello', 'abc', 'a','Hi']
忽略字符串的大小写升序 ['a', 'abc','hello','Hi']
```

代码解析：

在上述代码中，展示了 list.sort() 方法的使用，以及 reverse 和 key 参数的应用。在第二行的例子中，调用了 list1.sort() 方法并打印了返回值，由于 list.sort() 方法是直接对原列表进行排序，并没有返回值，因此打印结果为 None；在第 4 行的例子中，使用了 reverse = True 参数来对列表进行降序排序。打印结果展示了降序排序后的列表；在第六行的例子中，使用了 key = str.upper 参数来指定排序的依据，str.upper 是一个内置函数，用于将字符串转换为大写。通过将 key 参数设置为 str.upper，列表在排序之前会先将元素转换为大写进行比较，从而实现忽略字符串大小写的升序排序。

2）key 参数

key 参数可以接收一个函数作为参数，用来定义排序的依据。而 lambda() 函数则是一种匿名函数的形式，可以方便地定义简单的函数。lambda 函数的语法结构如下：

```
lambda [arg1, arg2, ...] : expression
```

其中，arg1, arg2,... 是函数的参数，用逗号分隔，expression 是一个表达式，表达式的运行结果就是 lambda() 函数的返回值，lambda() 函数没有函数名，它是一种匿名函数，可以直接用于需要函数的地方。在列表排序中，可以使用 lambda() 函数配合 key 参数来对复杂的列表进行排序。例如，如果有一个包含元组的列表，每个元组包含姓名和年龄，可以使用 lambda() 函数来定义排序的依据。

list.sort() 结合 lambda 如示例 6.27，假设列表 list3 中的元素是列表，元素显示为饮料品类及其价格，结合 lambda 指定价格进行降序排序。

【示例 6.27】list.sort() 结合 lambda。

```
list3 = [['coffee',18],['water', 2], ['fruit juice', 28], ['soda', 5]]
list3.sort(key= lambda x : x[1], reverse=True)
print('以价格降序: ', list3)
```

运行结果：

```
以价格降序: [['fruit juice', 28], ['coffee', 18], ['soda', 5], ['water', 2]]
```

代码解析：

在上述代码中，使用了 lambda() 函数和 key 参数对一个包含子列表的列表进行了排序。具体来说，使用 key 参数指定了排序的依据为子列表中的第二个元素，也就是价格，然后使用 lambda() 函数将子列表中的第二个元素作为排序依据进行排序。排序完成后，使用 reverse = True 参数将列表进行了降序排序，最后使用 print 语句输出了以价格降序排列后的列表。

【示例 6.28】sorted() 函数排序示例。

```
list3 = [['coffee',18],['water', 2], ['fruit juice', 28], ['soda', 5]]
print('升序排序',sorted(list3, key = lambda x : x[1]))
print('查看list3: ', list3)
```

运行结果：

```
升序排序 [['water', 2], ['soda', 5], ['coffee', 18], ['fruit juice', 28]]
查看list3: [['coffee', 18], ['water', 2], ['fruit juice', 28], ['soda', 5]]
```

代码解析：

在上述代码中，sorted() 函数会返回一个新的排序后的列表，而不会修改原始的列表。因此，在 sorted() 函数中对列表进行排序后，需要将排序结果赋值给一个新的变量或者直接打印输出。可以看到，经过排序后，子列表按照价格从低到高排列。同时，原始的 list3 列表并没有被修改，仍然保持着排序前的顺序。

因此，如果需要对列表进行排序并且保留排序结果，可以使用 sorted() 函数；如果需要在原始列表上进行排序，可以使用 sort() 方法。

3）reverse() 方法

reverse() 方法是 Python 中用于对列表中的元素进行翻转操作的内置方法，它会直接修改列表本身，使用 reverse() 方法可以将列表中的元素按照相反的顺序重新排列。例如，如果原始列表是 [1, 2, 3, 4, 5]，调用 reverse() 方法后，列表变成了 [5,4,3,2,1]。

需要注意的是，reverse() 方法是在原始列表上直接进行操作，不会创建新的列表。因此，如果需要保留原始列表的排序状态，可以先创建一个副本，然后对副本进行翻转操作。

【示例 6.29】reverse() 方法。

```
list1 =  [['water', 2], ['soda', 5], ['coffee', 18], ['fruit juice', 28]]
list1.reverse()
print('查看 list1 元素：', list1)
```

运行结果：

```
查看list1元素：[['fruit juice',28],['coffee', 18], ['soda', 5], ['water', 2]]
```

代码解析：

在上述代码中，通过使用 reverse() 方法，成功地对列表 list1 进行了翻转操作。

同理还有 reversed(seq) 函数对任意序列进行反转，例如，列表、元组、字符串、range 对象，返回的是一个反转迭代器，可以通过 list() 转换为列表查看。

【示例 6.30】reversed(seq) 方法。

```
list1 = [['water',2],['soda', 5],['coffee',18],['fruit juice',28]]
re_lst = reversed(list1)
print('查看 re_lst 对象：',re_lst)
print('查看 re_lst 元素：', list(re_lst))
print('查看 list1 元素：', list1)
```

运行结果：

```
查看 re_lst 对象：<list_reverseiterator object at 0x000002A0032FFBB0>
查看 re_lst 元素：[['fruit juice',28],['coffee',18],['soda',5],['water',2]]
查看 list1 元素：[['water',2],['soda',5],['coffee',18],['fruit juice',28]]
```

代码解析：

在上述代码中，首先打印了 re_lst 对象，它是一个反转迭代器，然后使用 list() 函数将反转迭代器转换为列表，并输出了反转后的列表，最后输出了原始的 list1 列表。

需要注意的是，一旦使用 list() 函数将反转迭代器转换为列表，该迭代器中的元素就会被耗尽，因此再次对 re_lst 进行转换会得到一个空列表。

5. 列表的其他方法

1）count() 方法

list.count() 方法用于统计列表中指定元素出现的次数。

【示例 6.31】count() 方法。

```
list1 = [1, 2, 3, 4, 2, 2, 5, 6, 2]
count = list1.count(2)
```

```
print(" 元素 2 在列表中出现的次数：", count)
```

运行结果：

```
元素 2 在列表中出现的次数： 4
```

代码解析：

在上述代码中，定义了一个列表 list1，然后使用 list1.count(2) 来统计元素 2 在列表中出现的次数，并将结果赋值给变量 count，最后打印出 count 的值，即元素 2 在列表中出现的次数。

需要注意的是，list.count() 方法只能统计指定元素在列表中的出现次数，不能统计多个元素的出现次数。如果要统计多个元素的出现次数，可以使用其他方法，如循环遍历列表并使用条件语句来进行判断。

2）copy() 方法

list.copy() 方法用于复制列表并返回一个新的列表对象。

【示例 6.32】copy() 方法。

```
list1 = [1, 2, 3, 4, 5]
list2 = list1.copy()
print(" 原始列表：", list1)
print(" 复制后的列表：", list2)
```

运行结果：

```
原始列表： [1, 2, 3, 4, 5]
复制后的列表： [1, 2, 3, 4, 5]
```

代码解析：

在上述代码中，定义了一个列表 list1，然后使用 list1.copy() 来复制列表并将复制后的列表赋值给变量 list2，最后分别打印出原始列表和复制后的列表。需要注意的是，通过 list.copy() 复制的列表是一个新的列表对象，与原始列表是独立的。这意味着对复制后的列表进行修改不会影响原始列表的内容。同样，对原始列表进行修改也不会影响复制后的列表内容。

6.5　元组的创建

6.5.1　括号创建元组

元组是 Python 中的另一种有序序列，与列表既类似同时也有一些重要的区别。首先，元组使用一对小括号 ( ) 来标识，而不是使用方括号 [ ]，元组中的元素可以是任意 Python 数据类型，包括字符串、数字、列表、元组、字典等。其次，元组一旦创建就不能更改，这意味着它不能像列表那样进行添加、删除或修改操作，如果想要修改元组中的元素，需要重新创建一个新的元组。需要注意的是，当元组只有一个元素时，需要在元素后面添加一个逗号，以消除与表达式的歧义。最后，元组是不可变的有序序列，适用于存储不需要修改的数据，它们可以通过一对小括号来创建，并通过逗号来分隔元素。创建元组时还可以省略标识符，直接通过逗号进行分割。

【示例 6.33】括号创建元组。

```
tup1 = ('hello python', 100, [1, 2], (1 ,2))
tup2 = ()
print(' 查看元组：', tup1, tup2)
```

```
print('查看数据类型：', type(tup1), type(tup2))
```

运行结果：

```
查看元组： ('hello python', 100, [1, 2], (1, 2)) ()
查看数据类型： <class 'tuple'> <class 'tuple'>
```

代码解析：

在上述代码中，首先，创建了一个包含不同类型元素的元组 tup1，它包含了一个字符串 'hello python'，一个整数 100，一个列表 [1,2] 和一个元组 (1,2)，还创建了一个空元组 tup2。然后，使用 print() 函数将元组 tup1 和 tup2 打印出来以查看它们的内容，最后，使用 type() 函数来查看元组的数据类型，确认它们都是 tuple 类型。

6.5.2　tuple() 函数创建元组

除了直接使用小括号进行标识创建外，还可以使用 Python 中的内置函数 tuple()，tuple() 函数可以接受一个可迭代对象作为参数，并将其转换为一个元组。可迭代对象可以是列表、字符串、字典、range 对象等。

【示例 6.34】列表转换为元组。

```
num = [1, 2, 3]
tup = tuple(num)
print('打印 tup 的数据类型及元素：', type(tup), tup)
```

运行结果：

```
打印 tup 的数据类型及元素： < class 'tuple' > (1, 2, 3)
```

代码解析：

在上述代码中，创建了一个列表 num，其中包含了整数元素 1、2 和 3，然后使用 tuple() 函数将列表 num 转换为元组 tup，接着使用 print() 函数打印了元组 tup 的数据类型和元素。

【示例 6.35】字符串转换为元组。

```
tup = tuple('python')
print('打印 tup 的数据类型及元素：',type(tup), tup)
```

运行结果：

```
打印 tup 的数据类型及元素： <class 'tuple'> ('p','y','t','h','o','n')
```

代码解析：

在上述代码中，将字符串 'python' 转换为元组 tup，并再次使用 print() 函数打印了元组 tup 的数据类型和元素。

6.6　元组的索引和切片

6.6.1　元组的索引

元组的索引规则和字符串类似，下标索引默认从 0 开始，同时也支持负索引，通过索引、切片可以访问元组中的元素，如图 6-3 所示。

正索引	0	1	…	n−1	n
元组元素	100	'hello'	…	[1,2]	[3,4]
负索引	−n−1	−n	…	−2	−1

图 6-3　元组的索引示意图

【示例 6.36】元组的索引。

```
tup = ('hello python', [1, 2], (1, 2), 100)
print('获取第 1 个元素：', tup[0])
print('获取第 2 个元素：', tup[1])
print('获取最后 1 个元素：', tup[-1])
print('获取倒数第 2 个元素：', tup[-2])
```

运行结果：

```
获取第 1 个元素：hello python
获取第 2 个元素：[1, 2]
获取最后 1 个元素：100
获取倒数第 2 个元素：(1, 2)
```

代码解析：

在上述代码中，定义了一个元组 tup，其中包含了不同类型的元素，使用索引 0 可以获取元组中的第一个元素 'hello python'，使用索引 1 可以获取元组中的第二个元素 [1,2]，使用索引 -1 可以获取元组中的最后一个元素 100，使用索引 -2 可以获取元组中的倒数第二个元素 (1,2)。总之，可以使用索引来获取元组中的元素，索引从 0 开始，表示第一个元素，可以使用负数索引表示倒数第几个元素。

6.6.2　元组的切片

切片是一种可以用来获取元组中的一部分元素的常用操作，通过指定起始索引、结束索引和步长来实现，下面是切片的格式：

```
tuple [start: stop: step]
```

其中，start 表示起始索引，stop 表示结束索引（不包含在切片中），step 表示步长。如果 step 为正数，则从左往右切片；如果 step 为负数，则从右往左切片。如果不指定 step，则默认为 1。切片的区间是由 start 和 stop 参数确定的，区间包含起始索引，但不包括结束索引。

【示例 6.37】元组的切片。

```
tup = tuple(range(100))
print('获取前 5 个元素：', tup[:5])
print('获取后 3 个元素：', tup[-3:])
print('获取第 20~30 位的元素：', tup[20:31])
print('获取步长 20 的元素：', tup[::20])
```

运行结果：

```
获取前 5 个元素：(0, 1, 2, 3, 4)
获取后 3 个元素：(97, 98, 99)
```

```
获取第 20 ~ 30 位的元素：(20, 21, 22, 23, 24, 25, 26, 27, 28, 29, 30)
获取步长 20 的元素：(0, 20, 40, 60, 80)
```

代码解析：

在上述代码中，使用 range(100) 函数生成了一个取值范围为 0~99 的元组 tup，然后通过切片来获取不同部分的元素，使用切片 [:5] 可以获取前 5 个元素，使用切片 [-3:] 可以获取后 3 个元素，使用切片 [20:31] 可以获取第 20~30 位的元素，使用切片 [::20] 可以获取步长为 20 的元素。

6.7　元组的运算符和方法

6.7.1　元组的常用运算符

元组是一个不可变的序列对象，类似于字符串类型，和字符串一样，元组也支持运算符来实现元组之间的拼接和其他操作，常用的运算符有拼接运算符（+）、重复运算符（ * ）、成员运算符（in 和 not in）以及比较运算符（ > 、< 、== 、>= 、<= 、!= ），见表 6-4。需要注意的是，运算符对元组的操作不会改变原有的元组，而是生成一个新的元组，这是因为元组是不可变的，无法直接修改元组中的元素。

表 6-4　元组的常用运算符

运 算 符	说　明
+	连接多个元组，返回一个新的元组
*	复制元组
+=	连接两个元组，并将得到的新元组重新赋值给运算符左边的变量
比较运算符	使用各种运算符比较两个元组，从第一个元素开始逐个比较，直到能分出结果，返回 True / False
in	成员运算符，判断元素是否存在，返回 True / False
not in	成员运算符，判断元素是否不存在，返回 True / False

【示例 6.38】使用“+”接连元组。

```
tup1 = tuple(range(1, 10, 2))
tup2 = tuple(range(0, 11, 2))
print(tup1 + tup2)
print(tup2 + tup1)
```

运行结果：

```
(1, 3, 5, 7, 9, 0, 2, 4, 6, 8, 10)
(0, 2, 4, 6, 8, 10, 1, 3, 5, 7, 9)
```

代码解析：

在上述代码中，首先使用 range() 函数生成了两个元组 tup1 和 tup2，tup1 表示从 1 开始，步长为 2 的奇数序列；tup2 表示从 0 开始，步长为 2 的偶数序列。然后，使用拼接运算符（+）将 tup1 和 tup2 拼接在一起。由于元组是不可变的，拼接操作会生成一个新的元组，其中包含了两个原始元组的所有元素。所以，tup1+ tup2 的结果为（1, 3, 5, 7, 9, 0, 2, 4, 6, 8, 10）。同样地，也可以将 tup2 和 tup1 拼接在一起，得到的结果为（0, 2, 4, 6, 8, 10, 1, 3, 5, 7, 9）。

总之，通过使用拼接运算符（+），可以将两个元组拼接在一起生成一个新的元组。拼接的结果是将两个原始元组的所有元素按照顺序排列在一起。

【示例 6.39】使用“*”复制元组，生成新元组。

```
tup1 = tuple(range(1, 10, 2))
tup3 = tup1 * 3
print(tup3)
```

运行结果显示为：

```
(1, 3, 5, 7, 9, 1, 3, 5, 7, 9, 1, 3, 5, 7, 9)
```

代码解析：

在上述代码中，首先，使用 range() 函数生成了一个元组 tup1，表示从 1 开始，步长为 2 的奇数序列。然后，使用重复运算符（*）将 tup1 重复 3 次，生成一个新的元组 tup3。由于元组是不可变的，重复操作会生成一个新的元组，其中包含了原始元组中的所有元素并重复多次。最后，tup1 * 3 的结果为 (1, 3, 5, 7, 9, 1, 3, 5, 7, 9, 1, 3, 5, 7, 9)。

总之，通过使用重复运算符（*），可以将一个元组重复多次生成一个新的元组。重复的次数由运算符右侧的整数指定，生成的新元组中包含了原始元组中的所有元素重复多次。

【示例 6.40】使用“+=”连接两个元组。

```
tup1 = (1, 2, 3)
tup2 = ('a', 'b')
print('tup1 的 id: {}, tup2 的 id: {}'.format(id(tup1), id(tup2)))
tup1 += tup2
print('tup1: {}, tup2: {}'.format(tup1, tup2))
print('tup1 的 id: {0}, tup2 的 id: {1}'.format(id(tup1), id(tup2)))
```

运行结果：

```
tup1 的 id: 2337796093440, tup2 的 id: 2337791057088
tup1: (1, 2, 3, 'a', 'b'), tup2: ('a', 'b')
tup1 的 id: 2337790983872, tup2 的 id: 2337791057088
```

代码解析：

在上述代码中，首先，创建了两个元组 tup1 和 tup2，分别包含了整数和字符串元素。然后，使用 id() 函数获取了 tup1 和 tup2 的内存地址，并通过 format() 方法将它们插入到字符串中进行输出。接下来，使用赋值运算符（+=）将 tup2 合并到 tup1 中。由于元组是不可变的，所以在进行合并操作时，会生成一个新的元组来存储合并后的结果。因此，tup1 += tup2 的结果为（1, 2, 3, 'a', 'b'）。然后，再次使用 format() 方法将合并后的 tup1 和原始的 tup2 插入到字符串中进行输出。最后，再次使用 id() 函数获取了合并后的 tup1 和原始的 tup2 的内存地址，并通过 format() 方法将它们插入到字符串中进行输出。

总之，通过使用赋值运算符（+=），可以将一个元组合并到另一个元组中生成一个新的元组，其中包含了原始元组和需要合并的元组的所有元素。

比较运算符（如 >、>=、<、<=、==、!=），从元组的第一位开始比较，直到能分出元组比较的结果布尔值，当元组间进行比较的元素数据类型不一致时，只有“ == ”和“ != ”可以进行比较。如示例 6.41。

【示例 6.41】比较运算符。

```
tup1 = (1, 2, 3)
tup2 = (1, 2, 4)
print(tup1 == tup2, tup1 != tup2, tup1 >= tup2, tup1 <= tup2)
```

运行结果：

```
False
True
False
True
```

代码解析：

在上述代码中，首先，创建了两个元组 tup1 和 tup2，分别包含了整数元素。然后，使用关系运算符进行比较。

"==" 运算符用于判断两个元组是否相等，如果两个元组的元素相同且顺序也相同，返回 True，否则返回 False。所以，tup1 == tup2 的结果为 False。

"!=" 运算符用于判断两个元组是否不相等，如果两个元组的元素不相同或者顺序不同，返回 True，否则返回 False。所以，tup1 != tup2 的结果为 True。

">=" 运算符用于判断一个元组是否大于等于另一个元组，是则返回 True，否则返回 False。所以，tup1 >= tup2 的结果为 False。

"<=" 运算符用于判断一个元组是否小于等于另一个元组，是则返回 True，否则返回 False。所以，tup1 <= tup2 的结果为 True。

总之，通过使用关系运算符，可以比较两个元组的大小关系，"==" 判断是否相等，"!=" 判断是否不相等，">=" 判断是否大于等于，"<=" 判断是否小于等于，比较的结果将返回布尔值。

成员运算符（in、not in），判断元组中是否包含某一个元素，返回布尔值，如示例 6.42。

【示例 6.42】成员运算符。

```
tup1 = (1, 2, 3, 'a', 'b')
print(10 in tup1)
print(1 in tup1)
print('a' not in tup1)
```

运行结果：

```
False
True
False
```

代码解析：

在上述代码中，首先创建了一个元组 tup1，其中包含了整数和字符串元素。然后，使用关键字 in 来判断一个元素是否存在于元组中。如果元素存在于元组中，则返回 True，否则返回 False。

在第一个 print() 函数中，判断 10 是否存在于 tup1 中，由于 tup1 中并没有 10 这个元素，所以返回的结果为 False；在第二个 print() 函数中，判断 1 是否存在于 tup1 中，由于 tup1 中包含了 1 这个整数元素，所以返回的结果为 True；在第三个 print() 函数中，使用关键字 not in 来判断 'a' 是否不在 tup1 中，由于 tup1 中包含了 'a' 这个字符串元素，所以返回的结果为 False。

总之，通过使用关键字 in 和 not in，可以判断一个元素是否存在于元组中。返回的结果是布尔值。

6.7.2　元组的常用方法

元组是不可变的，因此不具有修改、删除或添加元素的方法。元组的常用方法包含 count()、index() 等，详见表 6-5。其中 count() 用于统计元素在元组中出现的次数例如，(1, 2, 2, 3, 3, 3)，count(2) 将返回 2，因为 2 在元组中出现了两次。index() 用于返回元素在元组中的索引位置。

例如，(1, 2, 3, 'a', 'b')，index('a') 将返回 3，因为 'a' 在元组中的位置是 3。这些方法都是用于查询元组中的元素，而不会修改元组本身。

表 6-5 元组的常用方法

方 法 名	说 明
tuple(seq)	将其他可迭代对象转换为元组对象
len(tup)	返回元组中元素的个数
max(tup)，min(tup)	元组中数据类型一致时，返回元组中的元素最大值、最小值
sum(tup)	元组元素都是数值型时，返回元组中的元素值和
sorted(seq)	对可迭代对象进行升序，并返回一个新的对象
tup.count()	统计某元素在元组中的次数
tup.index()	返回元组中第一个匹配指定元素的索引值

【示例 6.43】元组的常用方法。

```
tup = tuple(range(0, 100))
print(f'tup 中的最大值是 {max(tup)}')
print(f'tup 中的最小值是 {min(tup)}')
print(f'tup 中的所有的元素和是 {sum(tup)}')
print(f'tup 中的 50 出现的个数是 {tup.count(50)}')
print(f'tup 中的 50 的索引是 {tup.index(50)}')
print(f'tup 中的长度是 {len(tup)}')
del tup
print(' 查看 tup:', tup)
```

运行结果：

```
tup 中的最大值是 99
tup 中的最小值是 0
tup 中的所有的元素和是 4950
tup 中的 50 出现的个数是 1
tup 中的 50 的索引是 50
tup 中的长度是 100
NameError:name 'tup' is notdefined
```

代码解析：

在上述代码中，在最后一个 print() 函数中，您尝试访问已经删除的元组变量 tup。当您使用 del 语句删除一个变量后，该变量将不再存在，因此无法再次访问它。

6.8 元组与列表的区别

元组和列表都是按顺序对元素进行存储操作，元组和列表之间的主要区别如下：

（1）可变性：列表是可变的，可以通过添加、修改和删除操作来改变列表中的元素。相反，元组是不可变的，一旦创建，就不能修改、删除或添加元素。

（2）存储空间：元组的存储空间是固定的，元组的大小在创建后就不能改变。而列表是可变的，它会自动扩容以适应添加的元素。

（3）运行速度：由于元组是不可变的，所以在进行迭代操作时，元组的运行速度通常比列表更快。这是因为列表需要在添加、删除或修改元素时进行额外的操作，而元组不需要。

（4）安全性：元组的不可变性使其更安全。一旦创建，元组的元素无法被修改，这可以防止意外的数据改变。在需要确保数据的不变性时，可以使用元组。

（5）字典键和集合值：由于元组是不可变的，因此可以将元组用于字典的键。而列表是可变的，不能用作字典的键。另外，元组可以作为集合的值，而列表不能。

总之，元组和列表都有各自的优势和用途。如果需要存储并修改数据，应该使用列表。如果需要在不改变数据的情况下进行迭代操作或确保数据的不变性，应该使用元组。

6.9 项目实训

6.9.1 实训需求

结合已学习的知识，实现“校队球员管理系统”。假设学校有 3 支校队，分别为乒乓球队、篮球队、羽毛球队，通过程序实现对校队球员的添加、删除、修改、查询操作，系统的操作指令见表 6-6。

表 6-6　系统操作指令

指　令	功能菜单	功能说明
1	添加球员	（1）添加球员信息，包含所属球队、姓名、性别、年龄 （2）添加成功后返回球员信息
2	修改球员	（1）根据球员姓名进行查询，修改球员的姓名、性别、年龄 （2）若球员不存在则重新输入指令
3	删除球员	（1）根据球员姓名进行查询，删除该球员所有信息 （2）若球员不存在则重新输入指令
4	查询球员	（1）根据球员姓名查询球员信息 （2）若球员不存在则重新输入指令
5	查询校队信息	查询校队总人数，并按年龄升序排序显示所有球员信息
6	退出系统	退出系统

6.9.2 实训步骤

校队球员管理系统的实现思路如下：

（1）使用 print() 函数输出系统标题和展示操作指令清单。

```
print('-' * 50)
print(10*'*','校队球员管理系统',10*'*')
print('操作指令清单如下：')
print('\t1：添加球员')
print('\t2：修改球员')
print('\t3：删除球员')
print('\t4：查询球员')
print('\t5：查询校队信息')
print('\t6：退出系统')
print('-' * 50)
```

（2）初始化操作。

```
feedback = ('请录入球队:','请录入姓名:', '请录入性别:','请录入年龄:','您已退出系统')
team_info = []
teams = ('乒乓球队','足球队', '篮球队')
```

上述代码中，定义变量 feedback、teams 存储用户操作指令和球队名称（数据为元组类型），定义变量 team_info 存储球队信息（数据为列表类型）。

（3）使用循环结构，根据用户输入的操作指令进行相应的处理。

① 对于添加球员操作（check == 1），获取用户输入的球队名称 team_id，然后依次接收用户输入的球员姓名、性别、年龄，并将这些信息存储为一个列表 player_info，再将该列表添加到对应球队的球员列表 team_info 中。其中通过 if 语句判断输入的球队是否存在。

```
while True:
    check = int(input('请输入你的操作: '))
    if check == 1:
        print('请选择球队: ')
        print('\t 乒乓球队请输入 0')
        print('\t 足球队请输入 1')
        print('\t 篮球员请输入 2')
        team_id = int(input(feedback[0]))   # 选择球队
        if team_id not in range(3):
            print('球队不存在，请重新录入')
            continue
        name = str(input(feedback[1]))
        sex = str(input(feedback[2]))
        age = int(input(feedback[3]))
        player_info = [teams[team_id], name, sex, age]
        team_info.append(player_info)
        print('球员信息: ',team_info)
```

② 对于修改球员操作（check == 2），获取用户输入球员姓名 revise_name。从球员列表 team_info 中获取到所有球员的姓名 name，根据修改球员姓名的索引值定位该球员在球队列表中的索引，进而修改该球员的信息。

```
    elif check == 2:
        print('修改球员信息')
        revise_name = input('请输入需要修改的球员姓名: ')
        names = []
        for i in team_info:                          # 获取所有姓名列表
            names.append(i[1])
        if revise_name in names:                     # 判断列表元素是否存在
            indx = names.index(revise_name)          # 获取元素对应索引
            # 修改球员信息: name, sex, age
            team_info[indx][1] = str(input(feedback[1]))
            team_info[indx][2] = str(input(feedback[2]))
            team_info[indx][3] = int(input(feedback[3]))
            print('球员信息: ',team_info)
        else:
            print('球员不存在，请重新确认。')
```

③ 对于删除球员操作，获取用户需要删除球员姓名 del_name。找到该球员在 name 中的索引，然后从球队的球员列表和球员姓名列表中删除该球员。

```
    elif check == 3:
```

```
        print('删除球员操作')
        del_name = input('请输入需要删除的球员姓名：')
        names = []
        for i in team_info:                     # 判断列表元素是否存在
            names.append(i[1])
        if del_name in names:
            indx = names.index(del_name)    # 获取列表元素对应位置
            item = team_info[indx]
            team_info.remove(item)
            print('球员信息：',team_info)
        else:
            print('球员不存在，请重新确认。')
```

④ 同理根据球员姓名所在索引，从球员列表 team_info 中查询球员信息。

```
    elif check == 4:
        search_name = input('请输入要查询的球员姓名：')
        names = []
        for i in team_info:
            names.append(i[1])
        if search_name in names:
            indx = names.index(search_name)         # 获取列表元素对应位置
            print(team_info[indx])
        else:
            print('球员不存在，请重新确认。')
```

⑤ 对于查询球队信息操作，直接输出各个球队的球员列表即可。

```
    elif check == 5:
        team_info.sort(key=lambda x:x[3])
        print('球队总人数：',len(team_info))
        print('球队球员信息：',team_info)
```

⑥ 对于退出系统操作，退出循环，结束程序运行。

```
    else:
        print(feedback[-1])
        break
```

可以使用列表的嵌套结构存储球员的数据，例如：

```
players = [['篮球队', '张三', '男', 20], ['羽毛球队', '李四', '女', 19], ...]
```

其中，每个列表元素表示一个球员的信息，依次包含球队名称、姓名、性别和年龄。

6.9.3　实现效果

整个代码运行结果：

```
--------------------------------------------------
********** 校队球员管理系统 **********
操作指令清单如下：
    1：添加球员
    2：修改球员
    3：删除球员
    4：查询球员
    5：查询校队信息
    6：退出系统
--------------------------------------------------
```

```
请输入你的操作：1
请选择球队：
     乒乓球队请输入 0
     足球队请输入 1
     篮球员请输入 2
请录入球队 :0
请录入姓名 : 小迪
请录入性别 : 男
请录入年龄 :20
球员信息： [['乒乓球队', '小迪', '男', 20]]
请输入你的操作：1
请选择球队：
     乒乓球队请输入 0
     足球队请输入 1
     篮球员请输入 2
请录入球队 :1
请录入姓名 : 张三
请录入性别 : 男
请录入年龄 :19
球员信息： [['乒乓球队', '小迪', '男', 20], ['足球队', '张三', '男', 19]]
请输入你的操作：2
修改球员信息
请输入需要修改的球员姓名：张三
请录入姓名 : 张三丰
请录入性别 : 男
请录入年龄 :18
球员信息： [['乒乓球队', '小迪', '男', 20], ['足球队', '张三丰', '男', 18]]
请输入你的操作：3
删除球员操作
请输入需要删除的球员姓名：小迪
球员信息： [['足球队', '张三丰', '男', 18]]
请输入你的操作：4
请输入要查询的球员姓名：张三丰
['足球队', '张三丰', '男', 18]
请输入你的操作：5
球队总人数： 1
球队球员信息： [['足球队', '张三丰', '男', 18]]
请输入你的操作：6
您已退出系统
```

在这个代码实现中，使用循环结构，根据用户输入的操作指令进行相应的处理，在每个操作的实现中，都进行了输入的验证，例如，判断球队是否存在、球员是否存在等，以保证系统的稳定性。

小　　结

本章主要讲解了列表和元组相关知识。列表是 Python 中常用的数据结构，具有可变性、有序性和数据类型存储多样性的特点，列表的创建方式包括使用方括号 [] 进行标识、使用 list() 进行转换，列表之间可以使用运算符进行操作，如乘法运算符“*”和加法运算符“+”，可以拼接列表或重复列表。成员运算符 in 和 not in 可以用来判断列表中是否包含某个元素。比较运算符可以用来比较列表的大小，包括大于（>）、大于等于（>=）、小于（<）、小于等于（<=）、等于（==）和不等于（!=）。列表的常用方法包括 append()、insert()、pop() 等。其中 append() 用于在列表末尾添加元素、insert() 用于在指定位置插入元素、pop() 用于删除并返回指定位置的元素、remove() 用于删除指定元素、del 用于删除指定位置的元素等。元组是一种不可变的数据结构，可以看作是不可变的列表。元组的创建方式包括使用圆括号 () 进行标识、使用 tuple() 进行转换，元组支持操作运算符和比较运算符。元组的常用方法包括 sun()、cont()、inder() 等。其中 sum() 用于计算元组中所有元素的和、count() 用于统计指定元素在元组中出现的次数、sorted() 用于对元组进行排序、index() 用于返回指定元素在元组中的位置等。列表和元组的区别在于可变性和创建方式，列表是可变的，而元组是不可变的；列表使用方括号 [] 进行标识，元组使用圆括号 () 进行标识。掌握了列表和元组的概念、创建方式以及常用方法和运算符后，可以更灵活地处理和操作数据。

习　题

一、选择题

1. 已知对列表进行切片操作，以下程序运行结果是（　　）。

```
lst = list(range(10))
print(lst[3:5])
print(lst[-5:-3])
```

A. [3, 4, 5] [5, 6, 7]	B. [3, 4, 5] [7, 6, 5]	C. [3, 4] [5, 6]	D. [5, 6] [5, 6]

2. 已知以下代码，打印列表 a 的运行结果是（　　）。

```
a = [1, 2, 3]
b = a
b[0] = 5
```

A. [1, 2, 3]　　B. [5, 2, 3]　　C. b　　D. [5, 1, 2, 3]

3. 关于以下程序输出结果的描述，正确的选项是（　　）。

```
lst = [1, 2, 3, 4, 5, 6, 7]
print(lst.pop(0), len(lst))
```

A. 1 6　　B. 1 7　　C. 0 7　　D. 0 6

4. 下列选项中与 s[0:-1] 表示的含义相同的是（　　）。

A. s[-1]　　B. s[:]　　C. s[:len(s)-1]　　D. s[0:len(s)]

5. 下列关于对元组的描述错误的是（　　）。

A. 元组和列表结构类似，但是元组中的元素不可以被修改

B. 创建元组通过小括号 () 标识，列表通过中括号标识 []

C. 创建元组时可以省略小括号

D. 可以通过 appena() 方法对元组进行修改操作

6. 执行 tuple(range(2,10,2)) 的运行结果是（　　）。

A. (2, 4, 6, 8, 10)　　B. (2, 4, 6, 8)　　C. [2, 4, 6, 8, 10]　　D. [2, 4, 6, 8]

7. 假设 tup = (1, 2, 3)，执行 print(tup * 2) 的运行结果是（　　）。

A. (1, 2, 3, 1, 2, 3)　　B. (2, 4, 6)　　C. None　　D. [1, 2, 3]

二、填空题

假设有 4 个列表 lst1、lst2、lst3、lst4：

```
lst1 = [1, 2]
lst2 = [1, 2, 3]
lst3 = [1, 2, 3]
lst4 = ['100', 'hello']
```

1. 执行代码 print(lst1 in lst2) 输出________。
2. 执行代码 print(1, 2, 3 in lst2) 输出________。
3. 执行 print(100 in lst4) 输出________。
4. 执行________可得到新列表 [1, 2, 3, 1, 2, 3, 1, 2, 3]。
5. 执行 lst1 + lst4 输出________。
6. 执行 lst2 is lst3 输出________。

三、编程题

1. 列表切片操作时 start、stop、step 都可以省略，list1 列表数据为 1~10：

```
list1 = list(range(1, 11))      # [1, 2, 3, 4, 5, 6, 7, 8, 9, 10]
```

思考：对 list1 按以下切片操作，程序中运行会输出什么结果?

（1）list1[::]。

（2）list1[:5:]。

（3）list1[:-5]。

（4）list1[-2:]。

（5）list1[3::]。

（6）list1[::2]。

2. 使用 range() 函数生成一个由 1~100 组成的列表，列出所有偶数索引对应的元素。
3. 给定一个列表，将列表中所有元素的值都加上 10，并输出修改后的列表。
4. 给定一个元组，输出元组中所有元素的和。
5. 给定一个元组，输出元组中值为 2 的元素的索引。

第 7 章 字典和集合

本章导学：

字典和集合是Python中常用的数据结构，字典和集合在实际应用中有许多用途，它们的灵活性和高效性使得能够更好地处理和操作数据，提高程序的效率和可读性。例如，在购物系统中，可使用字典来存储购物车中的商品和对应的数量，用户可以随时添加、修改或删除购物车中的商品。在社交网络分析系统中，可以使用集合来存储用户的好友列表，通过集合运算可以方便地查找共同好友、推荐新的好友等。本章将学习字典和集合的概念、创建方式、常用操作和方法，以及它们在实际应用中的使用场景，掌握字典和集合的知识，能够更加灵活地处理和操作数据。

学习目标：

- 理解字典和集合的概念。
- 掌握字典和集合的常用操作。
- 掌握字典和集合的常用方法。
- 通过学习本章提供的案例，学会字典和集合的实践应用。

7.1 字典的概念

7.1.1 字典的定义

字典是Python中的一种数据结构，用于存储键值对的映射关系，用Dict表示字典，它是一种无序的、可变的Python数据类型。它以“键值对（key-value）”的形式存储数据，字典是Python中唯一的映射类型，“映射”指元素之间相互对应的关系，即通过一个元素，可以唯一找到另一个元素。字典类似以前用的新华字典，通过新华字典中的音节表，可以快速找到想要查找的汉字。其中，字典里的音节表就相当于字典类型中的键，而字典中的汉字则相当于值。字典的功能非常强大，主要功能如下：

- 快速查找：字典使用键值对的方式存储数据，可以快速查找对应的值，而不需要遍历整个数据结构。
- 数据分类：字典可以根据键的不同将数据进行分类，这样可以更方便地对数据进行组织和管理。例如，在一个图书管理系统中，可以使用书籍的类型作为键，将相同类型的书籍存储在字典中，这样可以方便地查找某一类型的书籍。

- 灵活性：字典中的键是可变的，可以根据需要随时添加、修改或删除键值对，这样可以动态地调整数据结构。

7.1.2 字典的特点

字典是一种非常重要的数据结构，它具有灵活性、高效性和方便性，通过键值对的映射关系，可以快速地进行数据的查找和操作，提高程序的效率和可读性。同时，需要注意键的唯一性、不可变性，以确保字典的正确使用。字典的特点如下：

- 字典是可变的容器：字典中的元素可以随时进行添加、修改和删除，可以根据需要进行数据的更新和操作。
- 使用键进行索引：字典中的每个元素都是由键值对组成，通过键可以快速找到对应的值。字典中的元素没有顺序关系，因此无法使用下标来访问元素，只能通过键来索引。
- 无序存储：字典中的元素存储是无序的，即元素的存储顺序与添加顺序无关。
- 键值对映射：字典中的数据是以键值对的形式进行存储的，即每个键都对应一个值。通过键可以唯一确定对应的值，这样可以方便地进行数据的查找和操作。
- 键的唯一性和不可变性：字典中的键是唯一的，每个键只能在字典中出现一次。同时，只能使用不可变类型（如整数、字符串、元组等）作为字典的键，因为键的唯一性要求每个键都必须能够唯一地确定一个值。

7.2 字典的创建

7.2.1 {} 创建字典

在 Python 中，使用大括号 {} 来创建字典，由于字典中每个元素都包含两部分，分别是键（key）和值（value），在创建字典时，每个键值对之间使用逗号“,”进行分隔，键和值之间使用冒号“：”进行分隔。字典的创建语法格式如下：

```
{'key1': 'value1', 'key2': 'value2', ..., 'keyn': 'valuen'}
```

其中，key1、key2 等为键，value1、value2 等为对应的值，每个键值对表示字典中的一个元素。

【示例 7.1】创建一个存储水果价格的字典。

```
d = {}
fruits = {'apple': 5, 'banana': 3, 'orange': 2}
```

代码解析：

在上述代码中，第一行创建的是空字典，第二行中键是水果的名称（如 'apple'、'banana'、'orange'），对应的值是水果的价格（如 5、3、2），通过键可以快速找到对应的值。

在字典中，键是唯一且不可变的，同一个字典中的键必须是唯一且不能重复的。如果重复定义了相同的键，则后面的键值对会覆盖前面的键值对。同时，字典的键必须是不可变的，例如，列表和字典本身就是可变的，所以不能作为字典的键；而字符串、数字、元组等是不可变的，可以作为字典的键。字典的值可以是任意类型的数据，可以是数字、字符串、列表、字典等。这使得字典非常灵活，可以用于存储各种类型的数据。

【示例 7.2】创建一个包含不同类型值的字典。

```
person = {'name': 'Alice', 'age': 25, 'hobbies':['reading','music'],'addre
ss': {'city': 'Beijing', 'street': 'Main Street'}}
```

代码解析：

在上述代码中，键包括 'name'、'age'、'hobbies' 和 'address'，对应的值分别是字符串、整数、列表和字典。

7.2.2　dict() 构造函数创建字典

Python 中除了可以通过 {} 来创建字典，还可以通过 dict() 函数来创建字典。其语法格式如下：

```
dict()
dict(itertable)
dict(**kwargs)
```

其中，dict() 函数可以用于创建字典，并且有多种用法。

当 dict() 函数不加参数时，表示创建一个空字典。这意味着可以直接调用 dict() 函数来创建一个空的字典。

当 dict() 函数接收一个可迭代对象作为参数时，表示使用可迭代对象来创建一个字典。可迭代对象中的每个元素必须是成对的，其中第一个元素是键，第二个元素是对应的值。可迭代对象可以是列表、元组等。

当 dict() 函数使用关键字传参形式时，表示使用关键字参数来创建一个字典。关键字参数是以键值对的形式传递给 dict() 函数，其中参数名是字典中的键，参数值是对应的值。

示例 7.3、示例 7.4、示例 7.5 采用不同的三种方式来创建字典。

【示例 7.3】使用 dict() 函数创建空字典。

```
empty_dict = dict()
print(empty_dict)
```

运行结果：

```
{}
```

代码解析：

在上述代码中，使用 dict() 函数创建了一个空字典。这种方式非常简单，只需要调用 dict() 函数，不需要任何参数即可创建一个空字典。

【示例 7.4】使用可迭代对象创建字典。

```
iter_dict = dict([('apple', 5),('banana', 3),('orange', 2)])
print(iter_dict)
```

运行结果：

```
{'apple': 5, 'banana': 3, 'orange': 2}
```

代码解析：

在上述代码中，使用 dict() 函数和一个包含多个元组的列表来创建字典，列表中的每个元组都包含两个元素，第一个元素是键，第二个元素是对应的值，使用这种方式来创建字典需要传递一个可迭代对象给 dict() 函数，因此需要将多个元组放在一个列表中作为参数传递给 dict() 函数。

【示例 7.5】使用关键字传参创建字典。

```
kwargs_dict = dict(name = 'Alice', age = 25, City = 'Beijing')
print(kwargs_dict)
```

运行结果：

```
{'name': 'Alice', 'age': 25, 'City': 'Beijing'}
```

代码解析：

在上述代码中，使用 dict() 函数和关键字参数来创建字典。这种方式非常方便，可以直接使用关键字传递键值对，无须将它们放在元组中，使用这种方式来创建字典只需要在 dict() 函数中使用关键字参数即可。

7.2.3 fromkeys() 方法创建字典

Python 中除了可以通过 {} 来创建字典、dict() 函数来创建字典，还可以通过 dict 类提供的 fromkeys() 方法来创建字典。其语法格式如下：

```
dict.fromkeys(seq, [value])
```

其中，参数 seq 表示要作为字典键的序列，可以是一个可迭代对象，如字符串、列表或元组，第二个参数 value 表示键对应的初始值，value 参数是可选的，表示键对应的初始值，默认为 None。

【示例 7.6】使用 fromkeys() 方法创建字典。

```
seq = ['apple', 'banana', 'orange']
value = 0
new_dict = dict.fromkeys(seq, value)
print(new_dict)
```

运行结果：

```
{'apple': 0, 'banana': 0, 'orange': 0}
```

代码解析：

在上述代码中，传递了一个列表 seq 和一个整数 value 作为参数，fromkeys() 方法使用列表中的元素作为键，并将 value 作为键对应的初始值。

【示例 7.7】不传递 value 参数时，默认为 None。

```
seq = ('name', 'age', 'city')
new_dict = dict.fromkeys(seq)
print(new_dict)
```

运行结果：

```
{'name': None, 'age': None, 'city': None}
```

代码解析：

在上述代码中，只传递了一个 seq 参数，没有传递 value 参数，因此 fromkeys() 方法默认将键对应的初始值设为 None。

7.3 访问字典元素

7.3.1 通过键访问字典元素

字符串、列表等序列是通过下标来访问元素的，但是字典不同，它通过键来访问对应的值，在 Python 中，字典是一种无序的数据类型，其中的元素是以键值对的形式存储的，要通过键来访问字典中的元素，可以使用如下的语法：

```
dictname[key]
```

其中，dictname 表示绑定字典的变量名，key 表示字典的键名，通过这种方式访问字典元素时，需要确保该键存在于字典中，否则会触发 KeyError 异常。

【示例 7.8】通过键访问字典元素。

```
my_dict = {'name': 'Alice', 'age': 25, 'city': 'Cheng Du'}
print(my_dict['name'])
print(my_dict['age'])
print(my_dict['city'])
```

运行结果：

```
Alice
25
Cheng Du
```

代码解析：

在上述代码中，创建了一个字典 my_dict，其中包含了姓名、年龄和城市的信息。然后，通过键访问字典中的元素。通过 my_dict['name'] 可以访问到键为 'name' 的元素，即姓名，输出为 'Alice'。同样地，也可以通过 my_dict['age'] 和 my_dict['city'] 访问到相应的信息。

需要注意的是，如果访问的键在字典中不存在，就会触发 KeyError 异常，所以在访问字典元素之前，需要确保所使用的键存在于字典中。

7.3.2　添加 / 修改和删除字典元素

1. 添加 / 修改字典元素

在 Python 中，可以使用字典的键索引赋值的方式来添加和修改字典中的元素。这种方式类似于列表的索引赋值，但是在字典中，索引不是下标，而是字典的键。通过以下语法可以实现字典元素的添加和修改：

```
dictname[key] = value
```

其中，dictname 表示要进行操作的字典变量名，key 表示要添加或修改的键名，value 表示要赋给键对应的值。

如果 key 存在于字典中，赋值语句会改变字典中该键对应的值，相当于对该元素进行修改；如果 key 不存在于字典中，赋值语句会在字典中创建一个新的键值对，相当于向字典中添加一个新的元素。

【示例 7.9】添加 / 修改字典元素。

```
# 创建一个空字典
my_dict = {}
# 添加元素
my_dict['name'] = 'Alice'
my_dict['age'] = 25
print(my_dict)
# 修改元素
my_dict['name'] = 'Bob'
my_dict['city'] = 'Cheng Du'
print(my_dict)
```

运行结果：

```
{'name': 'Alice', 'age': 25}
{'name': 'Bob', 'age': 25, 'city': 'Cheng Du'}
```

代码解析：

在上述代码中，首先，创建了一个空字典 my_dict。然后，通过键索引赋值的方式添加了两个元素，即姓名和年龄。其次，又通过键索引赋值的方式修改了姓名，并添加了一个新的元素，即城市。最后，打印出了字典的内容。

需要注意的是，如果赋值语句中的 key 已经存在于字典中，那么赋值语句会改变该键对应的值。如果赋值语句中的 key 在字典中不存在，那么赋值语句会创建一个新的键值对。

2. 删除字典元素

在 Python 中，可以使用 del 语句来删除字典中的元素。通过以下语法可以实现字典元素的删除：

```
del dictname[key]
```

其中，dictname 表示要进行操作的字典变量名，key 表示要删除的键名。

如果 key 存在于字典中，del 语句会删除字典中该键对应的键值对；如果 key 不存在于字典中，del 语句会触发 KeyError 异常。

【示例 7.10】del 语句删除字典元素。

```
# 创建一个字典
my_dict = {'name': 'Alice', 'age': 25, 'city': 'Cheng Du'}
# 删除元素
del my_dict['age']
print(my_dict)
# 删除不存在的元素，会触发 KeyError 异常
del my_dict['gender']
```

运行结果：

```
{'name': 'Alice', 'city': 'Cheng Du'}
触发 KeyError 异常
```

代码解析：

在上述代码中，首先，创建了一个字典 my_dict，其中包含了姓名、年龄和城市的信息。然后，使用 del 语句删除了字典中的一个元素，即年龄。最终，打印出了删除元素后的字典内容。

需要注意的是，如果要删除的 key 不存在于字典中，del 语句会触发 KeyError 异常。所以在删除字典元素之前，需要确保要删除的键存在于字典中。

7.3.3 判断键是否存在

在 Python 中，可以使用 in 和 not in 运算符来判断一个键是否存在于字典中。通过以下语法可以实现判断：

```
key in dictname
key not in dictname
```

其中，key 表示要判断的键名，dictname 表示要进行操作的字典变量名。如果 key 存在于字典中，in 运算符返回 True，即键存在。如果 key 不存在于字典中，in 运算符返回 False，即键不存在。not in 运算符的结果与 in 运算符相反。

【示例 7.11】in 运算符来判断字典中是否存在某个键。

```
# 创建一个字典
my_dict = {'name': 'Alice', 'age':25, 'city': 'Cheng Du'}
# 判断键是否存在
print('name' in my_dict)
print('gender' in my_dict)
```

```
#使用 not in 运算符判断键是否不存在
print('age' not in my_dict)
print('gender' not in my_dict)
```

运行结果显示为：

```
True
False
False
True
```

代码解析：

在上述代码中，首先，创建了一个字典 my_dict，其中包含了姓名、年龄和城市的信息。然后，使用 in 运算符判断了两个键是否存在于字典中，分别是姓名和性别。最后，也使用 not in 运算符判断了两个键是否不存在于字典中，分别是年龄和性别。

7.3.4　字典的迭代

在 Python 中，可以使用 for 循环对字典进行迭代。通过以下语法可以实现迭代：

```
for key in dictname:
    # 循环体
```

其中，key 表示在每次循环中获取到的字典的键名，dictname 表示要进行迭代的字典变量名，在循环体中，可以对每个键进行操作，比如打印、获取值等。

【示例 7.12】for 循环对字典进行迭代。

```
# 创建一个字典
my_dict = {'name': 'Alice', 'age':25, 'city': 'Cheng Du'}
# 对字典进行迭代
for key in my_dict:
    print(key)
```

运行结果：

```
name
age
city
```

代码解析：

在上述代码中，创建字典 my_dict，包含姓名、年龄和城市的信息，使用 for 循环对字典进行迭代，每次迭代获取到的是字典的键名将其打印出来。

需要注意的是，字典的迭代顺序不一定与元素添加的顺序相同，字典是无序的数据结构，迭代时键的顺序是不确定的。

7.4　字典的方法

7.4.1　字典的方法概述

字典方法是 Python 中内置的用于对字典对象进行操作的方法。每个方法都有特定的作用和功能，可以帮助更方便地操作字典数据。例如，可以创建一个存储用户信息的字典，当用户输入某个信息时，可以使用 get() 方法来获取对应的值，如果用户未提供该信息，则返回默认值。例如，使用 update(dict2) 方法合并两个购物车的内容，假设有两个购物车的字典，可以使用 update()

方法将其中一个购物车的内容合并到另一个购物车中，以实现购物车内容的合并。例如，使用 pop(key, default) 方法在游戏中处理道具的使用，假设有一个存储玩家道具的字典，当玩家使用某个道具时，可以使用 pop() 方法来获取道具的效果，并在字典中删除该道具。总之，字典除了可以进行增、删、改、查、遍历等操作之外，其内部还封装了各种方法，方便对字典进行更加灵活的操作，字典中常用方法见表 7-1。

表 7-1 常用的字典方法

方　法	说　明
dic.clear()	清空字典
dic.pop(key)	移除字典的键，并返回键对应的值
dic.update(dic1)	将 dic1 合并到 dic 中，如果键相同，则取 dic1 中 key 对应的值
dic.get(key, default)	返回 key 对应的值，如果没有该 key，则返回默认值，如果未设置默认值，则返回 None
dic.setdefalult(key, default)	如果 key 存在，返回其对应的值，如果 key 不存在，则为其设置默认值（未设置则为 None），并返回该值
dic.keys()	返回字典中所有的键
dic.values()	返回字典中所有的值
dic.items()	返回字典中所有的键 - 值对

7.4.2 字典的方法详解

1. clear() 方法

clear() 方法用于清空字典，即删除字典中的所有键值对，使其变为空字典。下面是 clear() 方法的语法结构：

```
dictionary.clear()
```

【示例 7.13】clear() 方法。

```
# 创建一个字典
my_dict = {'name': 'Alice', 'age': 25, 'city': 'Cheng Du'}
# 清空字典
my_dict.clear()
# 打印结果
print(my_dict)
```

运行结果：

```
{}
```

代码解析：

在上述代码中，首先，创建了一个字典 my_dict，然后，使用 clear() 方法清空了字典。最后，打印字典的结果为空字典 {}。

使用 clear() 方法可以方便地删除字典中的所有元素，使其变为空字典，这在需要清空字典并重新使用它的情况下非常有用。注意，调用 clear() 方法后，原字典会被改变，不再包含任何键值对。

2. pop() 方法

字典的 pop() 方法，它用于移除字典中指定键的键值对，并返回该键对应的值。如果指定的键不存在于字典中，则会触发 KeyError 异常。下面是 pop() 方法的语法结构：

```
dictionary.pop(key[, default])
```

其中，key 是要移除的键，default 是可选参数，用于指定键不存在时的默认返回值。

【示例 7.14】pop() 方法。

```
# 创建一个字典
my_dict = {'name': 'Alice', 'age': 25, 'city': 'Cheng Du'}
# 移除指定键，并返回其值
age = my_dict.pop('age')
print(age)
# 移除不存在的键，触发 KeyError 异常
address = my_dict.pop('address')
# 使用 default 参数，指定键不存在时的默认返回值
address = my_dict.pop('address', 'Unknown')
print(address)
```

运行结果：

```
25
KeyError: 'address'
'Unknown'
```

代码解析：

在上述代码中，首先，创建字典 my_dict，使用 pop() 方法移除键为 'age' 的键值对，并返回了该键对应的值 25，然后，尝试移除了一个不存在的键 'address'，触发了 KeyError 异常，最后，使用 default 参数指定了键不存在时的默认返回值为 'Unknown'，并成功获取了该默认值。

使用 pop() 方法可以在需要从字典中移除指定键的键值对并获取其值时非常有用，需要注意的是，调用 pop() 方法后，原字典会被改变，不再包含移除的键值对。

3. update() 方法

字典的 update() 方法，它用于将一个字典的键值对合并到另一个字典中。下面是 update() 方法的语法结构：

```
dictionary1.update(dictionary2)
```

其中，dictionary1 是要合并到的目标字典，dictionary2 是要合并的源字典，如果 dictionary 1 和 dictionary 2 中有相同的键，则合并后取 dictionary 2 中的键对应的值。

【示例 7.15】update() 方法。

```
# 创建两个字典
dict1 = {'name': 'Alice', 'age': 25}
dict2 = {'city': 'Cheng Du', 'age': 30}
# 将 dict2 合并到 dict1 中
dict1.update(dict2)
# 打印结果
print(dict1)
```

运行结果：

```
{'name': 'Alice', 'age': 30, 'city': 'Cheng Du'}
```

代码解析：

在上述代码中，首先创建了两个字典 dict1 和 dict2，然后使用 update() 方法将 dict2 中的键值对合并到 dict1 中，由于 dict2 中的键 'age' 在 dict1 中也存在，合并后取了 dict2 中的值 30，最后打印合并后的结果。

使用 update() 方法可以方便地将一个字典的键值对合并到另一个字典中，调用 update() 方法后目标字典会被改变，包含合并后的键值对，而源字典则不会发生改变。

4. get() 方法

字典的 get() 方法，它用于返回一个键对应的值，下面是 get() 方法的语法结构：

```
dictionary.get(key, default = None)
```

其中，key 是要获取值的键，default 是可选参数，如果 key 存在，则返回 key 对应的值；如果 key 不存在，则返回设置的默认值，如果没有设置默认值，则返回 None。这个方法和通过键索引取值的区别是，通过键索引取值，如果键不存在，会报 KeyError 的错误，但此方法不会。

【示例 7.16】get() 方法。

```
# 创建一个字典
my_dict = {'name': 'Alice', 'age': 25, 'city': 'Cheng Du'}
# 获取存在的键对应的值
name = my_dict.get('name')
print(name)
# 获取不存在的键，返回默认值 None
address = my_dict.get('address')
print(address)
# 使用 default 参数，指定键不存在时的默认返回值
address = my_dict.get('address', 'Unknown')
print(address)
```

运行结果：

```
Alice
None
Unknown
```

代码解析：

在上述代码中，首先，创建字典 my_dict，使用 get() 方法分别获取存在的键 'name' 对应的值 'Alice' 和不存在的键 'address'。由于键 'address' 不存在，所以返回了默认值 None，然后，使用 default 参数指定了键不存在时的默认返回值为 'Unknown'，并成功获取了该默认值。相比于通过键索引直接取值，使用 get() 方法可以避免在键不存在时触发 KeyError 异常，而是返回指定的默认值或 None。

5. setdefalult() 方法

setdefalult() 方法可以返回 key 对应的值，也可以为不存在的 key 设置默认值，下面是 setdefault() 方法的语法结构：

```
dic.setdefault(key, default = None)
```

其中，key 是要获取值的键，default 是可选参数，用于指定键不存在时的默认返回值，默认为 None。

【示例 7.17】setdefalult() 方法。

```
# 创建一个字典
my_dict = {'name': 'Alice', 'age': 25}
# 获取存在的键对应的值
name = my_dict.setdefault('name')
print(name)
# 获取不存在的键，返回默认值 None，并将默认值添加到字典中
address = my_dict.setdefault('address')
print(address)
print(my_dict)
# 使用 default 参数，指定键不存在时的默认返回值，并将默认值添加到字典中
country = my_dict.setdefault('country', 'Unknown')
```

```
print(country)
print(my_dict)
```

运行结果：

```
Alice
None
{'name': 'Alice', 'age': 25, 'address': None}
Unknown
{'name': 'Alice', 'age': 25, 'address': None, 'country': 'Unknown'}
```

代码解析：

在上述代码中，首先，创建字典 my_dict，使用 setdefault() 方法分别获取了存在的键 'name' 对应的值 'Alice' 和不存在的键 'address'。由于键 'address' 不存在，所以返回了默认值 None，并将默认值None添加到字典中。然后，使用default参数指定了键不存在时的默认返回值为'Unknown'，并成功获取了该默认值，并将默认值 'Unknown' 添加到字典中。最后，使用 setdefault() 方法可以方便地获取字典中键对应的值，同时可以为不存在的键设置默认值，并将默认值添加到字典中。如果键已经存在，则直接返回键对应的值。

6. keys() 方法

字典的 keys() 方法，它用于返回字典中所有的键，下面是 keys() 方法的语法：

```
dictionary.keys()
```

【示例 7.18】keys() 方法。

```
# 创建一个字典
my_dict = {'name': 'Alice', 'age': 25, 'city': 'Cheng Du'}
# 获取字典中所有的键
keys = my_dict.keys()
print(keys)
# 遍历字典中所有的键
for key in keys:
    print(key)
```

运行结果：

```
dict_keys(['name', 'age', 'city'])
name
age
city
```

代码解析：

在上述代码中，创建字典 my_dict，使用 keys() 方法获取了字典中所有的键，并将其存储在变量 keys 中。注意，keys() 方法返回的是一个类似列表的视图对象，称为 dict_keys，它可以迭代但不支持索引访问，可以使用 for 循环来遍历这个视图对象，依次输出字典中的所有键，使用 keys() 方法可以方便地获取字典中所有的键，并进行相应的操作。

7. values() 方法

字典的 values() 方法，它用于返回字典中所有的值，下面是 values() 方法的语法：

```
dictionary.values()
```

【示例 7.19】values() 方法。

```
# 创建一个字典
my_dict = {'name': 'Alice', 'age': 25, 'city': 'Cheng Du'}
# 获取字典中所有的值
values = my_dict.values()
```

```
print(values)
# 遍历字典中所有的值
for value in values:
    print(value)
```

运行结果：

```
dict_values(['Alice', 25, 'Cheng Du'])
Alice
25
Cheng Du
```

代码解析：

在上述代码中，创建字典 my_dict，使用 values() 方法获取了字典中所有的值，并将其存储在变量 values 中。注意，values() 方法返回的是一个类似列表的视图对象，称为 dict_values，它可以迭代但不支持索引访问，可以使用 for 循环来遍历这个视图对象，依次输出字典中的所有值，使用 values() 方法可以方便地获取字典中所有的值，并进行相应的操作。

8. items() 方法

字典的 items() 方法，它用于返回字典中所有的键 - 值对，下面是 items() 方法的语法：

```
dictionary.items()
```

【示例 7.20】items() 方法。

```
# 创建一个字典
my_dict = {'name': 'Alice', 'age': 25, 'city': 'Cheng Du'}
# 获取字典中所有的键 - 值对
items = my_dict.items()
print(items)
# 遍历字典中所有的键 - 值对
for key, value in items:
    print(key, value)
```

运行结果：

```
dict_items([('name', 'Alice'), ('age', 25), ('city', 'Cheng Du')])
name Alice
age 25
city Cheng Du
```

代码解析：

在上述代码中，创建字典 my_dict，使用 items() 方法获取了字典中所有的键 - 值对，并将其存储在变量 items 中。注意，items() 方法返回的是一个类似列表的视图对象，称为 dict_items，它可以迭代但不支持索引访问，可以使用 for 循环来遍历这个视图对象，并将键和值分别存储在两个变量中，以便进行相应的操作。使用 items() 方法可以方便地获取字典中所有的键 - 值对，并进行相应的操作。

7.5 集合的概念

7.5.1 什么是集合

集合（set）是 Python 中的一种数据结构，它是由一组无序、不重复元素组成的，类似于数学中的集合概念，集合的特点如下：

- 集合相当于字典的键：集合的元素相当于字典的键，可以用来判断一个元素是否存在于集合中。
- 集合是可变的容器：集合是可变的，可以增加、删除和修改集合中的元素。
- 集合内的数据对象是唯一的：集合中的元素不能重复，如果尝试向集合中添加重复的元素，集合不会发生变化。
- 集合是无序的存储结构：集合中的元素没有先后关系，不像列表或元组有顺序。
- 集合内的元素必须是不可变对象：集合中的元素必须是不可变的，例如整数、浮点数、字符串、元组等。不能存储可变的数据类型，如列表、字典、集合等。
- 集合是可迭代的：可以对集合进行迭代操作，遍历集合中的每个元素。

除此之外，集合还有去重、判断元素是否存在、集合运算等功能，集合是由不重复元素组成的，可以用集合来去除列表或其他可迭代对象中的重复元素；可以使用 in 和 notin 关键字来判断一个元素是否存在于集合中；集合支持集合的并、交、差等运算，可以对多个集合进行操作，得到期望的结果。

7.5.2　创建集合

1. {} 创建集合

通过 {} 创建集合，{} 除了可以用于创建字典以外，还可用于创建集合，需要注意的是，字典是 key-value 形式，而集合并不是成对出现的。

创建集合的语法如下：

```
s = {e1, e2, e3, ...}
```

其中，e1,e2,e3,... 是集合中的元素，可以是任何对象或值。这些元素用逗号“,”分隔，放在花括号 {} 中。

【示例 7.21】“{}”创建集合。

```
# 创建空字典
empty_dict = {}
print(type(empty_dict))
# 创建空集合
empty_set = set()
print(type(empty_set))
# 使用 {} 创建非空字典
non_empty_dict = {'key1': 'value1', 'key2': 'value2'}
print(type(non_empty_dict))
# 使用 {} 创建非空集合
non_empty_set = {'apple', 'banana', 'orange'}
print(type(non_empty_set))
```

运行结果：

```
<class 'dict'>
<class 'set'>
<class 'dict'>
<class 'set'>
```

代码解析：

在上述代码中，使用 {} 创建的是一个空字典，而不是空集合，要创建一个空集合，应该使用 set() 函数。

2. set() 创建集合

set() 函数是用来创建集合的方式之一，可以将字符串、列表、元组、range 对象等可迭代对象转换成集合，并返回一个包含该可迭代对象中所有唯一元素的集合，创建集合的语法结构如下：

```
s = set(iterable)
```

【示例 7.22】set() 创建集合。

```
# 从列表创建集合
list1 = [1, 2, 3, 4, 5]
set1 = set(list1)
print(set1)
# 从元组创建集合
tuple1 = (1, 2, 3, 4, 5)
set2 = set(tuple1)
print(set2)
# 从字符串创建集合
str1 = "hello world"
set3 = set(str1)
print(set3)
# 从 range 对象创建集合
set4 = set(range(1, 6))
print(set4)
```

运行结果：

```
{1, 2, 3, 4, 5}
{1, 2, 3, 4, 5}
{'d', 'o', 'w', 'r', ' ', 'h', 'l', 'e'}
{1, 2, 3, 4, 5}
```

代码解析：

在上述代码中，使用 set() 函数可以将列表、元组、字符串、range 对象等转换为集合。需要注意的是，集合是无序的，因此在字符串创建集合时，集合中的元素顺序可能与原始字符串不同。

7.6 集合的运算

7.6.1 集合运算概述

集合运算在实际生活中有很多应用。例如，假设你有一个朋友圈的集合 A，里面包含了你的好友，另外你有一个同学圈的集合 B，里面包含了你的同学，你可能会使用集合运算找出你的好友和同学的总人数，找出既是你的好友又是你的同学的人，找出只是你的好友或只是你的同学的人。

通过集合运算，你可以很方便地进行各种集合操作，从而得到你朋友圈和同学圈之间的关系。集合运算是指对集合进行各种操作和计算的过程。在 Python 中，集合运算可以通过使用集合对象的方法和运算符来实现，集合常用运算符见表 7-2。

表 7-2　集合常用运算符

运 算 符	含　义
&	求交集，即两个集合的公共元素
|	求并集，即两个集合的全部元素
-	求补集，即一个集合中有，而另一个集合中没有的元素
^	求对称补集，即两个集合中不属于两个集合交集的元素
<=	求子集，即判断一个集合是否是另一个集合的子集
>=	求超集，即判断一个集合是否是另一个集合的超集

7.6.2　集合运算详解

1. “&”交集运算符

在 Python 中，可以使用“&”运算符来计算两个集合的交集，“&”运算符用于求两个集合的交集，即返回两个集合中共同的元素。

【示例 7.23】“&”交集运算符。

```
A = {1, 2, 3, 4}
B = {2, 4, 6, 8}
C = A & B
print(C)
```

运行结果：

```
{2, 4}
```

代码解析：

在上述代码中，有两个集合 A 和 B，则 A&B 的结果为 {2,4}，因为这两个集合中都包含 2 和 4。

2. “|”并集运算符

在 Python 中，可以使用“|”运算符来计算两个集合的并集，“|”运算符用于求两个集合的并集，即返回两个集合中全部的元素。

【示例 7.24】| 并集运算符。

```
A = {1, 2, 3}
B = {3, 4, 5}
C = A | B
print(C)
```

运行结果：

```
{1, 2, 3, 4, 5}
```

代码解析：

在上述代码中，有两个集合 A 和 B，A|B 的结果为 {1, 2, 3, 4, 5}，包含了这两个集合中所有元素。

3. “–”差集运算符

在 Python 中，可以使用“-”运算符来计算两个集合的差集，“-”运算符用于求集合的差集，而不是补集。差集是指一个集合中有，另一个集合中没有的元素。

【示例 7.25】差集运算符。

```
A = {1, 2, 3, 4}
B = {2, 4, 6, 8}
```

```
C = A - B
print(C)
```

运行结果：

```
{1, 3}
```

代码解析：

在上述代码中，有两个集合 A 和 B，则 A|B 的结果为 {1, 3}，因为集合 A 中有元素 1 和 3，但集合 B 中没有这两个元素。

4. “^”对称差集运算符

在 Python 中，可以使用“^”运算符来计算两个集合的对称差集，“^”运算符用于求集合的对称差集，而不是对称补集。对称差集是指两个集合中互相没有的元素的集合。

【示例 7.26】“^”对称差集运算符。

```
A = {1, 2, 3, 4}
B = {3, 4, 5, 6}
C = A ^ B
print(C)
```

运行结果：

```
{1, 2, 5, 6}
```

代码解析：

在上述代码中，有两个集合 A 和 B，则 A^B 的结果为 {1, 2, 5, 6}，因为集合 A 和集合 B 中互相没有的元素是 1, 2, 5, 6。

5. “<=”运算符

在 Python 中，可以使用“<=”运算符来判断一个集合是否是另一个集合的子集，“<=”运算符用于判断一个集合是否是另一个集合的子集。如果集合 A 是集合 B 的子集，则 A 中的所有元素都必须也在集合 B 中出现。

【示例 7.27】“<=”运算符。

```
A = {1, 2, 3}
B = {1, 2, 3, 4, 5}
C = {2, 4, 6}
print(A <= B)
print(C <= B)
```

运行结果：

```
True
False
```

6. “>=”运算符

在 Python 中，可以使用“>=”运算符来判断一个集合是否是另一个集合的超集，“>=”运算符用于判断一个集合是否是另一个集合的超集。如果集合 A 是集合 B 的超集，则集合 B 中的所有元素都必须也在集合 A 中出现。

【示例 7.28】“>=”运算符。

```
A = {1, 2, 3}
B = {1, 2, 3, 4, 5}
C = {2, 4, 6}
print(A >= B)
print(C >= B)
```

运行结果：

```
False
False
```

7.7　集合的方法

7.7.1　集合的方法概述

集合在实际生活也有很多应用，在社交网络中的好友关系，将每个用户的好友列表作为一个集合，可以进行好友推荐、共同好友查找等操作。例如，可以通过交集来找到两个用户的共同好友，通过差集来找到某个用户的独有好友；在抽奖活动中的参与者，将参与抽奖的人员名单作为一个集合，可以快速判断某人是否已经参与过抽奖，避免重复中奖；在博客网站中的文章标签中，将每篇文章的标签作为一个集合，可以根据标签进行相关文章推荐。例如，可以通过并集来找到与当前文章标签相关的其他文章。集合也是 Python 中常用的数据结构，集合方法可以帮助对集合进行常见的操作，例如，添加元素、删除元素、查找元素、求并集、交集、差集、对称差集等。同时，集合方法还可以帮助判断集合之间的包含关系，判断一个集合是否是另一个集合的子集或父集，可以根据需要选择合适的方法来操作集合。在 Python 中，常用的集合方法见表 7-3。

表 7-3　集合常用方法

方　法	含　义
add(e)	往集合中添加一个元素，如果该元素存在，则不添加
remove(e)	从集合中删除一个元素，如果元素不存在于集合中，则会产生一个 KeyError 错误
discard(e)	从集合中移除一个元素 e，在元素 e 不存时什么都不做
pop()	从集合中删除一个随机元素，如果此集合为空，则引发 KeyError 异常
s1.update(s2)	将 s2 合并到 s1 中
s1.difference(s2)	用 s1-s2 运算，返回存在于 s1 中，但不存在 s2 中的所有元素的集合
s1.intersection(s2)	求 s1 和 s2 的交集，等同于 s1&s2
s1.issubset(s2)	判断 s1 是否为 s2 的子集

7.7.2　集合的方法详解

1. add() 方法

在 Python 中，add() 方法用于向集合中添加一个元素，如果该元素已经存在于集合中，则不会重复添加。

【示例 7.29】集合 add() 方法。

```
# 定义一个空集合
my_set = set()
# 添加元素
my_set.add(1)
my_set.add(2)
my_set.add(1)   # 重复添加，不会生效
# 打印集合
```

```
print(my_set)
```

运行结果：

```
{1, 2}
```

代码解析：

在上述代码中，首先定义了一个空集合 my_set，然后分别通过 add() 方法向集合中添加了元素 1 和 2，最后又使用 add() 方法试图向集合中添加一个已经存在的元素 1，但是这个操作不会生效，因为集合中已经存在元素 1 了。

2. remove() 方法

在 Python 中，remove() 方法用于从集合中删除一个元素，如果该元素不存在于集合中，则会抛出 KeyError 异常。

【示例 7.30】集合 remove() 方法。

```
# 定义一个集合
my_set = {1, 2, 3, 4}
# 删除元素
my_set.remove(2)
# 此句没有加注意将报错
my_set.remove(5)
# 打印集合
print(my_set)
```

运行结果：

```
{1, 3, 4}
Traceback (most recent call last)
line5,in < module > my_set.remove(5)
KeyError:5
```

代码解析：

在上述代码中，首先定义了一个集合 my_set，然后使用 remove() 方法从集合中删除了元素 2，接着又试图使用 remove() 方法删除一个不存在的元素 5，这个操作会抛出 KeyError 异常，最后打印了删除元素后的集合。

需要注意的是，如果想删除一个不存在的元素，可以使用 discard() 方法，它不会抛出异常。如果元素存在，则和 remove() 方法一样会将其删除。

3. discard() 方法

在 Python 中，discard() 方法用于从集合中删除一个元素，如果元素不存在不会报错。

【示例 7.31】集合 discard() 方法。

```
# 定义一个集合
my_set = {1, 2, 3, 4}
# 删除元素
my_set.discard(2)
# 不存在的元素，不会报错
my_set.discard(5)
# 打印集合
print(my_set)
```

运行结果：

```
{1, 3, 4}
```

代码解析：

在上述代码中，定义集合 my_set，使用 discard() 方法从集合中删除了元素 2，然后使用 discard() 方法删除一个不存在的元素 5，这个操作不会报错，最后打印了删除元素后的集合为 {1，3，4}。

需要注意的是，如果想删除一个存在的元素，并且希望得到删除的元素值，可以使用 pop() 方法。pop() 方法会删除并返回集合中的一个元素。如果集合为空，pop() 方法会抛出 KeyError 异常。

4. pop() 方法

在 python 中，pop() 方法用于从集合中随机删除一个元素并返回删除的元素，如果集合为空，则会抛出 KeyError 异常。

【示例 7.32】集合 pop() 方法。

```
# 定义一个集合
my_set = {1, 2, 3, 4}
# 删除元素
deleted_element = my_set.pop()
# 打印删除的元素和集合
print(" 删除的元素 :" ,deleted_element)
print(" 剩余的集合 :" ,my_set)
```

运行结果：

```
删除的元素 : 1
剩余的集合 : {2, 3, 4}
```

代码解析：

在上述代码中，定义集合 my_set，使用 pop() 方法随机删除了一个元素，并将删除的元素赋值给变量 deleted_element，最后打印了删除的元素和剩余的集合。

需要注意的是，由于集合是无序的，所以 pop() 方法删除的元素是随机的，如果集合为空，pop() 方法会抛出 KeyError 异常。

5. update() 方法

在 Python 中，update() 方法用于合并两个集合，相当于求并集，其语法结构如下：

```
s1.update(s2)
```

【示例 7.33】集合 update() 方法。

```
# 定义两个集合
s1 = {1, 2, 3}
s2 = {3, 4, 5}
# 合并集合
s1.update(s2)
# 打印合并后的集合
print(s1)
```

运行结果：

```
{1, 2, 3, 4, 5}
```

代码解析：

在上述代码中，定义两个集合 s1 和 s2，然后使用 update() 方法将 s2 合并到 s1 中，最后打印了合并后的集合。

需要注意的是，update() 方法会修改调用它的集合本身，而不会创建一个新的集合，同时，合并后的集合中不会包含重复的元素。

6. difference() 方法

在 Python 中，difference() 方法用于求两个集合的差集，相当于求 s1-s2，其语法结构如下：

```
s1.difference(s2)
```

【示例 7.34】集合 difference() 方法。

```
# 定义两个集合
s1 = {1, 2, 3}
s2 = {3, 4, 5}
# 求差集
result = s1.difference(s2)
# 打印差集
print(result)
```

运行结果：

```
{1, 2}
```

代码解析：

在上述代码中,先定义了两个集合 s1 和 s2,然后使用 difference() 方法求出了 s1 与 s2 的差集，最后打印了差集。需要注意的是，difference() 方法返回的是一个新的集合，包含了 s1 中存在但 s2 中不存在的元素。

7. intersection() 方法

在 Python 中，intersection() 方法用于求两个集合的交集，相当于求 s1 与 s2 的公共部分即相当于 s1&s2，其语法结构如下：

```
s1.intersection(s2)
```

【示例 7.35】集合 intersection() 方法。

```
# 定义两个集合
s1 = {1, 2, 3}
s2 = {3, 4, 5}
# 求交集
result = s1.intersection(s2)
# 打印交集
print(result)
```

运行结果：

```
{3}
```

代码解析：

在上述代码中，定义两个集合 s1 和 s2，使用 intersection() 方法求出 s1 与 s2 的交集，最后打印出交集。需要注意的是，intersection() 方法返回的是一个新的集合，包含了 s1 与 s2 中都存在的元素。

8. issubset() 方法

在 Python 中，issubset() 方法用于判断一个集合是否是另一个集合的子集，其语法结构如下：

```
s1.issubset(s2)
```

【示例 7.36】集合 issubset() 方法。

```
# 定义两个集合
s1 = {1, 2}
s2 = {1, 2, 3, 4}
# 判断 s1 是否是 s2 的子集
result = s1.issubset(s2)
# 打印结果
print(result)
```

运行结果：

```
True
```

代码解析：

在上述代码中，定义两个集合 s1 和 s2，使用 issubset() 方法判断 s1 是否是 s2 的子集，最后打印判断结果。需要注意的是，issubset() 方法返回的是一个布尔值，如果 s1 是 s2 的子集，则返回 True，否则返回 False。

7.8　字典和集合的实现原理

7.8.1　哈希表

在 Python 中，字典和集合都是基于哈希表来实现的，哈希表又叫散列表，通过列表下标访问列表中的元素是很快的，但字典是通过键来访问元素，键不可能像整数下标那样简单，能立刻获取到其准确的位置。此时，可以借助一些方法，将字典的键映射到数组的下标，从而使得查找字典元素很快，这就是哈希函数。

哈希函数可以将任意不可变对象（列表、字典、集合等可变对象不行）转换为一个整数，然后通过这个整数，可以计算出这个对象在数组中的索引。注意，不同的对象通过哈希函数进行转换，是有可能得到相同的哈希值。哈希函数的转换过程如图 7-1 所示。

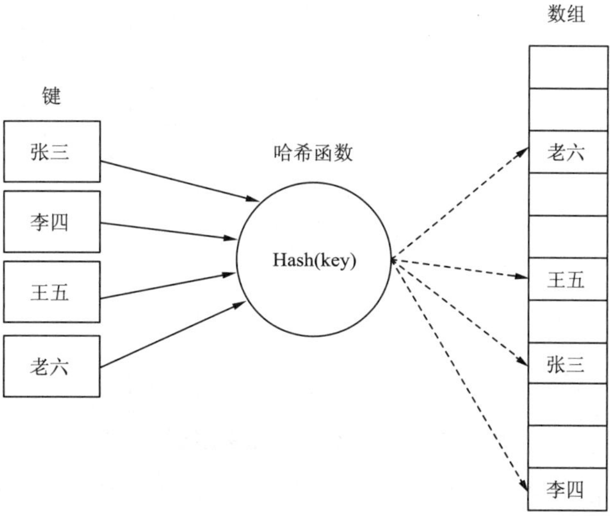

图 7-1　哈希函数转换过程

哈希函数的转换过程如下：

（1）哈希函数接收一个不可变对象作为输入。

（2）哈希函数对输入对象进行计算和转换，生成一个哈希值（通常是一个整数）。

（3）哈希值被用作数组的索引，指示对象在数组中的位置。

在哈希表中，键值对被存储在数组的不同位置上，通过哈希函数计算出的哈希值确定了键值对在数组中的位置。当需要访问键对应的值时，哈希函数会根据键计算出哈希值，然后使用哈希值来获取键值对在数组中的位置，从而快速找到对应的值。

需要注意的是，哈希函数的设计应该尽可能避免发生哈希碰撞，即不同的对象通过哈希函数计算得到相同的哈希值。哈希碰撞可能会导致性能下降，因为需要处理冲突。

例如，字典有 4 个键，分别是张三、李四、王五、老六，假设要将这 4 个键存储到一个长度为 10 的数组中。现在需要通过哈希函数将这四个键转为 4 个整数，首先，可以通过这 4 个整数对 10 求余，则会得到 4 个 0 ～ 9 之间的数，这 4 个数代表的是每个键应该存储到数组中的索引位置。然后，经过计算张三最终得到的结果是 8，则将张三存储到数组中索引为 8 的位置。下次要查找张三的时候，也只需将张三经过哈希函数计算，再对 10 求余，得到 8，最后，到数组中索引为 8 的位置去读取就可以了。

7.8.2 哈希冲突

了解了哈希函数的作用过程，但其中存在一些问题。其一是因为不同的键，通过哈希函数计算出来的值可能一样，那么它们计算出来的索引位置就是一样的；其二就算两个键计算出来的哈希值不一样，通过求余等方式计算出来的索引位置也有可能是一样的，这种情况称为哈希冲突。可以通过优化哈希函数，使得不同的键计算出来的哈希值尽量不一致，让冲突减小，但要做到完全避免，却是不可能的。针对哈希冲突，有一些应对方法，其中最常见的便是开放寻址法和拉链法，Python 中使用的便是开放寻址法。

1. 使用开放寻址法解决哈希冲突

假如大王通过哈希函数计算再求余，得到的结果是 2，这和老六重复了，此时发生了哈希冲突。开放寻址法就是在发生冲突时，通过线性探查往后去寻找一个可以存放的空位置，如图 7-2 所示。

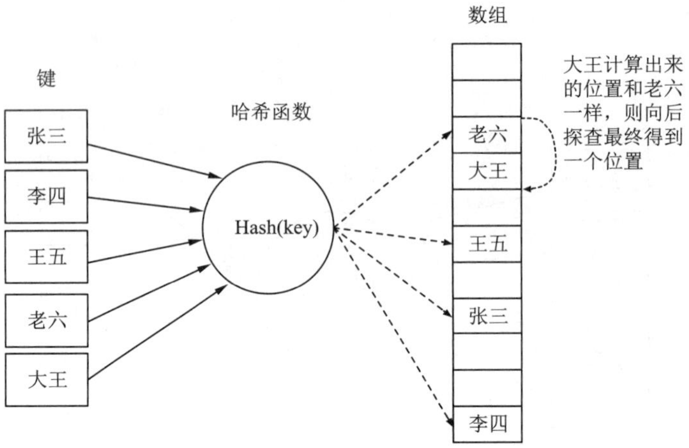

图 7-2 使用开放寻址法解决哈希冲突

比如，下一步去找 3 这个位置，如果可用，则占据这个位置，如果还是被占用的，则继续往下寻找，直到找到为止。除了线性探查，还可以采取平方查找的方式，探测过程是 $x+1, x+4, x+9, \cdots$。即下次找 3，再下次找 6，以此类推。

由于不同的键可能会映射到同一个索引位置，需要采取一些方法来处理冲突。

开放寻址法和拉链法是两种常见的解决哈希冲突的方法。在开放寻址法中，当发生冲突时，会尝试去寻找数组中下一个空的位置来存储对应的键值对。如果下一个位置也被占用了，那么会继续往下寻找，直到找到一个空的位置。而在拉链法中，每个数组元素都是一个链表，当发生冲突时，会将新的键值对添加到链表的末尾。

Python 中使用的是开放寻址法。具体来说，当发生冲突时，Python 会尝试往后寻找数组中下一个空的位置。如果找到了空的位置，那么就将键值对存储到该位置。否则，就会一直往后寻找，直到找到一个空的位置为止。

2. 使用平方探查解决哈希冲突

除了线性探查，平方探查也是开放寻址法中常见的一种方式。

在线性探查中，当发生冲突时，会通过线性增量去寻找下一个空的位置。比如，在上面的例子中，如果发生了哈希冲突，会尝试去寻找位置 3。如果位置 3 已经被占用了，那么会继续往后寻找，直到找到一个空的位置为止。在平方探查中，探测过程是通过增加平方数来进行的。比如，如果发生了哈希冲突，会尝试去寻找位置 3。如果位置 3 已经被占用了，那么会尝试去寻找位置 6，再下次尝试位置 9，以此类推，通过增加平方数来进行探测。

7.9 项目实训

7.9.1 实训需求

NBA（National Basketball Association），是美国第一大职业篮球赛事，其中产生了威尔特·张伯伦、奥斯卡 · 罗伯逊、迈克尔 · 乔丹、科比 · 布莱恩特、勒布朗 · 詹姆斯等超级巨星，这些球星代表了一代又一代人的青春。NBA 一共拥有 30 支球队，很多同学都有自己喜欢和支持的球队及球员，以下是一段包括球员信息的文本，要求编写一个程序，让用户能按照自己喜欢的球队查询其所有的球员信息，并格式化打印出来。

通过字符串定义球员信息（2021 年）：

“Carmelo Anthony,Portland Trail Blazers,SF;Anthony Davis,Los Angeles Lakers,PF;LeBron James,Los Angeles Lakers,SF;Kevin Durant, brooklyn Nets,SF;James Harden, brooklyn Nets,PG;Kyrie Irving, Brooklyn Nets,SG;Damian Lillard,Portland Trail Blazers,PG”（2021 年球员所在球队）

其中每个分号分隔代表一个球员，球员信息包括姓名、球队、位置，每个特征用逗号隔开。

7.9.2 实训步骤

（1）将原始球员信息通过分号进行切割，可以使用字符串的 split 方法和字符串的切片操作来提取每个球员的特征信息，再将其存储到一个数据结构中，例如，列表或字典，其代码实现如下：

```
player_infos = """Carmelo Anthony,Portland Trail Blazers,SF;
Anthony Davis,Los Angeles Lakers,PF;
LeBron James,Los Angeles Lakers,SF;
Kevin Durant, brooklyn Nets,SF;
James Harden, brooklyn Nets,PG;
Kyrie Irving, brooklyn Nets,SG;
Damian Lillard,Portland Trail Blazers,PG"""
# 将原始字符串通过 split 方法以分号来切割，得到一个列表，并赋值给一个变量
player_infos_list = player_infos.split(';')
```

（2）构建 {" 球队 ":” 球员信息列表 "} 的字典，可以使用 for 循环遍历切割得到的球员信息列表，对每个球员的信息进行处理，然后将其存储到字典中，其代码实现如下：

```
# 创建一个空字典，用于存储 { 球队：球员信息列表 }
team_dict = {}
# 遍历刚才切割得到的列表，每一个元素都是一个球员信息的字符串
for player_str in player_infos_list:
```

```
        # 将球员字符串通过逗号进行再次切割，得到一个列表，列表里面包含了一个球员的三个特征
        player = player_str.split(',')
        # 以下 3 行是通过列表的索引分别获取球员的特征信息
        player_name = player[0].strip()
        player_team = player[1].strip()
        player_position = player[2].strip()
    # 将球员信息构建为一个字典
        player_info_dic = {"name": player_name, "team": player_team, "position": 
player_position}
        # 首先判断球队在不在定义的team_dict里面，如果不在，就为team_dict增加一对键值对，
键为球队，值为一个空列表
        if player_team not in team_dict:
            team_dict[player_team] = []
        # 然后将球员信息追加到这个列表里面，当循环走完，team_dict 里面就存储了所有的球队和
球员信息
        team_dict[player_team].append(player_info_dic)
```

（3）使用字典的 get() 方法从球队和球员信息的字典中查询某个球队的球员信息列表，其代码实现如下：

```
    # team_dict 里面获取所有的球队信息，并拼成一个字符串
    teams = '|'.join(list(team_dict.keys()))
    # 通过 input 函数让用户输入需要查询的球队
    team = input("请输入你要查询的球队 %s:" % teams)
    # 利用字典的键索引拿到该球队所有的球员信息列表
    team_info = team_dict[team]
```

（4）使用字符串的 format() 方法格式化打印球员信息。

```
    # 打印表头
    print('+' + '-' * 67 + '+')
    # 这里使用了字符串的 center 方法和字符串的格式化表达
    print("|%s|%s|%s|" % (
        'name'.center(25), 'team'.center(30), 'position'.center(10)
    ))
    print('+' + '-' * 67 + '+')
    # 遍历球员信息列表，格式化打印每个球员信息
    for player_info in team_info:
        print("|%s|%s|%s|" % (
            player_info['name'].center(25),
            player_info['team'].center(30),
            player_info['position'].center(10),
        ))
    print('+' + '-' * 67 + '+')
```

7.9.3 实现效果

根据实训步骤和要求，查询球队信息，最终运行结果：

```
    请输入你要查询的球队 Portland Trail Blazers|Los Angeles Lakers|Brooklyn Nets:
Brooklyn Nets
    +-------------------------------------------------------------------+
    |          name           |             team             | position |
    +-------------------------------------------------------------------+
    |      Kevin Durant       |        Brooklyn Nets         |    SF    |
    |      James Harden       |        Brooklyn Nets         |    PG    |
    |      Kyrie Irving       |        Brooklyn Nets         |    SG    |
    +-------------------------------------------------------------------+
```

小　结

本章主要讲解了 Python 中的字典和集合数据类型，主要内容包括字典的概念和创建，字典是一种可变容器模型，可以存储任意数量的 Python 对象，每个对象都有一个唯一的键（key）和对应的值（value）；字典的常用操作，包括通过键访问和修改字典中的值、添加和删除键值对、遍历字典等操作；字典的常用方法包括 get()、keys()、values()、items()、pop()、update() 等方法；集合的概念和创建，集合是一种无序且不重复的容器模型，可以进行交集、并集、差集等运算；集合的常用方法包括 add()、remove()、discard()、pop()、clear() 等方法。通过本章的学习，可以更好地理解字典和集合的概念，掌握它们的创建和常用操作，提高 Python 编程的效率和质量。

习　题

一、选择题

1. 下面关于字典的描述正确的是（　　）。
   A. 字典是有顺序的
   B. 字典中的元素由 key 和 value 组成，其中 key 可以是任意类型的对象
   C. 字典可以通过键来访问数据
   D. 字典中的 key 和 value 都可以重复
2. 下面创建字典正确的是（　　）。
   A. d = {[1]:[2]}　　B. d = {None:None}
   C. d = {3, 5, 7}　　D. d = dict([1, 2, 3, 4])
3. Python 运算符中用来计算集合并集的是（　　）。
   A. //　　B. |　　C. /　　D. ||
4. 字典是（　　）类型的数据结构。
   A. 有序列表　　B. 无序列表　　C. 有序键值对　　D. 无序键值对
5. 下列（　　）方式可以创建一个空字典。
   A. {}　　B. dict()　　C. {()}　　D. []
6. 下列（　　）选项是字典的合法操作。
   A. 使用索引访问元素　　B. 使用 append() 方法添加元素
   C. 使用 pop() 方法删除元素　　D. 使用 sort() 方法排序元素
7. 下列（　　）是字典的合法方法。
   A. add()　　B. insert()　　C. remove()　　D. update()
8. 下列（　　）是集合的特点。
   A. 元素不可重复　　B. 元素有序
   C. 可变性　　D. 可以使用索引访问元素
9. 下列（　　）是集合的合法运算。
   A. +　　B. *　　C. -　　D. /

10. 下列（　　）可以向集合中添加元素。

A. append()　　B. insert()　　C. add()　　D. update()

二、编程题

1. 编写一个程序，统计一段文本中每个单词出现的频率，并按照出现频率从高到低输出单词和对应的频率。（使用字典）

2. 编写一个程序，输入一个字符串，统计其中每个字母出现的次数，并按照字母顺序输出字母和对应的出现次数。（使用字典）

3. 编写一个程序，输入两个集合 A 和 B，计算它们的交集、并集和差集，并输出结果。

4. 编写一个程序，输入一个集合和一个元素，判断元素是否在集合中，并统计集合中元素的个数。

5. 编写一个程序，输入一个字典和一个键，判断字典中是否存在该键，并输出对应的值。

6. 编写一个程序，输入一个字典和一个值，统计字典中该值出现的次数。

7. 编写一个程序，输入一个字符串，输出其中出现频率最高的字母及其出现次数。（使用字典）

8. 编写一个程序，输入两个集合，计算它们的对称差集，并输出结果。

第 8 章 函　数

本章导学：

函数在 Python 语言中具有封装、模块化、参数传递、返回值、重用性、可读性、维护性、抽象和函数式编程等多个功能，可以提高代码的可复用性、可读性、可维护性和测试性。因此，在 Python 开发中，函数是一个非常重要的概念和工具，合理地使用函数可以提高开发效率和代码质量。本章将学习函数的概念和使用方法，包括函数的定义和调用、形参和实参的传递方式、局部变量和全局变量的作用和区别、Python 作用域和变量搜索的顺序，以及函数式编程的概念和常用内建高阶函数的用法。通过学习本章内容，可以掌握函数的定义和调用、参数传递方式、变量作用域和函数式编程的基本概念和技巧，从而能够更加灵活和高效地使用函数来编写 Python 程序。

学习目标：

- 理解函数的概念和使用方法。
- 掌握局部变量和全局变量。
- 掌握 Python 常用内置高阶函数的用法。
- 通过学习本章提供的案例，学会函数的实践应用。

8.1 函数的概念

8.1.1 什么是函数

在现实生活中，制作馒头也需要一系列的步骤，比如准备面粉、和面、发酵、揉面、擀皮、包馅等。每个步骤都可以看作是一个函数，而整个制作馒头的过程可以看作是一个主函数“make_mantou”。第一步，可以定义一个名为“prepare_flour”的函数，它的功能是准备面粉。这个函数可以接收一些参数，比如面粉的种类和数量，然后根据传入的参数准备好所需的面粉。第二步，可以定义一个名为“knead_dough”的函数，它的功能是和面。这个函数可以接收面粉和水作为参数，并根据需要的比例和程度进行和面操作后返回和好的面团。第三步，可以定义一个名为“ferment_dough”的函数，它的功能是发酵面团。这个函数可以接收和好的面团和发酵剂作为参数，并将面团放置在适当的环境中进行发酵后返回发酵好的面团。第四步，可以定义一个名为“knead_dough_again”的函数，它的功能是揉面。这个函数可以接收发酵好的面团作为参数,并根据需要的程度进行二次揉面操作后返回揉好的面团。第五步,可以定义一个名为“roll_dough”的函数，它的功能是擀皮。这个函数可以接收揉好的面团作为参数，并将面团擀成薄皮后返回擀好的皮。第六步，可以定义一个名为“stuff_fillings”的函数，它的功能是包馅。这个函数可以接收擀好的皮和馅料作为参数，并将馅料包裹在皮内后返回包好馅的馒头。第七步，可以在主函数“make_mantou”中依次调用这些函数，完成馒头的制作过程。

通过这个例子，可以看到函数的封装和模块化的优点。每个函数都专注于解决一个特定的问题，而主函数则通过调用这些函数来完成更复杂的任务。这种函数的组合和调用可以使代码更加清晰、易于理解和维护，同时也提高了代码的重用性和可扩展性。

8.1.2 函数的作用

函数就是一段封装了特定功能的代码，通过给这段代码起一个特定的名字，可以在需要的时候直接调用这个函数来执行其中的代码逻辑。这样可以提高代码的可读性和可维护性，同时也提高了代码的复用性。使用函数可以将复杂的问题分解成多个小的、可管理的部分，每个部分专注于解决一个特定的问题。这样的代码组织结构使得程序更加易于理解和调试，也方便了代码的维护和扩展。另外，函数还可以接收参数，这样可以使函数更加灵活和通用。通过传入不同的参数，可以在同一个函数中实现不同的功能。这样可以减少代码的重复编写，提高代码的效率和可复用性。

总而言之，函数是编程中非常重要的概念，它可以将代码进行封装和组织，使得代码更加模块化、可读性更强，并且可以提高代码的复用性和可维护性。

8.2 函数的创建和调用

8.2.1 函数的创建

函数的定义使用关键字“def”,后面跟着函数名和一对圆括号。圆括号内可以包含一些参数，用来接收外部传入的值，这些参数也被称为形参。其语法结构如下：

```
def 函数名(形参列表):
    代码块
    [return [返回值]]
```

其中，使用方括号 [] 括起来的部分表示可省略的部分，这意味着在定义函数时，可以选择省略这部分内容，而不是必须包含。

函数名也属于标识符的范畴，在命名时要遵循标识符的命名规范，函数名应该以字母或下画线开头，并且只能包含字母、数字和下画线。同时，函数名应该具有描述性，能够清晰地表达函数的功能。

形参列表是函数定义中的一部分，用于接收外部传入的值，形参列表可以包含 0 个或多个参数，并且多个参数之间使用逗号进行分隔，参数可以在函数体内部使用，并且在调用函数时，传入的实际参数会与形参进行对应。

代码块是函数体的一部分，用来定义函数的具体功能，代码块中的代码会在函数调用时被执行，代码块不能为空，如果函数的功能暂时没有实现，可以使用 "pass" 语句进行占位，保证代码的完整性。

"return" 语句用于结束当前函数的执行，并返回到调用该函数的地方，"return" 语句后可以跟一个表达式，表示返回给调用者的结果。如果省略表达式，相当于返回 None。如果函数没有 "return" 语句，则在函数执行完最后一条语句后，会自动返回 None。

【示例 8.1】函数的创建。

```
def print_hello():
    print("hello world")
    print("welcome to china")
```

代码解析：

在上述代码中，定义了一个名为 print_hello 的函数，该函数的功能是打印 "hello world" 和 "welcome to china"。但如果此时运行程序，不会看到控制台有任何打印，这是什么原因呢？这是因为此时仅仅是定义了函数而已，也就是说创建了这个函数，但要使得函数内的代码块运行起来，还必须对该函数进行调用才行。

8.2.2　函数的调用

调用函数就是使用函数的工具，它可以执行函数体内的代码，并且可以通过传入实参来提供所需的数据。调用函数的语法结构如下：

```
[ 返回值 ] = 函数名 ([ 实参列表 ])
```

其中，函数名是需要调用的函数的名称，函数名后面要加上一对圆括号。括号内的参数叫作实参，对应函数定义时的形参。如果函数有返回值，可以使用一个变量来接收返回值。通过将返回值赋值给变量，可以在函数调用后使用这个返回值进行后续的操作。当然，如果函数没有返回值，也可以不接收返回值，具体取决于实际使用场景。

【示例 8.2】函数的调用，没有接收函数返回值。

```
def get_max(a, b):
    if a > b:
        print(" 较大数是 : % d" % a)
        return a
    else:
        print(" 较大数是 : % d" % b)
        return b
get_max(10, 20)  # 调用函数
```

运行结果：

```
较大数是 : 20
```

代码解析：

在上述代码中，首先，定义了一个名为 get_max() 的函数，它有两个形参 a 和 b，函数体内的代码使用条件判断来比较 a 和 b 的大小，并输出较大的数。然后，在函数调用时，传入实参 10 和 20，这两个实参会与形参 a 和 b 进行对应。函数执行时，会执行条件判断语句来确定较大的数，并根据判断结果输出相应的内容。根据给定的实参，可以看到 a 的值为 10，b 的值为 20。因为 20 大于 10，所以执行 if 语句块内的代码，并输出“较大数是 :20”。最后，使用 return 语句返回较大的数 20。最后一行代码是函数的调用，使用 get_max(10,20) 来调用函数。当调用

函数时，函数体内的代码会被执行。在这个例子中，函数体内的代码输出“较大数是 :20”，并返回值 20。因此，该函数的调用结果为：较大数是 :20。同时，函数的返回值为 20。请注意，由于没有将返回值赋值给任何变量，所以在函数调用后，并没有对返回值进行进一步的操作，即没有接收函数的返回值。

【示例 8.3】函数的调用，接收函数返回值。

```
max_num = get_max(100, 200)
print("返回值是：%s" % max_num)
```

运行结果：

```
较大数是 :200
返回值是 :200
```

代码解析：

在上述代码中，可以看到在函数调用时，将返回值赋值给了变量 max_num。这样，可以在函数调用后使用这个返回值进行后续的操作。在函数调用 get_max(100,200) 时，函数体内的代码会被执行。根据传入的实参，函数执行时会执行条件判断语句来确定较大的数，并输出相应的内容。根据给定的实参，可以看到 a 的值为 100，b 的值为 200。因为 200 大于 100，所以执行 if 语句块内的代码，并输出“较大数是 :200”。最后，使用 return 语句返回较大的数 200。在函数调用结束后，返回的较大数 200 被赋值给了变量 max_num。接着，使用 print() 函数输出“返回值是 :200”，其中使用了字符串格式化来将 max_num 的值插入到输出字符串中。

注意，函数的返回值 20 在第一次函数调用时没有被赋值给任何变量，而是直接输出了。而在第二次函数调用时，返回值被赋值给了变量 max_num，并在后续的输出语句中使用了该变量的值。

8.3　函数的参数

8.3.1　函数的实参

函数的参数是在定义函数时用来接收传递给函数数据的变量。参数可以帮助函数在执行时使用外部的数据或者进行特定的操作。在 Python 中，函数的参数可以分为两种类型：形式参数（也称为形参）和实际参数（也称为实参）。形式参数是在函数定义时声明的参数，只在函数内部起作用。形式参数充当函数的局部变量，在函数内部可以使用；实际参数是在函数调用时传递给函数的值，实际参数提供了函数执行所需的具体数据。

1. 位置参数

实参是调用的时候传入的参数，形参是定义函数的参数。实参和形参的区别，形参类似于剧本中的角色，而实参类似于演员。实参是在函数调用时传递给函数的具体数值，是函数调用时提供给函数使用的数据，实参的值可以是字面值、变量、表达式等，其语法格式如下：

```
function_name(value1, value2, ...)
```

其中，function_name 是函数的名称，value1、value2 等表示实际参数。在函数调用时，实参与形参通过位置进行对应。第一个实参会与第一个形参对应，第二个实参与第二个形参对应，以此类推。这种传递方式称为位置传参。实参可以是任意合法的 Python 表达式。实参的个数可以是任意数量，可以传递一个或多个实参。实参的顺序与形参的顺序要一一对应，即第一个实参对应第一个形参，第二个实参对应第二个形参，以此类推。实参可以是常量、变量、表达式或者其他函数的返回值。实参的值在函数调用时会被传递给形参，函数将使用这些值进行操作。

需要注意的是，位置传参要求实参的顺序和形参的顺序一致，否则会导致结果不符合预期。因此，在使用位置传参时，需要确保实参的顺序与形参的顺序一致。

【示例 8.4】位置参数。

```
def fun(x, y, z):
    print("x:" ,x)
    print("y:" ,y)
    print("z:" ,z)
fun(10, 20, 30)
```

运行结果：

```
x: 10
y: 20
z: 30
```

代码解析：

在上述代码中，首先，定义了一个名为 fun() 的函数，它接收三个形参 x、y 和 z。通过调用 fun 函数并传递实参 10、20 和 30，实参 10 会被传递给形参 x，实参 20 会被传递给形参 y，实参 30 会被传递给形参 z。函数执行时，会打印出每个形参的值，即输出结果为 x:10、y:20、z:30。使用位置实参时，需要确保实参的顺序与形参的顺序一致，以确保正确传递值给对应的形参。

2. 星号传参

在 Python 中，星号传参是一种特殊的参数传递方式，可以将可迭代对象拆解后按位置传参给函数，正常情况下，“*”运算符用于将可迭代对象（如列表、元组）中的元素解包（unpack）成一个个单独的参数。星号传参的语法结构如下：

```
fun(*iterable)
```

其中，fun 是函数的名称，iterable 表示可迭代对象，可以是列表、元组、字符串、字典、集合等。当使用星号传参时，可迭代对象会被拆解，拆解后的每个元素会按位置传递给对应的形参。这样可以方便地将可迭代对象的元素作为函数的实参进行传递。

【示例 8.5】星号传参。

```
def fun(a, b):
    print("a:", a)
    print("b:", b)
fun(*[1, 2])
```

运行结果：

```
a: 1
b: 2
```

代码解析：

在上述代码中，首先，定义了一个名为 fun() 的函数，它接收两个形参 a 和 b。然后，在函数体内，分别打印出每个形参的值。最后，通过使用星号传参，将列表 [1,2] 的元素按位置传递给函数 fun。即 1 会被传递给形参 a，2 会被传递给形参 b。

【示例 8.6】星号传参拓展。

```
def fun(a, b):
```

```
    print("a:", a)
    print("b:", b)
fun(*{"i": 1,"j": 2})
```

运行结果：

```
a: i
b: j
```

代码解析：

在上述代码中，使用星号传参将字典 {"i":1," j":2} 的键值对按位置传递给函数 fun()。在函数体内，尝试打印出形参 i 和 j 的值，由于字典的键值对是无序的，无法确定键值对的顺序。需要注意的是，使用星号传参将字典的键值对按位置传递给函数时，不能保证键值对的顺序。

3. 关键字传参

关键字传参允许按照形参的名称给形参赋值，而不需要按照位置来匹配，这使得函数调用更加灵活，可以只给需要的参数赋值，而不必考虑参数的顺序。其语法格式结构如下。

```
fun(a = value1, b = value2, ......)
```

其中，关键字传参按形参名进行传递，这就意味着实参和形参可以不按位置来匹配，只要名称能对应上就是合法的。

【示例 8.7】关键字传参。

```
def fun(a, b, c):
    print("a:", a)
    print("b:", b)
    print("c:", c)
fun(b = 20, a = 30, c = 10)
```

运行结果：

```
a: 30
b: 20
c: 10
```

代码解析：

在上述代码中，定义了一个函数 fun()，接受三个参数 a、b 和 c，并分别打印出参数的值。在函数调用时，使用了关键字传参的方式，按照形参的名称给形参赋值。具体来说，b 被赋值为 20，a 被赋值为 30，c 被赋值为 10。由于使用了关键字传参，参数的顺序与定义时的顺序无关，函数会将赋值的参数值与对应的形参名进行匹配，从输出结果可以看出，函数输出的三个值分别对应赋值时传递的参数值，这说明在使用关键字传参时，可以不必考虑参数传递的顺序，只需要按照形参的名称进行赋值即可。

4. 字典传参

在 Python 中，可以使用字典作为参数来传递函数的参数，这种方式称为字典传参或关键字传参。当调用函数时，可以将一个字典作为参数传递给函数，字典的键必须与函数的参数名相匹配，对应的值将会被传递给相应的参数，使用“**”将字典拆解后进行关键字传参。其语法结构如下：

```
函数名 (** 字典名 )
```

其中，fun 是函数名，dic 是一个字典，函数名是要调用的函数的名称，字典名是包含参数名和对应值的字典的名称。在字典关键字传参中，字典的键名必须与函数的形参名一致，而且字典的键名必须是字符串。同时，字典的键名必须在函数的形参中存在。在调用函数时，使用“**”

运算符将字典传递给函数，这表示要将字典的键值对按关键字参数的方式传递给函数。

【示例 8.8】字典传参。

```
def fun(a, b, c):
    print("a:", a)
    print("b:", b)
    print("c:", c)
dic = {"c": 10,"a": 20, "b": 100}
fun(**dic)
```

运行结果：

```
a: 20
b: 100
c: 10
```

代码解析：

在上述代码中，定义了一个函数 fun()，它有三个形参 a、b 和 c，然后创建了一个字典 dic，它包含了键值对 {"c": 10, "a": 20, "b": 100}。最后，使用字典关键字传参的方式将字典 dic 传递给函数 fun，并调用函数。由于字典的键名与函数的形参名一一对应，函数会正确地将字典中的值赋给对应的形参。从输出结果可以看出，函数将字典中键 "a" 对应的值 20 赋给了形参 a，将键 "b" 对应的值 100 赋给了形参 b，将键 "c" 对应的值 10 赋给了形参 c。通过字典关键字传参，可以不用考虑字典中键值对的顺序，只需要确保键名与形参名对应正确即可，这样，可以提高代码的灵活性和可读性。

5. 混合传参

在函数传参中，混合传参是指同时使用位置传参和关键字传参的方式传递实参给函数，在混合传参的情况下，必须遵循以下顺序。首先，使用位置传参（位置实参按照形参的顺序进行匹配）或星号传参（将可迭代对象进行拆解），将实参传递给函数的形参。然后，使用关键字传参（通过键名将实参传递给对应的形参）或字典关键字传参（将字典进行拆解），将实参传递给函数的形参。

需要注意的是，无论是位置传参还是关键字传参，都需要确保形参能够唯一地匹配到相应的实参。否则，会产生参数匹配错误的异常。

【示例 8.9】综合传参。

```
def fun(a, b, c):
    print("a:", a)
    print("b:", b)
    print("c:", c)
fun(1, c = 3, b = 2)
```

运行结果：

```
a: 1
b: 2
c: 3
```

代码解析：

在上述代码中，首先，定义了一个函数 fun()，它有三个形参 a、b 和 c。然后，使用混合传参的方式调用函数 fun()。首先使用位置传参将实参 1 传递给形参 a，然后使用关键字传参将实参 3 传递给形参 c，最后，使用关键字传参将实参 2 传递给形参 b。通过混合传参，可以根据具体情况选择使用位置传参或关键字传参，提高代码的灵活性。同时，需要遵循正确的传参顺序，确保形参能够正确匹配到相应的实参。

8.3.2 函数的形参

形参是在定义函数时指定的参数，用于接收函数在调用时传递的实参。形参的定义和使用可以实现以下功能：

接收外部传递的数据：通过形参，函数可以接收外部传递的数据，这些数据可以在函数内部进行计算、处理或使用。

提高代码的灵活性：通过定义形参，可以使函数具有通用性，能够适应不同的输入数据，提高代码的复用性和灵活性。

实现函数的参数化：通过形参，可以将函数的执行逻辑与具体的数据解耦，使函数可以根据不同的输入数据执行不同的操作。

形参的定义方式与实参一样有多种，包括位置形参、默认参数、星号元组形参、命名关键字参数、双星号字典形参。形参的格式结构如下：

```
def 函数名(形参1, 形参2,…):
    代码块
```

其中，函数名：函数的名称，用于标识函数的唯一性；形参 1, 形参 2,…：函数定义时指定的形参列表，多个形参之间用逗号分隔；代码块：函数体，包含了函数的具体实现逻辑。形参可以是任意合法的标识符，用于在函数内部引用传递的数据。形参在函数定义时起到占位符的作用，用于接收实参。形参可以有默认值，即默认参数。当调用函数时不传递对应的实参时，形参将使用默认值。形参的顺序很重要，在调用函数时，需要按照定义时的顺序传递实参，确保参数的正确匹配。

【示例 8.10】理解形参。

```
def greet(name,message = "Hello"):
    print(f"{message}, {name}!")
greet("张三")
greet("李四", "Hi")
```

运行结果：

```
Hello, 张三!
Hi, 李四!
```

代码解析：

在上述代码中，定义了一个函数 greet()，它有两个形参 name 和 message。其中，name 用于接收人名,message 用于接收欢迎信息,默认为 "Hello"。在函数体中,使用 print 语句输出欢迎信息，其中包含了形参 name 和 message。然后,分别调用函数 greet(),传递不同的实参。第一次调用时，只传递了一个实参 " 张三 "，此时形参 name 接收到实参 " 张三 "，而形参 message 使用了默认值 "Hello"。第二次调用时，同时传递了两个实参 " 李四 " 和 "Hi"，形参 name 接收到实参 " 李四 "，形参 message 接收到实参 "Hi"。通过形参的定义和使用，可以实现函数的参数化，接收外部传递的数据，并根据实参的不同执行不同的操作，提高代码的灵活性和复用性。

1. 位置形参

位置形参是在函数定义时指定的参数，用于接收函数在调用时传递的实参。位置形参的定义和使用可以实现以下功能。接收外部传递的数据：通过位置形参，函数可以接收外部传递的数据，这些数据可以在函数内部进行计算、处理及使用。确保参数的正确匹配：位置形参按照定义时的顺序，将对应的实参传递给函数，确保参数的正确匹配。

【示例 8.11】位置形参。

```
def fun(a, b, c):          #位置形参
    print("a:", a)
    print("b:", b)
    print("c:", c)
fun(1, 2, 3)               #位置传参
```

运行结果：

```
a: 1
b: 2
c: 3
```

代码解析：

在上述代码中，首先，定义了一个函数 fun()，它有三个位置形参 a、b 和 c。在函数体内，使用 print 语句分别输出了形参 a、b 和 c 的值。然后，调用函数 fun()，并传递了三个位置实参 1、2 和 3。位置传参是按照形参定义的顺序，将对应的实参传递给函数。在调用函数时，实参 1 被赋值给形参 a，实参 2 被赋值给形参 b，实参 3 被赋值给形参 c。最后，函数体内的 print 语句输出了形参的值。通过位置传参，可以按照定义时的顺序，将实参传递给对应的形参，实现函数的调用和参数的传递。这样可以确保参数的正确匹配，使函数能够正确地处理传入的数据。

2. 默认形参

默认参数也叫缺省参数，是指在定义函数时，可以给某些参数一个默认值。当调用函数时，如果没有传递对应的实参，那么将使用默认值作为该参数的值。默认参数的语法如下：

```
def 函数名 ( 形参名 1 = 默认值 1, 形参名 2 = 默认值 2, ...):
    代码块
```

其中，函数名为函数的名称，用于标识函数的唯一性。形参名 1 = 默认值 1，形参名 2 = 默认值 2,...：函数定义时指定的带有默认值的参数列表，多个参数之间用逗号分隔。默认值 1, 默认值 2,...：默认参数可以是任意合法的表达式，包括常量、变量、函数调用等。默认参数的赋值操作在函数定义时进行，而不是在函数调用时进行。因此，如果默认参数是可变对象（如列表、字典等），则可能会出现意外的结果。

【示例 8.12】默认形参。

```
def message(name, age = 30, addr = "北京"):
    print(f"{name} 今年{age}岁 , 住在{addr}")
message(' 张三 ')
message(' 李四 ', 20, addr = '上海')
```

运行结果：

```
张三今年 30 岁 , 住在北京
李四今年 20 岁 , 住在上海
```

代码解析：

在上述代码中，调用 message() 函数时，分别传递了不同的实参。根据函数定义时的参数和默认值，第一次调用 message(' 张三 ')，传递了实参 ' 张三 '，而其他两个参数 age 和 addr 没有传递实参。根据函数定义时的默认参数，age 的默认值是 30，addr 的默认值是 " 北京 "。因此，函数的执行结果将是 " 张三今年 30 岁，住在北京 "。

第二次调用 message(' 李四 ',20, addr = ' 上海 ')，传递了实参 ' 李四 '、20 和 addr = ' 上海 '。这次传递的实参将覆盖默认参数的值。因此，函数的执行结果将是 " 李四今年 20 岁，住在上海 "。

3. 星号形参

星号元组形参是一种不定长的参数，它的作用是可以接收任意多个的位置传参，包括位置传参和星号传参。它的语法结构如下：

```
def 函数名(*args):
    代码块
```

其中，“*”不是参数，它只是一个标识，用来表示这是一个星号元组形参。通常，将星号元组形参命名为 args，但实际上可以使用任何合法的标识符作为形参名。使用星号元组形参可以在函数内部接收任意多个位置传参，并将作为一个元组传递给形参 args。这样，在函数内部就可以通过 args 来访问这个元组，进而处理传入的任意多个位置参数。

【示例 8.13】星号形参。

```
def fun(*args):
    print("args:", args)
fun(1, 2, 3)
fun()
fun(*'abcdefg')
```

运行结果：

```
args: (1, 2, 3)
args: ()
args: ('a', 'b', 'c', 'd', 'e', 'f', 'g')
```

代码解析：

在上述代码中，第一次调用 fun(1, 2, 3) 时，传入了三个位置参数 1、2 和 3。这些参数被打包成一个元组 (1, 2, 3)，然后传递给 args 形参。所以输出结果为 args:(1, 2, 3)；第二次调用 fun() 函数时，没有传入任何位置参数。因此，args 形参接收到的是一个空的元组 ()。所以输出结果为 args:()；第三次调用 fun(*'abcdefg') 时，传入了一个字符串 'abcdefg'。这个字符串被解析为每个字符作为一个位置参数，即 'a'、'b'、'c'、'd'、'e'、'f' 和 'g'。这些参数被打包成一个元组 ('a','b','c','d', 'e', 'f', 'g')，然后传递给 args 形参。所以输出结果为 args:('a','b','c','d', 'e', 'f', 'g')。总之，星号元组形参 args 可以接收任意多个位置参数，并将作为一个元组传递给 args。通过这种方式，可以在函数内部处理传入的任意多个位置参数。

4. 命名关键字形参

命名关键字参数是在函数定义中使用的一种参数类型，它必须以关键字参数的形式传递，而不能作为位置参数传递。在函数定义时，如果在之前的参数列表中使用了星号“*”，则后面的参数即为命名关键字参数。命名关键字参数的语法结构如下：

```
def 函数名(*, 命名关键字参数1, 命名关键字参数2, ……):
    代码块
```

或者

```
def 函数名(*args, 命名关键字参数1, 命名关键字参数2, ……):
    代码块
```

其中，“*”不是参数，它只是一个标识，用来表示之前的参数已经结束，后面的参数为命名关键字参数。在第二种形式中，args 是一个星号元组形参，用来接收任意多个位置参数。而后面的参数则是命名关键字参数。命名关键字参数在调用函数时必须使用关键字传参或字典关键字传参，否则会引发错误。

【示例 8.14】命名关键字形参。

```
def fun(*, a, b):          #a 和 b 为命名关键字参数
    print("a:", a)
    print("b:", b)
fun(a = 10, b = 20)        # 传参时使用关键字传参
```

运行结果：

```
a: 10
b: 20
```

代码解析：

在上述代码中，定义了一个函数 fun()，它有两个命名关键字参数 a 和 b。在函数体内，打印了这两个参数的值。当调用函数 fun(a = 10, b = 20) 时，使用了关键字传参的方式来传递参数值。具体来说，使用 a = 10 为参数 a 传递了一个值为 10 的关键字参数，使用 b = 20 为参数 b 传递了一个值为 20 的关键字参数。因此，函数内部的打印结果为 a:10 和 b: 20，分别表示参数 a 和 b 的值为 10 和 20。总之，命名关键字参数必须使用关键字传参的方式来传递参数值，而不能作为位置参数传递。这样可以提高代码的可读性，并避免参数传递的混淆。

5. 双星号形参

双星号字典形参是一种不定长参数，它可以接收任意多个关键字传参。双星号字典形参的语法如下：

```
def 函数名 (**kwargs):
    代码块
```

其中，**kwargs 是一个双星号字典形参，它接收的参数将被封装成一个字典。在函数内部，可以通过字典的键来访问传入的关键字参数值。双星号字典形参的作用是可以接收任意多个关键字传参，包括关键字传参和字典关键字传参。关键字传参是指在调用函数时使用关键字来传递参数值，而字典关键字传参是指将一个字典中的键值对作为参数传递给函数。通常情况下，双星号字典形参的名字被约定为 kwargs。这只是一种约定，也可以选择其他名字，但建议保持统一，以提高代码的可读性。

【示例 8.15】双星号形参。

```
def fun(**kwargs):
    print("kwargs:", kwargs)
fun()
fun(a = 10, bb = 20)
fun(**{"aaa": 50, "b": 5, "cde": 100})
```

运行结果：

```
kwargs: {}
kwargs: {'a': 10, 'bb': 20}
kwargs: {'aaa': 50, 'b': 5, 'cde': 100}
```

代码解析：

在上述代码中，定义了一个函数 fun()，它接收任意多个关键字传参，并将这些参数封装成一个字典 kwargs。在函数体内，简单地打印了字典 kwargs。

在第一次调用函数 fun() 时，没有传递任何关键字参数，所以字典 kwargs 为空字典 {}；在第二次调用函数 fun(a = 10, bb = 20) 时，传递了两个关键字参数，分别是 a = 10 和 bb = 20。这些参数被封装成字典 kwargs，其中键是参数名，值是参数值；在第三次调用函数 fun(**{"aaa"

:50,"b":5,"cde":100}) 时，使用了字典关键字传参的方式来传递参数值。具体来说，将一个字典 {"aaa":50,"b":5,"cde":100} 作为参数传递给函数。字典中的键值对会被封装成字典 kwargs。

因此函数内部的打印结果分别为 kwargs:{}、kwargs:{'a': 10, 'bb': 20} 和 kwargs:{'aaa':50, 'b':5, 'cde':100}，分别表示字典 kwargs 的内容为空字典、包含了 a = 10 和 bb = 20 两个键值对、包含了 aaa = 50、b = 5 和 cde = 100 三个键值对。

总之，双星号字典形参允许函数接收任意多个关键字传参，无论是通过关键字传参还是字典关键字传参的方式。这样可以方便地处理多个参数的情况，并将这些参数封装成一个字典。在函数内部，可以通过字典的键来访问传入的关键字参数值。

8.4 函数的嵌套

函数嵌套可以提高代码的模块化、可复用性和可读性，同时还可以实现变量的局部化和高级编程技巧。它是 Python 语言中常用的编程技术之一，对于构建复杂的程序和实现高级功能非常有用。函数嵌套是指在一个函数的内部定义另一个函数。函数嵌套的语法结构如下：

```
def 外部函数 ():
    代码块
    def 内部函数 ():
        代码块
    代码块
```

在函数嵌套中，外部函数是包含内部函数的函数，内部函数是在外部函数内部定义的函数。内部函数可以访问外部函数的变量和参数，但外部函数不能直接访问内部函数的变量和参数。内部函数可以在外部函数中被调用和返回。

函数嵌套的作用有以下几点：

（1）封装代码：函数嵌套可以将一段代码封装到一个函数中，使代码更加模块化和可复用。内部函数可以实现一些具体的功能，而外部函数则可以控制和管理内部函数的调用。

（2）提高代码的可读性：函数嵌套可以将复杂的逻辑拆分成多个小函数，使代码更加清晰和易于理解。每个函数只负责实现一个具体的功能，通过函数的调用关系，可以清晰地了解整个程序的结构和流程。

（3）作用域控制：函数嵌套可以实现变量的局部化，避免变量名冲突和全局变量的滥用。内部函数可以访问外部函数的变量和参数，但外部函数不能直接访问内部函数的变量和参数。这样可以有效地控制变量的作用域，提高程序的安全性和稳定性。

（4）高级用法：函数嵌套还可以实现一些高级的编程技巧，例如，闭包和装饰器。闭包是指一个函数包含了对外部函数作用域中变量的引用，形成了一个封闭的环境。装饰器是一种用于修饰其他函数的函数，它可以在不改变原函数代码的情况下，为函数添加额外的功能。

【示例 8.16】函数嵌套。

```
def greet(name):
    def get_greeting():
        return"Hello"
    greeting = get_greeting() + " " + name
    print(greeting)
greet("张三")
```

运行结果：

```
Hello 张三
```

代码解析：

在上述代码中，首先，定义了一个 greet() 函数，它接受一个名字作为参数。在 greet() 函数内部，定义了一个嵌套函数 get_greeting()，它返回一个问候语字符串 "Hello"。然后，在 greet() 函数内部调用 get_greeting() 函数，并将其结果与传入的名字拼接起来，形成完整的问候语。最后，打印出这个问候语。在这个例子中，函数嵌套的作用是帮助封装和组织代码。通过将相关的逻辑放在一个嵌套函数中，可以更清晰地理解和控制代码的执行流程。此外，嵌套函数还可以访问外部函数的变量，这样可以在内部函数中使用外部函数的数据。当调用 greet(" 张三 ") 时，程序会输出 "Hello 张三 "。这个例子虽然很简单，但它展示了函数嵌套的基本用法和优势。在实际开发中，函数嵌套可以帮助处理更复杂的逻辑和任务。

8.5　局部变量和全局变量

8.5.1　局部变量

变量是在程序中用来存储数据的一种命名实体。它可以是数字、字符串、布尔值或其他任何数据类型。通过给变量赋值，可以将数据存储在内存中，并在程序中使用这些数据。变量的作用是在程序中存储和操作数据。通过给变量赋值，可以将数据存储在内存中，并随时使用和修改这些数据。变量使得程序可以动态地处理和操作数据，使得程序更加灵活和可扩展。

变量可以根据其作用域进行分类，分为局部变量（local variable）和全局变量（global variable）。

局部变量是指在函数内部定义的变量，局部变量只在其定义的函数或代码块中可见和可访问。它们的作用域仅限于定义它们的函数或代码块内部。局部变量在函数或代码块结束时会被销毁，不能在其他地方访问。

局部变量的语法结构如下所示：

```
def function_name():
    variable_name = value
```

在这个语法结构中，function_name 是函数的名称，可以根据需要进行命名。variable_name 是变量的名称，可以根据需要进行命名。value 是变量的初始值，可以是任何合法的 Python 表达式。要定义一个局部变量，只需在函数内部使用上述语法结构即可。

【示例 8.17】定义局部变量。

```
def my_function():
    x = 10
    y = "hello
```

在上述代码中，变量 x 和 y 都是局部变量，它们的作用范围仅限于函数 my_function() 内部。在函数外部无法访问这些局部变量。局部变量的生命周期与函数的执行周期相同。当函数执行结束后，局部变量将被销毁，无法再被访问。需要注意的是，在函数内部可以访问全局变量，但不能直接对全局变量赋值。如果要在函数内部对全局变量进行赋值操作，需要使用 global 关键字声明该变量。

【示例 8.18】局部变量应用。

```
def fun():
    a = 10
    b = 20
    s = a + b
    print("和是:", s)
fun()
print(a)
```

运行结果：

```
和是: 30
NameError: name 'a' is not defined
```

代码解析：

在上述代码中，函数 fun() 定义了三个局部变量 a、b 和 s，分别赋值为 10、20 和它们的和。然后使用 print() 函数输出了变量 s 的值。在函数外部，尝试输出变量 a 的值。然而，由于 a 是函数 fun() 内部的局部变量，它在函数外部是不可见和不可访问的。因此，尝试输出变量 a 会导致一个 NameError 的错误。

正确的做法是在函数内部将需要在函数外部使用的值返回，然后在函数调用时接收返回值，并在函数外部使用。例如：

```
def fun():
    a = 10
    b = 20
    s = a + b
    return s
result = fun()
print(result)
```

在这个修改后的例子中，函数 fun() 返回变量 s 的值。在函数调用时，将返回值赋给变量 result，然后在函数外部使用 print() 函数输出 result 的值。这样就可以在函数外部访问和使用函数内部的局部变量的值了。

8.5.2 全局变量

全局变量在整个模块中都可见和可访问。它们可以在任何函数或代码块中使用和修改。全局变量在模块的任何地方都可访问，但需要注意全局变量可能被不同的函数或代码块修改，可能引起不可预料的结果。全局变量的语法结构如下：

```
variable_name = value
```

在这个语法结构中，variable_name 是变量的名称，可以根据需要进行命名。value 是变量的初始值，可以是任何合法的 Python 表达式。

要定义一个全局变量，只需在函数外部、模块内部使用上述语法结构即可。

【示例 8.19】定义全局变量。

```
a = 10
b = "hello"
```

在上述代码中，变量 a 和 b 都是全局变量，可以在整个模块内的任何函数或代码块中使用。

需要注意的是，在函数内部不能直接对全局变量赋值，如果要在函数内部对全局变量进行赋值操作，需要使用 global 关键字声明该变量。

【示例 8.20】使用 global 关键字声明该变量。

```
a = 10 # 定义全局变量 a
def fun():
    global a
    a = 20
```

在上述代码中，函数 fun() 内部使用 global 关键字声明变量 a 是全局变量，然后对其全局变量 a 进行赋值 20 操作，这样就可以在函数内部修改全局变量的值了。

【示例 8.21】全局变量应用 1。

```
a = 10
def fun():
    print(" 函数内部的 a:", a)
fun()
print(" 函数外部的 a:", a)
```

运行结果：

```
函数内部的 a: 10
函数外部的 a: 10
```

代码解析：

在上述代码中，定义了一个全局变量 a，并赋值为 10。然后定义了一个函数 fun()，在函数内部打印了全局变量 a 的值，接着调用了函数 fun()，并在函数外部打印了全局变量 a 的值，运行代码后得到函数内部的 a:10，函数外部的 a:10，这是因为在函数内部可以访问全局变量 a，并且打印出了其值，在函数外部也可以访问全局变量 a，并且打印出了其值。无论是在函数内部还是外部，都可以访问和使用全局变量。

【示例 8.22】全局变量应用 2。

```
a = 10
def fun():
    a = 20
    print(" 函数内部的 a:", a)
fun()
print(" 函数外部的 a:", a)
```

运行结果：

```
函数内部的 a: 20
函数外部的 a: 10
```

代码解析：

在上述代码中，定义了一个全局变量 a，并赋值为 10。然后定义了一个函数 fun()，在函数内部定义了一个同名的局部变量 a，并赋值为 20。接着在函数内部打印了局部变量 a 的值。在函数调用结束后，又在函数外部打印了全局变量 a 的值。在函数内部定义了一个同名的局部变量 a，并赋值为 20。在函数内部打印的是局部变量 a 的值，也就是 20。在函数外部打印的是全局变量 a 的值，也就是 10。在函数内部，局部变量 a 的作用范围仅限于函数内部，不会影响到全局变量 a。因此，在函数外部打印全局变量 a 的值时，仍然是 10。即定义了一个全局变量 a，在函数内部执行了赋值操作，但在函数外部打印的 a 还是 10，这是因为无法在函数内部对全局变量进行赋值，当执行赋值时，其实是创建了一个局部变量 a 并绑定 20，而全局变量 a 的值还是 10。

1. globals() 函数

globals() 函数是 Python 的内置函数，它可以返回一个包含全局作用域内所有变量的字典。

当在 Python 程序中调用 globals() 函数时，会返回一个字典，该字典包含了当前全局作用域中所有变量的信息，字典的键是变量名，值是对应变量的值。

【示例 8.23】globals() 函数。

```
name = "张三"
age = 30
def info():
    addr = "北京"
    score = 30
print(globals())
```

运行结果：

```
{'name': '张三', 'age': 30, 'info': <function info at 0x000001FE93D38EA0>}
```

代码解析：

在上述代码中，定义了一个函数 info()，在函数内部定义了两个局部变量 addr 和 score，并赋值为字符串 "北京" 和整数 30。并打印了 globals() 函数的返回值。

2. locals() 函数

locals() 函数可以得到一个包含当前作用域内所有变量的字典，这里所谓的“当前作用域”指的是，在函数内部调用 locals() 函数，会获得包含所有局部变量的字典；而在全局范围内调用 locals() 函数，其功能和 globals() 函数相同。

【示例 8.24】locals() 函数。

```
name = "张三"
age = 20
def fun():
    x = "李四"
    y = 50
    print("函数内部的：", locals())
fun()
print("函数外部的：", locals())
```

运行结果：

```
函数内部的：{'x': '李四', 'y': 50}
函数外部的：{'name':'张三','age':20,'fun': < function fun at 0x00000123456789A > }
```

代码解析：

在上述代码中，在函数 fun() 内部调用 locals() 函数，输出了包含局部变量 x 和 y 的字典。在函数外部调用 locals() 函数，输出了包含全局变量 name、age 和函数 fun() 的字典。需要注意的是，虽然在全局范围内定义了函数 fun()，但是在函数内部调用 locals() 函数时，并没有将函数本身包含在返回的字典中。这是因为 locals() 函数只能获取到当前作用域内的变量信息，而函数本身是属于全局作用域的。如果想要获取函数本身的信息，可以使用 globals() 函数。

8.6 作 用 域

8.6.1 Python 作用域

在 Python 中，作用域指的是变量的可访问性和可见性的范围，作用域规定了在程序中的哪些部分可以访问或引用某个变量。作用域也叫名字空间，是访问变量时，查找变量名的范围空间。

具体来说，Python 中的作用域分为以下四种：

（1）局部作用域（local scope）：定义在函数内部的变量拥有局部作用域，只能在函数内部被访问。

（2）外部嵌套函数作用域（enclosing function locals）：如果一个函数定义在另一个函数内部，那么内部函数可以访问外部函数的变量。这种作用域称为外部嵌套函数作用域。

（3）全局作用域（global scope）：定义在模块顶层的变量拥有全局作用域，可以在模块内的任何地方访问。

（4）内置作用域（built-in scope）：Python 内置的函数和变量拥有内置作用域，可以在任何地方访问。

在 Python 中，变量名的查找顺序按照 LEGB 原则进行，即先在局部作用域查找，如果找不到，就到外部嵌套函数作用域查找，然后是全局作用域，最后是内置作用域。如果在所有作用域中都找不到该变量，就会引发一个 NameError 异常。

【示例 8.25】作用域。

```
list = 10
def outer():
    list = 20
    def inner():
        list = 30
        print("local_list:", list)
    inner()
    print("enclour_list:", list)
outer()
print("global_list:", list)
```

运行结果：

```
local_list: 30
enclour_list: 20
global_list: 10
```

代码解析：

在上述代码中，首先，定义了一个全局变量 list，其值为 10。在函数 outer() 中，定义了一个同名的局部变量 list，其值为 20。在函数 inner() 中，又定义了一个同名的局部变量 list，其值为 30。在函数 inner() 中，打印了局部变量 list 的值，输出为 local_list:30。在函数 outer() 中，调用了函数 inner()，其次，打印了局部变量 list 的值，输出为 enclour_list:20，这里的 list 是函数 outer() 中的局部变量，其值为 20。最后，在全局作用域中打印变量 list 的值，输出为 global_list:10。这里的 list 是全局变量，其值为 10。即在全局作用域、外部嵌套函数作用域以及函数内局部作用域分别定义了变量 list 的，并在相应的位置进行了打印，可以看到，在局部作用域内得到的是局部变量的 30，外部嵌套函数作用域内得到的是 20，全局作用域内得到的是 10。说明变量搜索并不会往内部去搜索。

【示例 8.26】作用域修改版。

```
list = 10
def outer():
    list = 20
    def inner():
        print("local_list:", list)
```

```
        inner()
        print("enclour_list:", list)
    outer()
    print("global_list:", list)
```

运行结果：

```
local_list:20
enclour_list:20
global_list:10
```

代码解析：

在上述代码中，代码修改的地方在于 inner() 函数内已经没有定义局部的 list 变量，则打印出来的 list 的值为 20，说明它在局部作用域内搜索没有搜索到，则往外的外部嵌套函数作用域内进行了搜索，并使用了该值。

8.6.2 global 和 nonlocal 语句

1. global 语句

global 语句用于在函数内部将局部变量声明为全局变量，使其在函数外部也可被访问和修改，global 语句用于声明一个或多个变量的作用域为全局作用域，这些变量为全局变量。global 语句的语法结构如下：

```
global variable1, variable2, ...
```

其中，variable1,variable2,... 是要声明为全局变量的变量名列表，多个变量名之间使用逗号分隔。global 语句的作用是告诉 Python 解释器，当在函数内部对这些变量进行赋值操作时，不要将其视为局部变量，而是将其视为全局变量。这样，函数执行完毕后，这些变量的修改将保留在全局作用域中。

使用 global 语句需要注意以下三点：

（1）global 语句必须放在函数内部，在对变量进行赋值之前使用。如果在函数内部没有使用 global 语句声明全局变量，而直接对变量进行赋值操作，那么该变量会被视为局部变量。

（2）global 语句只对当前函数有效，如果在嵌套函数中使用 global 语句声明变量为全局变量，那么该变量的作用范围仅限于当前函数及其内部的嵌套函数。

（3）global 语句可以同时声明多个变量为全局变量，多个变量之间使用逗号分隔。

【示例 8.27】global 语句。

```
a = 10
def fun():
    global a
    a = 20
fun()
print(a)
```

运行结果：

```
20
```

代码解析：

在上述代码中，首先定义了一个变量 a 并赋值为 10，然后定义了一个函数 fun()，在函数内部使用 global 关键字声明变量 a 为全局变量，在函数内部将 a 的值修改为 20，接着调用函数 fun()，最后打印变量 a 的值。由于在函数内部使用了 global 关键字声明变量 a 为全局变量，所以在函数内部修改了 a 的值后，这个修改会影响到函数外部的变量 a，所以最终打印的结果是 20。

2. nonlocal 语句

nonlocal 语句是 Python 中的一个关键字用于声明变量，既不是局部变量，也不是全局变量，而是外部嵌套函数内的变量。它可以让内部嵌套函数访问和修改外部嵌套函数的变量。nonlocal 语句的作用是将变量声明为非局部变量，从而可以在内部嵌套函数中访问和修改外部嵌套函数的变量，而不是创建一个新的局部变量。nonlocal 语句的语法结构如下：

```
nonlocal 变量1, 变量2,…
```

其中，变量 1, 变量 2,…是需要声明为非局部变量的变量列表，可以同时声明多个变量。

需要注意以下四点：

（1）nonlocal 语句只能在被嵌套函数内部进行使用，不能在全局作用域或其他函数的作用域中使用。

（2）nonlocal 语句只对最近一层的外部嵌套函数的变量进行操作，如果存在多层嵌套函数，只会对最近一层的变量进行操作。

（3）nonlocal 语句的变量列表中的变量名不能出现在当前函数的参数列表中，否则会引发语法错误。

（4）使用 nonlocal 语句声明的变量必须在外部嵌套函数中已经存在，否则会引发 NameError 异常。

【示例 8.28】 nonlocal 语句。

```
a = 10
def outer():
    a = 20
    def inner():
        nonlocal a
        a = 30
    inner()
    print("nonlocal_a:", a)
outer()
print("global_a:", a)
```

运行结果：

```
nonlocal_a: 30
global_a: 10
```

代码解析：

在上述代码中，定义了一个嵌套函数，在全局定义了一个变量 a，赋值为 10，在外部嵌套函数作用域定义了一个变量 a，赋值为 20，然后在内嵌函数中通过 nonlocal 对变量 a 进行了声明，并赋值为 30。在全局作用域中再次打印变量 a 的值，由于 a 是全局变量，没有被内部嵌套函数修改过，所以仍然是初始值 10。所以最终打印的结果是 global_a:10。通过这个例子，可以看到 nonlocal 语句的作用是让内部嵌套函数访问和修改外部嵌套函数的变量，而不是创建一个新的局部变量，这样可以更灵活地操作变量的值。

8.7 函数式编程

8.7.1 函数式编程的概念

函数式编程是一种编程范式，它的核心思想是将问题分解成一系列函数，并通过这些函数来解决问题。函数式编程强调的是函数的纯粹性和不可变性，即函数只接受输入并输出结果，不会对外部环境产生副作用，也不会改变输入的数据。在函数式编程中，函数被视为一等公民，可以像普通变量一样进行操作。在 Python 中，函数名是一个变量，可以将函数赋值给其他变量，这样可以通过不同的变量名来引用同一个函数。

【示例 8.29】函数变量。

```
def f():
    print("hello world")
f1 = f
f1()
```

运行结果：

```
hello world
```

代码解析：

在上述代码中，定义了一个名为 f 的函数，该函数在调用时会输出 "hello world"。然后将函数 f() 赋值给变量 f1，通过变量 f1 调用函数 f()，输出结果为 "hello world"。在 Python 中，函数名是一个变量，可以将函数赋值给其他变量，然后通过这些变量来调用函数，得到相同的结果。这样可以实现函数的复用和灵活调用。在上述代码中，将函数 f() 赋值给变量 f1，并通过 f1 来调用函数 f()，实现了函数的复用。

1. 函数作为参数传递

函数作为参数传递是函数式编程的一个重要特性。在 Python 中，函数可以像其他数据类型一样进行传递。通过将函数作为参数传递给其他函数，可以实现更加灵活的编程。这种方式可以使代码更加模块化和可复用，同时也可以增加代码的可读性和可维护性。

【示例 8.30】函数作为参数传递。

```
def f1(func, lst):
    r = func(lst)
    print("结果是：", r)
f1(sum,[1, 2, 3, 4])
```

运行结果：

```
结果是： 10
```

代码解析：

在上述代码中，首先，定义了一个名为 f1() 的函数，它接受两个参数：一个函数和一个列表。在函数内部，它会将传入的列表作为参数传递给函数，并输出函数返回的结果。然后，通过调用 f1() 函数，并将 sum() 函数和一个列表 [1, 2, 3, 4] 作为参数传递给它，实现对列表的求和操作，最后，输出结果。

2. 函数作为返回值返回

一个函数执行完之后，可以通过 return 语句进行返回，返回的除了整数、字符串、列表等之外，还可以返回函数。

【示例 8.31】函数作为返回值返回。

```
def fun():
    op = input("请输入:")
    if op == '求最大':
        return max
    elif op == '求最小':
        return min
f = fun()
print(f([5, 2, 3, 1]))
```

运行结果：

```
请输入：求最大
5
请输入：求最小
1
```

代码解析：

在上述代码中，首先，定义了一个名为 fun() 的函数。在函数内部，通过 input() 函数获取用户输入的字符串，并将其赋值给变量 op。然后，使用条件控制结构来判断 op 的值。如果 op 等于字符串 '求最大'，则通过 return max 语句返回内置函数 max()；如果 op 等于字符串 '求最小'，则通过 return min 语句返回内置函数 min()。其次，通过调用 fun() 函数，并将返回的函数赋值给变量 f。最后，通过调用 f() 函数，并传入一个列表 [5,2,3,1] 作为参数，实现对列表元素的求最大或求最小操作，并将结果输出。

8.7.2　匿名函数

在 Python 中，匿名函数称为 lambda() 函数，又称为 lambda 表达式，lambda 表达式可以用于创建一个匿名函数对象，它没有函数名字，只有参数和一个表达式。是一种没有名称的函数，它是一种简洁地定义函数的方法，通常用于一些简单的函数定义场景，同 def 语句的作用类似，但不提供函数名。其语法结构如下：

```
lambda [参数1, 参数2, ...]: 表达式
```

其中，方括号中的参数可以省略，冒号后面的表达式会被执行，并返回表达式的结果。lambda 表达式创建的函数只能包含一条表达式，因此它比较简单，但可以随时创建和销毁，有利于减少程序的耦合度。

【示例 8.32】lambda() 函数。

```
f = lambda x, y : x + y
print("f:", f)
r = f(3, 5)
print("结果r:", r)
r1 = (lambda x, y : x + y)(10, 20)
print("结果r1:", r1)
```

运行结果：

```
f: < function < lambda > at 0x000001AEF3538EA0 >
结果r: 8
结果r1: 30
```

代码解析：

在上述代码中，首先，定义了一个匿名函数对象 f，它接受两个参数 x 和 y，并返回它们的和，然后通过 print() 函数输出了函数对象 f，结果为：<function < lambda > at 0x000001>，接下来通过调用函数对象 f，并传入参数 3 和 5，实现了对 3 和 5 的相加操作，并将结果赋值给变量 r。然后，通过 print() 函数输出了变量 r 的值，结果为：8。接着，使用括号将匿名函数定义和调用合并在一起，创建了一个匿名函数对象，并直接传入参数 10 和 20。通过 print() 函数输出了这个匿名函数对象的执行结果，结果为：30。这段代码展示了匿名函数的定义和使用，匿名函数可以像普通函数一样被调用，也可以直接在定义的地方进行调用。

总之，lambda 表达式返回的对象是函数对象，可以调用，调用传参要和 lambda 表达式的参数定义方式相符，然后将参数传入后面的表达式，并返回表达式计算后的结果，lambda 表达式定义了之后便可直接传参调用，可返回调用后的结果。

8.8 高阶函数

8.8.1 高阶函数的概念

高阶函数是指能够接受函数作为参数或者返回函数作为结果的函数。在 Python 中，函数可以像普通的变量一样传递给其他函数，并且可以作为函数的返回值，Python 中内建高阶函数有 map() 函数、filter() 函数、sorted() 函数等。具体来说，高阶函数可以有以下几种形式：

（1）接受函数作为参数：高阶函数可以接受一个或多个函数作为参数传递。这样的函数通常用于实现通用的功能，可以根据传入的不同函数来实现不同的行为。例如，内置函数 map() 和 filter() 就接受一个函数和一个可迭代对象作为参数，然后将该函数应用于可迭代对象的每个元素。

（2）返回函数作为结果：高阶函数可以在其内部定义并返回一个函数。这样的函数通常用于实现闭包或者延迟执行的功能。例如，内置函数 sorted() 可以接受一个函数作为参数，用于指定排序的规则，而返回的结果是一个新的排序后的列表。

（3）同时接受函数和返回函数：某些高阶函数既能接受函数作为参数，又能返回函数作为结果。这样的函数可以实现更加灵活的功能。例如，装饰器就是一种常见的高阶函数，它接受一个函数作为参数，并返回一个新的函数，用于增强原函数的功能。

通过使用高阶函数，可以更加灵活地组合和复用代码，提高程序的可读性和可维护性。高阶函数在函数式编程中扮演着重要的角色，也是 Python 中函数式编程风格的基础。

8.8.2 map() 函数

map() 函数接受一个函数和一个或多个可迭代对象作为参数，然后将可迭代对象中的元素依次传入函数进行计算，并生成一个新的可迭代对象，当最短的一个可迭代对象不再提供数据时，此可迭代对象生成结束。其语法结构如下：

```
map(func, *iterables)
```

说明函数参数 func 可以是任何函数，*iterables 是可迭代对象，可以是一个或多个可迭代对象。重要的是，可迭代对象的数量必须与函数的参数数量一致，然后会将可迭代对象中的数据依次传入 func() 函数计算以得到新的可迭代对象。

【示例 8.33】map() 函数。

```
def square(x):
    return x ** 2
m = map(square,[2, 3, 5, 7, 9])
print(m)
print(list(m))
```

运行结果：

```
<map object at 0x00000130FF3EFE50>
[4, 9, 25, 49, 81]
```

代码解析：

在上述代码中，map() 函数返回结果是一个 map 对象，它是一个可迭代对象，通过 list() 构造函数将其转为列表就可看到，它是将 [2, 3, 5, 7, 9] 中的数据传入函数 square() 依次计算，并返回计算后的结果。

8.8.3 filter() 函数

filter() 函数是 Python 内置的高阶函数之一，它的作用是从一个可迭代对象中筛选出满足指定条件的元素，并返回一个新的可迭代对象。filter() 函数的语法结构如下：

```
filter(function, iterable)
```

其中，function 参数是一个函数，用于判断可迭代对象中的元素是否符合要求。iterable 参数是一个可迭代对象，它的每个元素都会被传递给 function() 函数进行判断。filter() 函数的返回值是一个迭代器，它包含了满足条件的元素。

【示例 8.34】filter() 函数。

```
def odd(x):
    return x % 2 == 1
f = filter(odd, range(1, 10))
print(f)
print(list(f))
```

运行结果：

```
<filter object at 0x0000019F9776FDF0>
[1, 3, 5, 7, 9]
```

代码解析：

在上述代码中，定义了一个名为 odd() 的函数，它的作用是判断一个数是否为奇数。然后，使用 filter() 函数来筛选出在 1 到 9 范围内的奇数，将结果保存在变量 f 中。接下来，打印了 f 的结果，然后又使用 list() 函数将 f 转换为列表，并进行打印。

8.8.4 sorted() 函数

sorted() 函数是 Python 内置的一个高阶函数，用于对可迭代对象进行排序操作，它是将一个可迭代对象中的元素按照特定的规则进行排序，并返回一个新的列表。sorted() 函数的语法格式如下：

```
sorted(iterable,key = None, reverse = False)
```

其中，iterable 参数是一个可迭代对象，它的元素将被排序。key 参数是一个可选的函数，用于指定排序的规则。如果不指定 key 参数，则默认按照元素的自然顺序进行排序。reverse 参数是一个可选的布尔值，用于指定排序的顺序，如果设置为 True，则按照降序排序，如果设置为 False（默认值），则按照升序排序。

【示例 8.35】sorted() 函数。

```
l = [3, 1, 2,-9,-7, 6]
print(sorted(l))
print(sorted(l, reverse = True))
print(sorted(l, key = lambda x:abs(x)))
```

运行结果：

```
[-9, -7, 1, 2, 3, 6]
[6, 3, 2, 1, -7, -9]
[1, 2, 3, 6, -7, -9]
```

代码解析：

在上述代码中，对于给定的列表 l = [3, 1, 2,-9,-7, 6]，使用了 sorted() 函数进行了三次排序，并分别打印出结果。

第一次排序使用了默认的排序规则，即按照元素的自然顺序进行升序排序。所以，print(sorted(l)) 的输出结果是 [-9, -7, 1, 2, 3, 6]。

第二次排序使用了 reverse = True 参数，指定按照降序排序。所以，print(sorted(l,reverse = True)) 的输出结果是 [6, 3, 2, 1, -7, -9]。

第三次排序使用了 key = lambdax: abs(x) 参数，指定按照元素的绝对值进行排序。这里的 lambdax: abs(x) 是一个匿名函数，它的作用是对列表中的每个元素取绝对值。所以，print(sorted(l,key = lambdax: abs(x))) 的输出结果是 [1, 2, 3, 6, -7, -9]。

通过这三个例子，展示了 sorted() 函数的灵活性，通过指定不同的排序规则，可以得到不同的排序结果。直接对“l”排序，可看到是由小到大排序，如果设置 reverse = True，则是按从大到小排序。key 参数可以传入一个函数对象，比如上面代码传入函数的功能是求绝对值，那么就会按照绝对值排序。

8.9 项目实训

8.9.1 实训需求

学生信息管理系统可用于管理学生的各种信息，提高学校管理效率，比如录入学生信息、打印学生信息、修改学生成绩和删除学生信息等。现在要开发一个学生信息系统，需要实现上述功能，要求录入的学生信息包括姓名、年龄、分数，用字典来存储学生信息，通过学生姓名修改学生成绩、删除学生信息。

8.9.2 实训步骤

学生信息管理系统，实现以下功能：录入学生信息、打印学生信息、修改学生成绩和删除学生信息。

（1）定义录入学生信息的函数 input_student()：该函数将接收用户输入的学生姓名、年龄和分数，并将这些信息存储在一个字典中，并将该字典添加到学生信息列表 L 中，其代码实现如下：

```
def input_student():
```

```
    L = []
    while True:
        name = input("请输入学生姓名：")
        # 如果姓名为空，返回列表 L
        if not name:
            return L
        age = int(input("请输入学生年龄：")) 
        score = int(input("请输入学生成绩：")) 
        L.append({"name": name, "age": age, "score": score})
```

（2）定义打印学生信息的函数 output_student()：该函数将遍历学生信息列表，并逐个打印出每个学生的姓名、年龄和分数，其代码实现如下：

```
def output_student(stuinfos):
    # 打印表头
    title = '+' + 15 * '-' + '+' + 5 * '-' + '+' + 7 * '-' + '+'
    title1 = '|%s|%s|%s|' % ('name'.center(15), 'age'.center(5), 'score'.center(7))
    print(title)
    print(title1)
    print(title)
    # 遍历学生列表，打印学生信息
    for stu in stuinfos:
        print('|%s|%s|%s|' % (
            # 姓名按 15 宽度居中显示
            stu['name'].center(15),
            # 年龄按 5 宽度居中显示
            str(stu['age']).center(5),
            # 分数按 7 宽度居中显示
            str(stu['score']).center(7))
        )
    print(title)
```

（3）定义修改学生信息的函数 modify_students()：该函数将接收用户输入的学生姓名，并在学生信息列表中查找对应的学生信息。如果找到了该学生信息，则允许用户修改学生成绩；否则，提示未找到该学生信息，其代码实现如下：

```
def modify_students(stuinfos):
    name = input("请输入学生姓名：")
    # 遍历学生信息列表
    for stu in stuinfos:
        # 如果拿到的学生姓名和输入的学生姓名一样，则修改对应的学生成绩
        if stu['name'] == name:
            # 输入分数
            score = int(input("请输入你要修改的学生成绩：")) 
            # 调用学生对象的方法修改成绩
            stu['score'] = score
            return
    print("姓名 %s 不存在" % name)
```

（4）定义删除学生信息的函数 delete_students()：该函数将接收用户输入的学生姓名，并在学生信息列表中查找对应的学生信息。如果找到了该学生信息，则将其从学生信息列表中删除；否则提示未找到该学生信息，其代码实现如下：

```
def delete_students(stuinfos):
    name = input("请输入要删除的学生姓名：")
```

```
    # 如果遍历到的学生姓名和输入的 name 一致，则删除该学生
    for stu in stuinfos:
        if stu['name'] == name:
            # 将 stu 删掉
            stuinfos.remove(stu)
            print(" 删除学生 %s 成功 " % name)
            return
    print(' 姓名 %s 不存在，删除失败 ' % name)
```

（5）定义显示菜单的函数：该函数将打印出菜单选项，供用户选择相应的操作，其代码实现如下：

```
def show_menu():
    print("""+-----------------------------------+
|  1) 添加学生信息                          |
|  2) 查看所有学生信息                      |
|  3) 修改学生的成绩                        |
|  4) 删除学生信息                          |
|  q) 退出                                  |
+-----------------------------------+""")
```

（6）定义主函数 main() 并调用：在主函数中，通过循环调用显示菜单的函数，根据用户的选择调用相应的函数来完成对应的操作，其代码实现如下：

```
def main():
    students = []
    while True:
        show_menu()
        op = input(" 请选择：")
        if op == '1':
            students.extend(input_student())
        elif op == '2':
            output_student(students)
        elif op == '3':
            modify_students(students)
        elif op == '4':
            delete_students(students)
        elif op == 'q':
            return
        else:
            print(" 输入不合法 ")
            return

if __name__ == "__main__":
    main()
```

8.9.3 实现效果

在主函数中，通过循环调用显示菜单的函数，根据用户的选择来调用相应的函数，实现学生信息管理系统的各项功能，最终运行结果：

```
 ==  ==  == 学生信息管理系统 ==  ==  ==
1. 录入学生信息
2. 打印学生信息
3. 修改学生成绩
4. 删除学生信息
```

```
0. 退出系统
请输入您的选择：1
请输入学生姓名：zhangsan
请输入学生年龄：19
请输入学生成绩：50
学生信息录入成功！
请输入您的选择：2
学生信息如下：
姓名： zhang san
年龄： 19
分数： 50
请输入您的选择：3
请输入要修改学生成绩的学生姓名：zhang san
请输入新的学生成绩：99
学生成绩修改成功！
请输入要删除学生的姓名：zhang san
学生信息删除成功！
请输入您的选择：0
谢谢使用，再见！
```

小　　结

本章主要讲解了函数的定义和调用的基本概念，函数是一段可重复使用的代码块，可以通过函数名来调用执行，详细介绍了如何定义函数和如何调用函数，函数定义使用关键字 def，并可以指定参数和返回值。函数调用使用函数名后跟一对括号，并可以传递参数，介绍了函数定义中的形式参数的概念，形参是函数定义时用来接收外部传入值的变量；实参是函数调用时传递给形参的具体值。还讲解了位置参数、关键字参数、默认参数和可变参数四种实参的传递方式，讲解了局部变量是在函数内部定义的变量，只在函数内部有效；全局变量是在函数外部定义的变量，可以在整个程序中访问。介绍了 Python 的作用域规则和变量搜索的顺序，Python 的作用域分为局部作用域、嵌套作用域和全局作用域，变量搜索的顺序是局部作用域→嵌套作用域→全局作用域，介绍了函数式编程的概念，函数式编程是一种编程范式，将计算视为一系列函数的组合。函数式编程强调函数的纯粹性和不可变性，避免使用状态和可变数据，介绍了 Python 中常用的内建高阶函数，包括 map()、filter()、reduce() 和 sorted()。这些函数可以简化代码，提高效率，常用于列表处理、筛选和排序等操作。通过函数的学习，可以使程序更加模块化、结构化和可维护，提高代码的复用性和可读性，简化程序设计，提高代码的测试性和质量，提高团队合作效率。函数是程序设计的重要工具，掌握函数的使用能力对于编程能力的提升至关重要。

习　　题

一、选择题

1. 关于函数的定义和调用的说法，错误的是（　　）。

   A. 函数定义需要使用 def 关键字

B. 函数中如果没有 return 语句，则没有任何返回值

C. 函数定义的时候需要设置实参

D. 调用函数的语法为：函数名 [参数]

2. 下面说法正确的是（　　）。

A. 定义函数的时候参数不能少于 1 个

B. 定义函数之后，直接运行程序，函数内的语句就会执行

C. 调用函数时，可根据实际情况选择接收或不接收函数返回值

D. return 语句后如果没有表达式，则返回 0

3. 下列函数参数定义不合法的是（　　）。

A. def myfunc(* args):　　B. def myfunc(arg1 = 1):

C. def myfunc(* args = 5):　　D. def myfunc(a = 1, ** args):

4. 关于函数参数的说法正确的是（　　）。

A. 可以先关键字传参，再位置传参

B. 当调用带有默认值参数的函数时，可以不用为设置了默认值的形参进行传值，此时函数将会直接使用函数定义时设置的默认值，当然也可以通过显式赋值来替换其默认值

C. 关键字传参是指可以按参数名字传递值，明确指定哪个值传递给哪个参数，实参顺序可以和形参顺序不一致

D. 函数必须最少有一个参数

5. 表达式 sorted([111, 2, 33],key = lambdax:len(str(x))) 的值为是（　　）。

A. [111, 33,2]　　B. [33,2, 111]　　C. [2,33, 111]　　D. [33, 111,2]

6. Python 中 filter() 函数的作用是（　　）。

A. 开方　　B. 筛选数据　　C. 求和　　D. 幂运算

二、编程题

1. 编写一个函数，接受两个整数作为参数，返回它们的和。
2. 编写一个函数，接受一个列表作为参数，并返回该列表中的最大值和最小值。
3. 编写一个函数，接受一个整数作为参数，判断该整数是否为奇数。
4. 编写一个函数，接受一个字符串作为参数，返回该字符串中的大写字母个数。
5. 编写一个函数，接受一个字符串作为参数，并返回该字符串的长度。

第 9 章 模块和包

本章导学：

在编程中，模块和包是 Python 中不可或缺的重要概念。它们提供了一种有序、结构化的方式来管理和组织代码，能够更轻松地构建复杂的应用程序和系统。本章将深入探讨这两个关键概念，帮助更好地理解它们的作用以及如何在 Python 项目中有效地利用它们。无论是初学者还是有经验的开发者，本章将提供深入了解 Python 模块和包的机会，以便能够更好地组织和管理代码，并构建出更强大的 Python 应用程序。

学习目标：

- 了解模块的概念。
- 掌握模块的导入语法。
- 掌握 time 模块、sys 模块、os 模块、random 模块等的使用。
- 了解包的概念、掌握包的创建、包的导入语法。
- 通过学习本章提供的案例，学会模块和包的实践应用。

9.1 模块的概念

9.1.1 什么是模块

模块是 Python 中的一个重要概念，它是一个包含一系列数据、函数、类等组成的程序组。可以将模块看作是一个积木，其中的函数、变量、类等就像是一块积木。一个模块可以包含多个函数、变量和类，它们可以被其他程序导入和使用。

模块（modules）在 Python 中，就是一个 .py 文件。通过使用模块，可以将代码组织得更加清晰和模块化，提高代码的可读性和可维护性。模块化的编程方式也方便了代码的共享和重用。

9.1.2 模块的作用

模块使得程序代码的组织更有逻辑、提供可复用的功能，避免命名冲突，同时也提高了代码的可维护性和复用性。通过合理使用模块，可以写出更加清晰、可读性更强、易于维护的代码。模块在 Python 中有以下几个主要作用：

（1）逻辑组织：模块让相关的数据、函数、类等能够被逻辑地组织在一起，从而使得程序的结构更加清晰和易于理解。将相关的代码放在同一个模块中，可以更好地管理和维护代码。

（2）提供可复用的功能：模块中的数据、函数和类等可以被其他模块或程序导入和使用，实现了代码的复用。可以避免重复编写相同的代码，提高了开发效率。

（3）提高代码的可维护性：通过模块化的方式组织代码，可以更好地理解和维护代码。当需要修改功能或进行调试时，只需关注特定模块，而不必对整个程序进行操作，降低了出错的概率并简化了维护过程。

（4）避免命名冲突：模块可以提供一个独立的命名空间，避免函数名和变量名发生冲突。不同模块中可以使用相同的名称，不会相互影响。这种隔离性可以提高代码的可维护性和稳定性。

9.1.3 模块的分类

Python 中的模块可以分为内置模块、标准库模块、第三方模块和用户自定义模块。各类模块提供了不同的功能和工具，开发者可以根据具体需求选择合适的模块来使用或开发。模块在 Python 中可以按照多种方式进行分类，以下是几种常见的分类方式：

1. 内置模块（built-in modules）

这些模块是 Python 解释器内置的，可以直接在代码中使用，无须额外安装。这些模块通常使用 C 语言编写，提供了一些核心功能和工具，例如，数学计算（math 模块）、系统操作（sys 模块）、时间处理（time 模块）等。

2. 标准库模块（standard library modules）

标准库模块是 Python 语言自带的一组模块集合，在安装 Python 时已经预装好，可以直接使用。这些模块通常是由 Python 语言编写，提供了各种常用的功能和工具，例如，文件和目录操作（os 模块）、随机数生成（random 模块）等。

3. 第三方模块（third-party modules）

第三方模块是由 Python 社区或独立开发者开发的，可以扩展 Python 的功能和能力。这些模块通常以开源形式发布，在使用之前需要通过包管理工具（如 pip）进行安装。第三方模块涵盖了各个领域的功能，例如，数据处理（numpy、pandas）、网络通信（requests）、Web 开发框架（Django、Flask）等。

4. 用户自定义模块（user-defined modules）

用户可以根据自己的需求编写自定义模块，这些模块可以包含自定义的函数、类、常量等。通过自定义模块，可以将代码进行模块化组织，提高代码的可读性和可维护性。

9.2 模块的导入

9.2.1 怎样使用模块

使用模块的相关语法可以帮助学习者在 Python 中方便地使用已经存在的模块，提高代码的复用性和可读性。同时，Python 中还有大量的第三方模块可以使用，通过导入这些模块可以实现更多的功能和扩展，Python 提供了使用模块的相关语法，即导入模块。通常可以通过三条模块语句进行模块导入，分别是 import 语句、from import 语句、from import * 语句。

9.2.2　import 语句

使用 import 语句可以将整个模块进行导入，并可以为导入的模块指定别名。

语法如下：

```
import module_name1 [as alias1], module_name2 [as alias2], ...
```

说明：

（1）方括号 [] 表示选填部分，可以省略。

（2）使用 import 语句导入模块时，可以一次导入一个或多个模块。如果模块名过长或冲突，可以使用 as 关键字为导入的模块指定别名。

（3）使用这种语法格式的 import 语句，会导入指定模块中的所有成员，包括变量、函数、类等。不仅如此，当需要使用模块中的成员时，需用该模块名（或别名）作为前缀，这样可以减少命名冲突的可能性，同时也可以清晰地表明成员来自于哪个模块。例如：

```
模块名 . 属性名
```

【示例 9.1】使用 import 语句导入 math 模块，并将其取别名为 m，然后通过模块名以及别名访问 pi 和 e 属性并分别打印 pi 和 e 属性的值。

```
import math
import math as m
print(math.pi)            # 使用模块名访问并打印属性的值
print(m.pi)               # 使用别名访问并打印属性的值
print(m.e)                # 使用别名访问并打印属性的值
```

运行结果：

```
3.141592653589793
3.141592653589793
2.718281828459045
```

代码解析：

在上述代码中，首先，使用 import 语句导入了 math 模块，并将其模块名作为前缀来访问模块的属性 pi；然后，使用 import 语句并为 math 模块取了一个别名 m，通过别名 m 作为前缀来访问同样的属性 pi 和 e；最后，将这些属性打印出来。

9.2.3　from import 语句

使用 from import 语句可以导入模块中的部分成员。

语法如下：

```
from module_name import member_name1 [as alias1], member_name2 [as alias2], …
```

说明：

（1）方括号 [] 表示选填部分，可以省略。

（2）使用 from import 语句导入时，可以选择性地导入一个模块内的成员，如变量、函数、类等。可以一次导入一个或多个成员，如果某些成员的名称太长，可以使用 as 关键字为其指定一个简短的别名。

（3）在导入成员之后，可以直接在代码中使用这些成员，无须使用模块名或别名作为前缀。

【示例 9.2】使用 from import 语句从 math 模块导入 pi 属性，并将其取别名为 p，分别打印这两个属性。

```
from math import pi
from math import pi as p
print(pi)   # 直接打印导入的属性
print(p)    # 打印别名对应的属性
```

运行结果：

```
3.141592653589793
3.141592653589793
```

代码解析：

在上述代码中，使用 from import 语句将 math 模块中的 pi 属性导入，然后直接打印这个属性即可；通过 from import 语句，将 math 模块中的 pi 属性单独导入，并无须使用模块名作为前缀；同样，在导入时为这个属性指定了别名 p，这样可以使用别名 p 来访问这个属性，相当于将 pi 这个变量绑定的对象赋值给了 p 这个变量。

9.2.4 from import* 语句

from import * 语句用于将模块中的全部成员导入。

语法如下：

```
from module_name import *
```

说明：

（1）* 表示导入所有成员。

（2）使用 from import * 会将一个模块内的全部成员导入，如果只需要使用其中的少数成员，则不建议使用这种语法。如果模块内的成员很少，其中大部分又是需要用到的，使用这种语法可以简化的代码。

（3）将所有成员导入后，可以直接使用其中的成员。

【示例 9.3】使用 from math import * 语句导入 math 模块的所有成员，并打印 pi 和 e 的值。

```
from math import *
print(pi)   # 打印 pi 的值
print(e)    # 打印 e 的值
```

运行结果：

```
3.141592653589793
2.718281828459045
```

代码解析：

在上述代码中，使用 from 模块名 import * 语句可将模块中的所有成员导入；在代码中对 pi 和 e 进行了打印，并获得了它们的值。

9.3　常用模块介绍

9.3.1　time 模块

Python 中的时间模块为 time 模块，该模块提供了各种时间相关的函数。

1. 时间简介

（1）公元纪年：公元纪年是从公元 0000 年 1 月 1 日 0 时开始的。

（2）计算机元年（epoch）：计算机元年是从 1970 年 1 月 1 日 0 时开始的，之后每过一秒，时间加 1。

（3）UTC 时间：UTC（Universal Time Coordinated）时间又称协调世界时，是一种在时刻上尽量接近于世界时的时间计量系统。UTC 时间不会因为时区问题而产生错误。

2. 时间元组

时间元组是一个由 9 个整型元素组成的序列，这 9 个元素自前至后依次是：

（1）年（四位）（如 1998）；

（2）月（1 ～ 12）；

（3）日（1 ～ 31）；

（4）时（0 ～ 23）；

（5）分（0 ～ 59）；

（6）秒（0 ～ 59）；

（7）星期几（0 ～ 6，其中周一为 0）；

（8）一年中的第几天（1 ～ 366）；

（9）夏令时修正时间（-1、0 或 1）。

注意：如果年份值小于 100，则会自动转换为加上 1900 后的值。

3. 常用的函数

time 模块中封装了一些常用的函数，见表 9-1。

表 9-1　time 模块中常用函数

函　数	含　义
time()	返回从计算机元年至当前时间的秒数的浮点数（UTC 时间为准）
sleep(secs)	让程序按给定秒数的浮点数睡眠一段时间
gmtime([secs])	用给定秒数转换为用 UTC 表达的时间元组（缺省返回当前时间元组）
asctime([tuple])	将时间元组转换为日期时间字符串，缺省以当前时间元组进行转换
mktime(tuple)	将本地日期时间元组转换为新纪元秒数时间（UTC 时间）
localtime([secs])	将 UTC 时间秒数转换为日期元组（以本地时间为准），缺省使用当前时间进行转换

1）time() 函数

time() 函数是 time 模块中的一个函数，用于获取当前时间的时间戳（以浮点数表示）。

【示例 9.4】使用 Python 中的 time 模块，并调用 time.time() 函数来获取当前的时间戳。

```
import time
print(time.time())
```

运行结果：

```
1688348719.4698844
```

代码解析：

在上述代码中，使用 time.time() 函数可以获得一个浮点数，该浮点数代表从计算机元年（1970 年 1 月 1 日 0 时）到当前时间经过的秒数。随着时间的推移，该值也会随之增大。

2）sleep() 函数

sleep() 函数是 time 模块中的一个函数，用于让程序暂停执行指定的时间。

【示例 9.5】使用 Python 中的 time 模块，并调用 time.sleep() 函数使程序休眠 2 秒钟。

```
import time
print("开始时间：", time.time())
time.sleep(2)
print("结束时间：", time.time())
```

运行结果：

```
开始时间： 1688349178.5775836
结束时间： 1688349180.584936
```

代码解析：

在上述代码中，使用 time.sleep() 函数可以让程序暂停执行给定的时间（以秒为单位）。打印出开始时间，程序暂停了 2 秒钟，然后打印出结束时间。

3）gmtime() 函数

gmtime() 函数是 time 模块中的一个函数，用于将给定的秒数转换为时间元组（struct_time）。需要注意的是，转换得到的是 UTC 时间，而非本地时间。

【示例 9.6】使用 Python 中的 time 模块，并调用 time.gmtime() 函数。

```
import time
secs = 1688349178
print(time.gmtime(secs))
```

运行结果：

```
time.struct_time(tm_year=2023,tm_mon=7, tm_mday=3, tm_hour=1, tm_min=52,
tm_sec=58, tm_wday=0, tm_yday=184, tm_isdst=0)
```

代码解析：

在上述代码中，使用 time.gmtime() 函数将给定的秒数转换为时间元组。将秒数 1688349178 转换为时间元组，得到的时间元组表示的是 2023 年 7 月 3 日 1 时 52 分 58 秒（UTC 时间），并且处于星期一（tm_wday=0），在一年中的第 184 天（tm_yday=184），不考虑夏令时。

4）asctime() 函数

asctime() 函数是 time 模块中的一个函数，用于将时间元组（struct_time）转换为本地时间字符串。asctime() 函数输出的时间字符串的格式可能因操作系统和系统设置而异。

【示例 9.7】使用 Python 中的 time 模块，并调用 time.asctime() 函数来获取当前时间的可读形式。

```
import time
print(time.asctime())
```

运行结果：

```
Mon Jul 3 10:00:24 2023
```

代码解析：

在上述代码中，使用 time.asctime() 函数将当前时间转换为本地时间字符串。打印出的时间字符串表示的是 2023 年 7 月 3 日 10 时 00 分 24 秒（本地时间）。

5）mktime() 函数

mktime() 函数是 time 模块中的一个函数，用于将给定的时间元组（struct_time）转换为对应的秒数。需要注意的是，转换得到的是 UTC 时间的秒数。

【示例 9.8】使用 Python 中的 time 模块，并调用 time.mktime() 函数，将给定的时间元组 tup 转换为以秒为单位的时间戳。

```
import time
tup = (1990, 1, 1, 0, 0, 0, 0, 0, 0)
print(time.mktime(tup))
```

运行结果：

```
631123200.0
```

代码解析：

在上述代码中，使用 time.mktime() 函数将给定的时间元组转换为对应的秒数。将时间元组 (1990, 1, 1, 0, 0, 0, 0, 0, 0) 转换为秒数。得到的秒数表示的是 1990 年 1 月 1 日 0 时 0 分 0 秒（UTC 时间）。

6）localtime() 函数

localtime() 函数是 time 模块中的一个函数，用于将当前时间的秒数转换为本地时间的时间元组（struct_time）。

【示例 9.9】使用 Python 中的 time 模块，并调用 time.localtime() 函数来获取当前的本地时间的时间元组。

```
import time
print(time.localtime())
```

运行结果：

```
time.struct_time(tm_year=2023,tm_mon=7,tm_mday=3,tm_hour=10,tm_min=18, tm_sec=18, tm_wday=0, tm_yday=184, tm_isdst=0)
```

代码解析：

在上述代码中，使用 time.localtime() 函数将当前时间的秒数转换为本地时间的时间元组。打印出的时间元组表示的是本地时间的日期和时间，即 2023 年 7 月 3 日 10 时 18 分 18 秒。该时间元组的其他字段表示的是星期一（tm_wday=0），在一年中的第 184 天（tm_yday=184），不考虑夏令时（tm_isdst=0）。

9.3.2　sys 模块

1. sys 模块概述

sys 模块是 Python 标准库中的一个内置模块，无须额外安装即可使用。它提供了与 Python 解释器及其运行时环境相关的函数和变量，使开发者能够与操作系统进行交互。

2. 常用的变量和函数

sys 模块提供了许多函数和变量来处理 Python 运行时环境相关信息，见表 9-2。

表 9-2　sys 模块中常用变量和函数

变量或函数	含　义	变量或函数	含　义
path	模块搜索路径	argv	命令行参数
version	版本信息字符串	exit()	退出程序
platform	操作系统平台名称信息		

1）path 变量

path 变量是 sys 模块中的一个变量，用于存储在使用 import 语句导入模块时进行搜索的路径列表。

【示例 9.10】使用 Python 中的 sys 模块，并调用 sys.path 属性来获取当前模块的搜索路径。

```
import sys
print(sys.path)
```

运行结果：

```
[……,'D:\\AppDev\\Python311\\python311.zip','D:\\AppDev\\Python311\\
DLLs','D:\\AppDev\\Python311\\Lib', 'D:\\AppDev\\Python311', 'D:\\AppDev\\
Python311\\Lib\\site-packages',……]
```

代码解析：

在上述代码中，sys.path 是一个列表，其中包含了在使用 import 语句导入模块时进行搜索的路径。这些路径按照优先级排序，Python 解释器会按照列表中的顺序来查找并加载需要导入的模块。

在上述代码中，打印出的 sys.path 列表展示了一些搜索路径，包括 Python 解释器安装路径、标准库路径以及其他自定义的模块路径。

2）version 变量

version 变量是 sys 模块中的一个变量，用于返回一个字符串，字符串中包含了 Python 解释器的版本信息。

【示例 9.11】使用 Python 中的 sys 模块，并调用 sys.version 属性来获取当前 Python 解释器的版本信息。

```
import sys
print(sys.version)
```

运行结果：

```
3.11.3 (tags/v3.11.3:f3909b8, Apr 4 2023, 23:49:59) [MSC v.1934 64 bit (AMD64)]
```

代码解析：

在上述代码中，sys.version 是一个字符串，它包含了 Python 解释器的版本信息。打印出的 sys.version 字符串展示了一个典型的版本信息，包括 Python 版本号、构建信息和操作系统相关的信息。这个字符串可以帮助您确定当前 Python 解释器的具体版本和运行环境。

3）platform 变量

platform 变量是 sys 模块中的一个变量，用于返回一个字符串，该字符串表示当前所在的操作系统信息。

【示例 9.12】使用 Python 中的 sys 模块，并调用 sys.platform 属性来获取当前操作系统的名称。

```
import sys
print(sys.platform)
```

运行结果：

```
win32
```

代码解析：

在上述代码中，sys.platform 返回的是一个字符串，用于表示当前所在的操作系统信息。打印出的 sys.platform 字符串显示了当前操作系统为 Windows 平台（win32）。

4）argv 变量

argv 变量是 sys 模块中的一个变量，它存储了命令行参数的列表。

【示例 9.13】使用 Python 中的 sys 模块，并调用 sys.argv 属性来获取从命令行传递给 Python 脚本的参数列表。

```
import sys
print(sys.argv)
```

进入到文件所在目录，在命令行通过解释器执行文件。

命令行执行命令：

```
python .\demo13_argv.py 1 2
```

运行结果：

```
['.\\demo13_argv.py', '1', '2']
```

代码解析：

在上述代码中，在命令行通过解释器执行文件时，可以传递一些参数，传参时按照空格进行分隔，并作为列表的元素存储在 sys.argv 中。列表的第一个元素是脚本本身的路径，后续元素是传递的命令行参数。

在上述代码中，通过命令行执行了一个名为 demo13_argv.py 的文件，并传入了参数 1 和 2。打印 sys.argv 的结果是一个包含脚本路径和命令行参数的列表。

5）exit() 函数

exit() 函数是 sys 模块中的一个函数，用于退出当前程序的执行。

【示例 9.14】使用 Python 中的 sys 模块，并调用 sys.exit() 函数来终止程序的执行。

```
import sys
def fun():
    print("hello")
    sys.exit()
    print("world")
fun()
```

运行结果：

```
hello
```

代码解析：

在上述代码中，定义了一个名为 fun() 的函数，函数内部首先打印了 "hello"，然后调用了 sys.exit() 函数。sys.exit() 函数的作用是立即退出当前程序的执行。因为在调用 sys.exit() 后直接退出程序，所以后面的代码 print("world") 并没有被执行。

9.3.3　os 模块

1. os 模块概述

os 模块是 Python 标准库中的一个模块，用于提供与操作系统相关的功能。os 模块提供了一系列函数和方法，用于执行各种与操作系统交互的任务，包括文件和目录操作、进程管理、环境变量和路径操作等。

2. 常用的函数

os 模块是 Python 内置的与操作系统中的文件系统相关的模块，该模块依赖于操作系统，os 模块常用函数见表 9-3。

表 9-3 os 模块中常用函数

函　数	含　义
getcwd()	返回表示当前工作目录的字符串
listdir(path)	返回包含路径给定目录中条目名称的列表
mkdir(path)	创建一个目录，如果该目录已经存在，则引发 FileExistsError
makedirs(path)	递归创建目录
rmdir(path)	删除目录路径，仅当目录为空时才起作用，否则引发 OSError
removedirs(path)	递归地删除目录
remove(file_path)	删除文件路径
rename(src,dst)	将 src 文件或目录重命名为 dst

现创建一个目录结构用于演示 os 模块相关函数，最外层的目录为 aa，其下有 2 个子目录，分别是 bb 和 cc，另外，还有 3 个文件分别为 a.txt、b.txt、c.txt。

1）listdir() 函数

listdir() 函数是 os 模块中的一个函数，用于列举指定目录中的所有条目，并以列表的形式返回。

【示例 9.15】使用 listdir() 函数来列举目录中的所有条目。

```
import os
print(os.listdir('./aa'))
```

运行结果：

```
['a.txt', 'b.txt', 'bb', 'c.txt', 'cc']
```

代码解析：

在上述代码中，使用 listdir() 函数来列举位于当前目录下的“aa”目录中的所有条目。传入的参数是相对路径‘./aa’，表示在当前目录下搜索名为“aa”的目录。在指定的“aa”目录中，包含了文件“a.txt”“b.txt”“c.txt”以及子目录“bb”和“cc”，listdir() 函数返回的结果就是这些条目的列表。

2）mkdir() 函数

mkdir() 函数是 os 模块中的一个函数，用于创建新的目录。

【示例 9.16】使用 mkdir() 函数创建一个名为“dd”的目录，该目录位于相对路径“./aa”下。

```
import os
os.mkdir('./aa/dd')
```

运行结果：

运行之后，查看目录，多了一个“dd”目录，如图 9-1 所示。

代码解析：

在上述代码中，使用 mkdir() 函数创建了一个名为“dd”的目录。通过传入相对路径“./aa/dd”作为参数，表示在当前目录下的“aa”目录中创建目录“dd”。在运行代码后，如果在操作系统中查看相应目录，会发现在“aa”目录下多了一个名为“dd”的子目录。

3）makedirs() 函数

makedirs() 函数是 os 模块中的一个函数，用于递归创建目录结构。

【示例 9.17】使用 makedirs() 函数递归创建一个目录结构。

```
import os
os.makedirs('./aa/bb/ab/ba')
```

运行结果：

运行之后，查看目录结构，如图 9-2 所示。

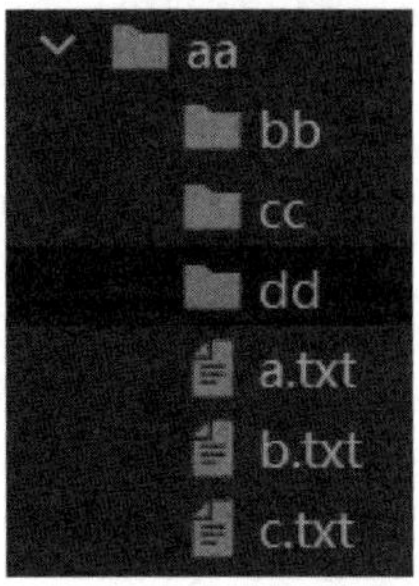

图 9-1　mkdir() 函数创建新的目录

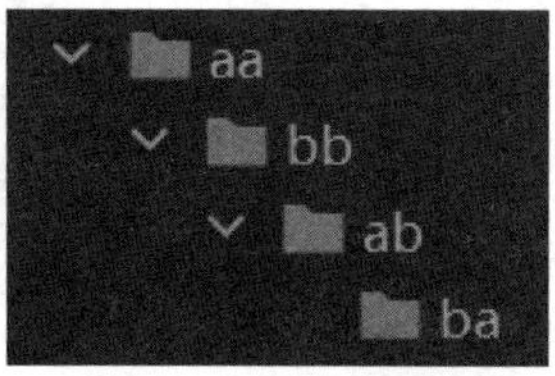

图 9-2　makedirs() 函数递归创建目录

代码解析：

在上述代码中，使用 makedirs() 函数来创建一个包含多级目录的目录结构。通过传入相对路径 './aa/bb/ab/ba' 作为参数，表示在当前目录下递归创建“aa”目录，“aa”目录下再递归创建 "bb" 目录，以此类推。运行之后，可以在操作系统中查看目录结构，会发现已经递归创建了多级目录

4）rmdir() 函数

rmdir() 函数是 os 模块中的一个函数，用于删除指定的空目录。

【示例 9.18】使用 rmdir() 函数删除一个名为“cc”的空目录。

```
import os
os.rmdir('./aa/cc')
```

运行结果：

运行之后，可见“cc”目录已经被删除了，如图 9-3 所示。

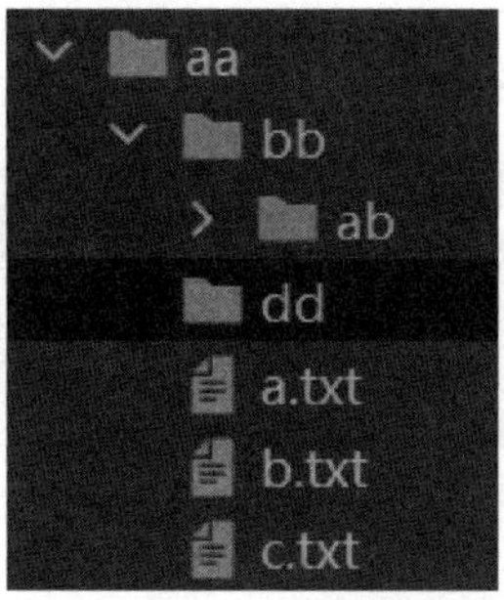

图 9-3　rmdir() 函数删除目录

代码解析：

在上述代码中，使用 rmdir() 函数删除了“cc”目录。通过传入相对路径“./aa/cc”作为参数，表示在当前目录下删除名为“cc”的空目录。运行之后，可以在操作系统中查看相应目录，会发现“cc”目录已经被成功删除。

5）removedirs() 函数

removedirs() 函数是 os 模块中的一个函数，用于递归删除指定的目录结构。

【示例 9.19】使用 removedirs() 函数递归删除一个名为“./aa/bb/ab/ba”的目录结构。

```
import os
os.removedirs('./aa/bb/ab/ba')
```

运行结果：

运行之后，“./aa/bb/ab/ba”目录已经被递归删除了，如图 9-4 所示。

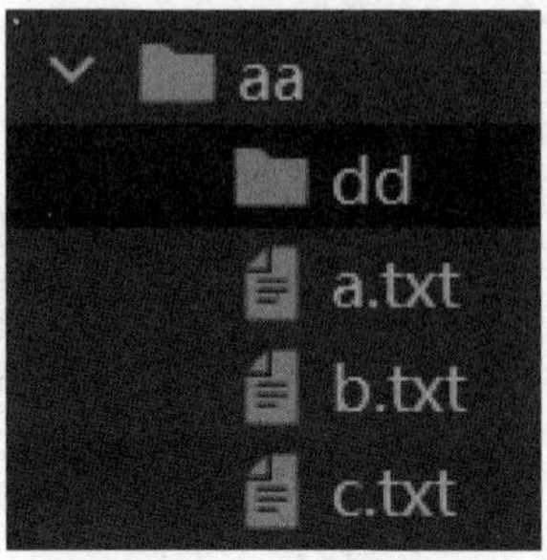

图 9-4　removedirs() 函数递归删除目录

代码解析：

在上述代码中，使用 removedirs() 函数递归删除了名为“./aa/bb/ab/ba”的目录结构。传入的参数是相对路径“./aa/bb/ab/ba”，表示要删除当前目录下的“aa”目录，“aa”目录下的“bb”目录，以此类推。运行之后，可以在操作系统中查看相应目录，会发现已经递归删除了“./aa/bb/ab/ba”目录结构。

6）remove() 函数

remove() 函数是 os 模块中的一个函数，用于删除指定的文件。

【示例 9.20】使用 remove() 函数删除一个名为“./aa/a.txt”的文件。

```
import os
os.remove('./aa/a.txt')
```

运行结果：

运行之后，“./aa/a.txt”文件已经被删除了，如图 9-5 所示。

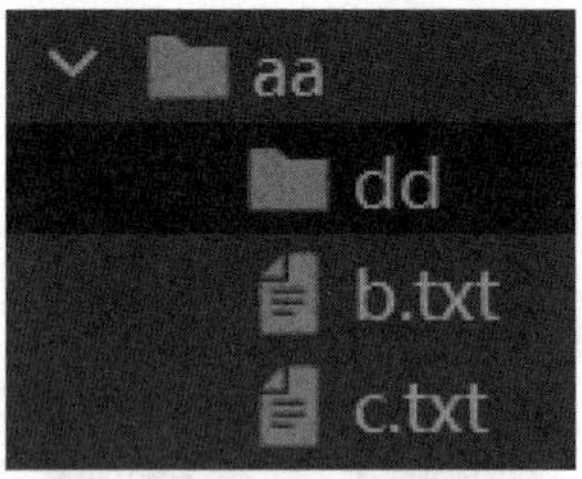

图 9-5　remove() 函数删除文件

代码解析：

在上述代码中，使用 remove() 函数删除了“./aa/a.txt”文件。通过传入相对路径“./aa/a.txt”作为参数，表示删除“a”目录下的“a.txt”文件。运行之后，可以在操作系统中查看相应目录，会发现“a.txt”文件已经被成功删除了。

需要注意的是，remove() 函数只能用于删除文件，无法删除目录。如果要删除目录，可以考虑使用 os 模块中的 rmdir() 函数或 shutil 模块中的 rmtree() 函数。

7）rename() 函数

rename() 函数是 os 模块中的一个函数，用于重命名文件或目录。

【示例 9.21】使用 rename() 函数将“./aa/b.txt”重命名为“./aa/bb.txt”。

```
import os
os.rename('./aa/b.txt', './aa/bb.txt')
```

运行结果：

运行之后，“./aa/b.txt”文件已经被重命名为“./aa/bb.txt”，如图 9-6 所示。

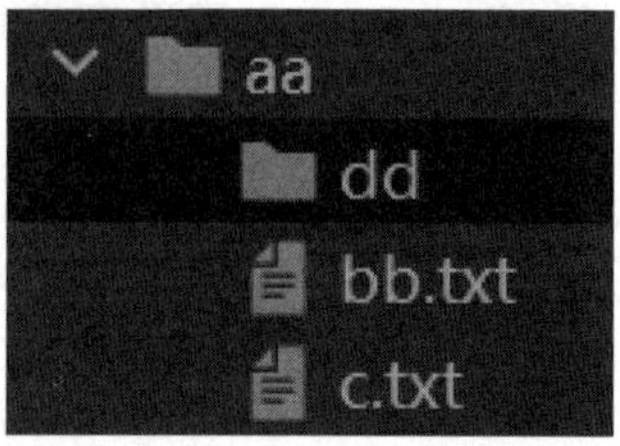

图 9-6　rename() 函数重命名文件

代码解析：

在上述代码中，使用 rename() 函数将“./aa/b.txt”文件重命名为“./aa/bb.txt”。通过传入旧文件名和新文件名作为参数，可以实现文件重命名的操作。运行之后，可以在操作系统中查看相应目录，会发现原先名为“b.txt”的文件已经被成功重命名为“bb.txt”。

需要注意的是，如果新文件名已经存在，则会覆盖原有文件。如果新文件名所在目录不存在，则会引发异常。

9.3.4　os.path 模块

1. os.path 模块概述

os.path 模块是 Python 中用于处理路径相关操作的模块。它提供了一组函数，用于处理文件路径、目录路径以及路径相关的操作。使用 os.path 模块可以跨不同操作系统（如 Windows、Linux 等）进行路径操作，自动适应相应的路径分隔符。该模块中的函数可以用于获取路径信息、拼接路径、判断路径是否存在、判断路径是文件还是目录、拆分文件名和扩展名等等。

2. 常用的函数

os.path 模块是 Python 中用于处理路径相关操作的模块，其中包含了一些常用的函数。常用函数见表 9-4。

表 9-4　os.path 模块中常用函数

函　数	含　义
basename(path)	返回一个路径最后的文件名
dirname(path)	返回一个路径除去最后文件名的目录名称
exists(path)	判断路径是否存在
isdir(path)	判断一个路径是否为目录，是则返回 True
join(path, *name)	将路径进行拼接

1）basename() 函数

basename() 函数是 os.path 模块中的一个函数，用于获取路径的文件名部分。

【示例 9.22】使用 basename() 函数获取路径 "C:\USERS\CODE\a.txt" 的文件名。

```
import os
print(os.path.basename(r'C:\USERS\CODE\a.txt'))
```

运行结果：

```
a.txt
```

代码解析：

在上述代码中，使用 basename() 函数获取路径“C:\USERS\CODE\a.txt”的文件名。将路径作为参数传入 basename() 函数后，函数会返回该路径中最后一级的文件名部分。运行之后，会打印出文件名“a.txt”。需要注意的是，basename() 函数只返回路径的最后一级文件名部分，不包含路径信息。

2）dirname() 函数

dirname() 函数是 os.path 模块中的一个函数，用于获取路径的目录部分。

【示例 9.23】使用 dirname() 函数获取路径“C:\USERS\CODE\a.txt”的目录部分。

```
import os
print(os.path.dirname(r'C:\USERS\CODE\a.txt'))
```

运行结果：

```
C:\USERS\CODE
```

代码解析：

在上述代码中，使用 dirname() 函数获取路径“C:\USERS\CODE\a.txt”的目录部分。将路径作为参数传入 dirname() 函数后，函数会返回该路径中除了最后一级文件名之外的目录部分。运行之后，会打印出目录“C:\USERS\CODE”。需要注意的是，dirname() 函数只返回路径的目录部分，不包含文件名。

3）exists() 函数

exists() 函数是 os.path 模块中的一个函数，用于检查路径是否存在。

【示例 9.24】使用 exists() 函数检查路径是否存在。

```
import os
print(os.path.exists(r'C:\USERS\CODE\a.txt'))
```

运行结果：

```
False
```

代码解析：

在上述代码中，使用 exists() 函数检查路径“C:\USERS\CODE\a.txt”是否存在。将路径作为参数传入 exists() 函数后，函数会返回一个布尔值，表示该路径是否存在。由于在上述代码中，路径“C:\USERS\CODE\a.txt”并不存在，所以返回结果为 False。

4）isdir() 函数

isdir() 函数是 os.path 模块中的一个函数，用于判断路径是否是一个目录。

【示例 9.25】使用 isdir() 函数判断路径是否为目录。

```
import os
print(os.path.isdir('./aa/dd'))
```

运行结果：

```
True
```

代码解析：

在上述代码中，使用 isdir() 函数判断路径“./aa/dd”是否为一个目录。将路径作为参数传入 isdir() 函数后，函数会返回一个布尔值，表示该路径是否是一个目录。在这个例子中，路径“./aa/dd”是一个目录，所以返回结果为 True。

5）join() 函数

join() 函数是 os.path 模块中的一个函数，用于拼接路径。

【示例 9.26】使用 join() 函数拼接路径。

```
import os
base_path = r'C:\USERS\CODE'
print(os.path.join(base_path, 'aa.txt'))
```

运行结果：

```
C:\USERS\CODE\aa.txt
```

代码解析：

在上述代码中，使用 join() 函数将路径“C:\USERS\CODE”和文件名“aa.txt”进行拼接。join() 函数会自动根据操作系统的不同选择正确的路径分隔符进行拼接。在这个例子中，base_path 为“C:\USERS\CODE”，file_name 为“aa.txt”，通过 join() 函数将它们拼接在一起，得到路径为“C:\USERS\CODE\aa.txt”。

9.3.5 random 模块

1. random 模块概述

random 是 Python 内置的一个模块，它提供了生成随机数的功能和其他与随机相关的函数。random 模块可以用于生成各种类型的随机数，包括整数、浮点数、随机选择等。它的功能非常强大且灵活，可以被广泛应用于各种领域和场景，例如，游戏开发、模拟实验、密码学等。

2. 常用的函数

random 模块是 Python 的标准库之一，提供了与随机数生成相关的函数和方法。通过导入 random 模块，可以使用其中的函数来生成各种类型的随机数，并进行其他随机相关的操作。常用函数见表 9-5。

表 9-5　random 模块中常用函数

函　数	含　义
random()	返回一个 [0,1) 之间的随机浮点数
uniform(a,b)	返回 [a,b) 区间内的随机浮点数
randrange([start,] stop[,step])	返回 range(start,stop,step) 中的随机数
choice(seq)	从序列中返回随机元素
shuffle(seq)	随机指定序列的顺序
sample(seq,n)	从序列中选择 n 个随机且不重复的元素

1）random() 函数

random() 函数是 random 模块中的一个函数，用于生成一个 0 到 1 之间的随机浮点数。

【示例 9.27】使用 random() 函数生成随机浮点数。

```
import random
print(random.random())
print(random.random())
print(random.random())
```

运行结果：

```
0.677609183895499
0.24200702803971486
0.9586670500522216
```

代码解析：

在上述代码中，调用 random() 函数三次，每次调用都会生成一个 0 到 1 之间的随机浮点数。random() 函数返回的随机数是一个在 0 到 1 之间的浮点数，包括 0 但不包括 1。通过不同的调用，可以得到不同的随机浮点数。

2）uniform() 函数

uniform() 函数是 random 模块中的一个函数，用于生成两个指定数之间的一个随机浮点数。

【示例 9.28】使用 uniform() 函数生成随机浮点数。

```
import random
print(random.uniform(1, 10))
print(random.uniform(1, 10))
print(random.uniform(1, 10))
```

运行结果：

```
1.0837462162219271
5.5526370955305655
4.507283672695989
```

代码解析：

在上述代码中，使用 uniform() 函数生成三个在 1 到 10 之间的随机浮点数。uniform() 函数的参数是两个数，它返回一个位于这两个数之间的随机浮点数。这个随机浮点数可以包括第一个数但不包括第二个数。通过多次调用 uniform() 函数，可以得到不同的介于 1 到 10 之间的随机浮点数。

3）randrange() 函数

randrange() 函数是 random 模块中的一个函数，用于从指定的范围内返回一个随机整数。

【示例 9.29】使用 randrange() 函数生成随机整数。

```
import random
print(random.randrange(1, 10, 2))
print(random.randrange(1, 10, 2))
print(random.randrange(1, 10, 2))
```

运行结果：

```
5
9
7
```

代码解析：

在上述代码中，使用 randrange() 函数生成三个在 1 到 10 之间、步长为 2 的随机整数。randrange() 函数的参数是起始值、终止值和步长。它返回一个位于起始值和终止值之间、以步长为间隔的随机整数。randrange(1, 10, 2) 表示从如下列表 [1, 3, 5, 7, 9] 中随机返回一个数。通过多次调用 randrange() 函数，可以得到不同的符合条件的随机整数。

4）choice() 函数

choice() 函数是 random 模块中的一个函数，用于从给定的序列中随机选择一个元素。

【示例 9.30】使用 choice() 函数进行随机选择。

```
import random
print(random.choice([10, 11, 12, 13, 14, 15, 16]))
print(random.choice([10, 11, 12, 13, 14, 15, 16]))
print(random.choice([10, 11, 12, 13, 14, 15, 16]))
```

运行结果：

```
10
15
11
```

代码解析：

在上述代码中，使用 choice() 函数从给定的列表中随机选择一个数。通过将要选择的元素放入一个列表中，可以使用 choice() 函数在这些选项中进行随机选择。通过多次调用 choice() 函数，可以得到不同的随机选择结果。

5）shuffle() 函数

shuffle() 函数是 random 模块中的一个函数，用于打乱给定序列的顺序。

【示例 9.31】使用 shuffle() 函数打乱列表的顺序。

```
import random
lst = [1, 2, 3, 4, 5, 6, 7, 8]
random.shuffle(lst)
print(lst)
```

运行结果：

```
[1, 8, 6, 3, 5, 4, 2, 7]
```

代码解析：

在上述代码中，使用 shuffle() 函数来打乱 lst 列表的顺序。通过调用 shuffle() 函数，可以改变列表中元素的排列顺序，从而得到一个新的随机顺序。需要注意的是，shuffle() 函数会直接修改原列表，而不返回一个新列表。

6）sample() 函数

sample() 函数是 random 模块中的一个函数，用于从给定序列中随机选择 n 个不重复的元素。

【示例 9.32】使用 sample() 函数进行随机抽样。

```
import random
lst=list(range(10))
print(random.sample(lst, 3))
print(random.sample(lst, 3))
print(random.sample(lst, 3))
```

运行结果：

```
[5, 4, 3]
[9, 6, 2]
[2, 0, 4]
```

代码解析：

在上述代码中，使用 sample() 函数从 0 到 9 的列表中随机选择 3 个不重复的数字。通过调用 sample() 函数，并传入要抽样的序列和抽样的数量，可以得到一个随机的、不含重复元素的子序列。需要注意的是，sample() 函数返回的是一个新的列表，不会修改原始序列。

9.4 包的概念

9.4.1 开发大型项目存在的问题

实际开发中，一个大型的项目往往需要使用成百上千的 Python 模块，如果将这些模块都堆放在一起，势必不好管理。而且，使用模块可以有效避免变量名或函数名重名引发的冲突，但是如果模块名重复怎么办呢？

也就是说，如果在实际开发过程中，仅仅使用模块，管理和维护都会显得非常困难，并且还会出现命名冲突的问题。为了解决这些问题，可以使用包（package）。

9.4.2 什么是包

包是一种将模块以文件夹的形式组织和管理的方法，它可以将相关的模块组织在一起，形成一个层次结构。通过使用包，可以更好地管理和维护大型项目中的模块。

包的作用是将一系列模块进行分类管理，有利于防止命名冲突，可以在需要时加载一个或部分模块而不是全部模块。包的主要作用归纳为两个方面：

1. 命名空间管理

包提供了一种命名空间的机制，可以避免模块之间的名称冲突。通过包的层次结构，每个模块都有一个唯一的全局标识符。

2. 模块组织

包可以将相关的模块组织在一起，形成一个逻辑上的单元。这样的组织结构有助于开发人员更好地理解和维护项目的不同部分。

在 Python 中，可以通过创建一个包来组织模块。包可以简单理解为文件夹，但和文件夹不同的是，该文件夹下必须存在一个名为“__init__.py”的文件。在一个包内可以有多个模块，也可以包含其他子包。

9.5 包的创建

9.5.1 手动创建包

在 __init__py 文件内，可以编写此包的文档字符串，用于描述该包的功能和使用方法。

【示例 9.33】在包 mypackage 的 __init__.py 中编辑内容。

```
"""
这是包 mypackage 的文档字符串
"""
```

在上述代码中，在运行时不会有特定的输出结果，而是在帮助文档中提供了关于包 mypackage 的描述。

除了文档字符串外，可以在 __init__.py 文件中添加其他代码来初始化包。在包内，可以添加其他模块，例如，在此添加 module1 和 module2 模块。可以通过创建相应的 .py 文件来实现这一点，并将它们放在包的文件夹中。包结构如图 9-7 所示。

图 9-7　包结构

代码解析：

在上述代码中，module1 和 module2 为 mypackage 包的两个模块，你可以在这些模块中定义函数、类和变量，以提供特定的功能。通过这种方式，你可以将相关的功能组织在一个包中，并实现模块化的代码结构，以提高可重用性和可维护性。

9.5.2　PyCharm 创建包

在 PyCharm 中，支持直接创建包。可以通过以下步骤创建包、子包和模块：

（1）在 PyCharm 的项目视图中，右键点击想要创建包的目录（例如，右键点击根目录），选择 New → Python Package 命令。将在选择的目录下创建一个新的包，如图 9-8 所示。

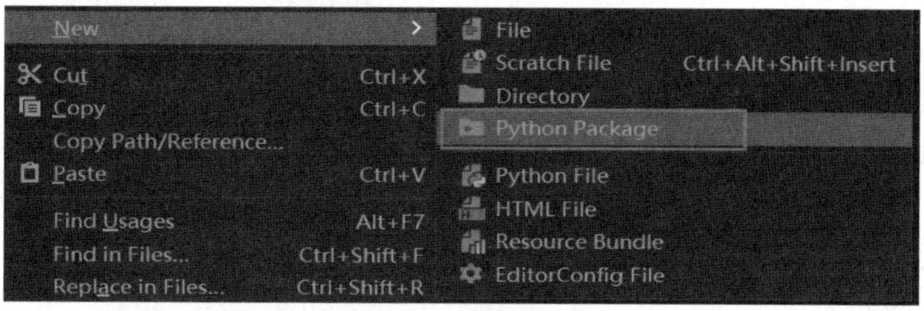

图 9-8　选择目录

（2）输入包名，并按下【Enter】键。这会在选定目录下创建一个名为 mypackage1 的包，如图 9-9 所示。

图 9-9　创建一个名为 mypackage1 的包

（3）在 mypackage1 包内，可以以相同的方式创建子包和模块。例如，在 mypackage1 下创建了模块 menu 以及子包 sports 和 subjects。在子包 sports 中创建模块 basketball 和 football，在子包 subjects 中创建了模块 english 和 math。

在 mypackage1 包中可以创建子包。右击 mypackage1 包，选择“New”→“Python Package”命令；输入子包名：sports，然后按【Enter】键。这将在 mypackage1 包内创建一个名为 sports 的子包。按照相同的方式，在 mypackage1 包中创建另一个子包 subjects。

在 mypackage1.sports 子包中可以创建模块。同样，右击 sports 子包，选择“New”→“Python File”命令；输入模块名：basketball，然后按【Enter】键。这将在 sports 子包中创建一个名为 basketball.py 的模块。按照相同的方式，在 sports 子包中创建另一个模块 football。类似地，在 mypackage1.subjects 子包中可以创建两个模块 english 和 math。完成上述步骤后，包的结构如图 9-10 所示。

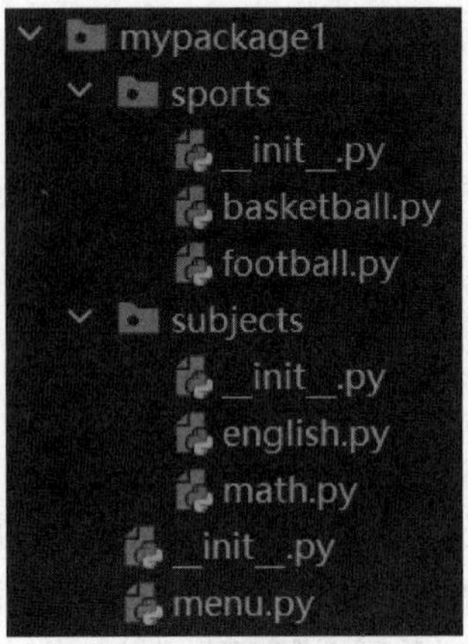

图 9-10　创建子包和模块后包的结构

通过这样的包、子包和模块的层次结构，可以更好地组织和管理代码。

【示例 9.34】导入并使用 mypackage1 包中的模块和功能。

（1）在包的“__init__.py”中编辑以下内容：

```
"""
这是 mypackage1 的文档字符串
"""
name = "mypack 包 "
print("mypack1 被导入 ")
```

（2）在 menu 模块中编辑以下内容：

```
def show_menu():
    print(" 显示菜单功能 ")
```

运行结果：

```
显示菜单功能
```

（3）在 sports 包下的 basketball 模块中编辑以下内容：

```
def play_basketball():
    print(" 正在打篮球 ")
```

运行结果：

```
正在打篮球
```

代码解析：

在上述代码中，定义了一个名为 play_basketball() 的函数，函数的功能是打印出“正在打篮球”。当你在代码中调用 play_basketball() 函数时，它会在控制台输出“正在打篮球”。

通过在相应模块中添加这些代码，可以在其他地方导入并使用这些模块和功能。

9.6　包 的 导 入

9.6.1　import 语句

可以使用 import 语句来导入包。

语法结构如下：

```
import package_name [as package_alias]
import package_name.module_name [as module_alias]
import package_name.subpackage_name.module_name
```

或

```
import 包名 [as 包别名]
import 包名.模块名 [as 模块新名]
import 包名.子包名.模块名
```

【示例 9.35】使用 Python 中的 import 语句,将名为“mypackage1”的包导入并重命名为“mp”。

```
import mypackage1 as mp
```

运行结果：

```
mypackage1 已被导入
```

代码解析：

在上述代码中，表示导入 mypackage1 并重命名为 mp。当导入一个包时，包中的 __init__.py 文件中的代码会自动执行。

【示例 9.36】使用 Python 中的 import 语句,从自定义模块“mypackage1”中导入名为“menu”的子模块，并将其重命名为“mm”。

```
import mypackage1.menu as mm
mm.show_menu()
```

运行结果：

```
mypackage1 已被导入
显示菜单功能
```

代码解析：

在上述代码中，可以将包内的某一模块导入，并使用“模块名.成员名”的方式来访问该模块中的成员。在这个例子中，导入了 mypackage1 包下的 menu 模块并重命名为 mm，并通过 mm.show_menu() 调用了 show_menu() 方法。

【示例 9.37】使用 Python 中的 import 语句,从自定义模块“mypackage1”中导入名为“sports”的子包，并从该子包中导入名为“basketball”的模块，并将其重命名为“msb”。

```
import mypackage1.sports.basketball as msb
msb.play_basketball()
```

运行结果：

```
mypackage1 已被导入
正在打篮球
```

代码解析：

在上述代码中，要导入子包下的模块，需要使用“.”将包、子包、模块拼起来。在这个例子中，导入了 mypackage1 包下的 sports 子包中的 basketball 模块并重命名为 msb，通过 msb.play_basketball() 调用了 play_basketball() 方法。

9.6.2　from import 语句

可以通过 from import 语句来导入包。

语法结构如下：

```
from package_name import module_name [as new_module_name]
```

```
    from package_name.subpackage_name import module_name [as new_module_name]
    from package_name.subpackage_name.module_name import attribute_name [as new_
attribute_name]
```

或

```
from 包名 import 模块名 [as 模块新名]
from 包名 . 子包名 import 模块名 [as 模块新名]
from 包名 . 子包名 . 模块名 import 属性名 [as 属性新名]
```

【示例 9.38】使用 from import 语句从包“mypackage1”中直接导入名为 "menu" 的模块。

```
from mypackage1 import menu
menu.show_menu()
```

运行结果：

```
mypackage1 已被导入
显示菜单功能
```

代码解析：

在上述代码中，表示从包 mypackage1 中导入了模块 menu，并通过调用 menu.show_menu() 方法来显示菜单功能。

【示例 9.39】使用 from import 语句包“mypackage1”的子包“sports”中直接导入名为“basketball”的模块。

```
from mypackage1.sports import basketball
basketball.play_basketball()
```

运行结果：

```
mypackage1 被导入
正在打篮球
```

代码解析：

在上述代码中，表示从包 mypackage1 下的子包 sports 中导入模块 basketball，并通过调用 basketball.play_basketball() 方法来执行打篮球的操作。

9.6.3 from import * 语句

可以通过 from import * 语句来导入包。

语法结构如下：

```
from package_name import *
from package_name.module_name import *
```

或

```
from 包名 import *
from 包名 . 模块名 import *
```

【示例 9.40】使用 import * 语句，从包“mypackage1”中导入所有内容。

```
from mypackage1 import *
print(name)
```

运行结果：

```
mypackage1 被导入
mypack 包
```

代码解析：

在上述代码中，使用 from mypackage1 import * 语句将包 mypackage1 中的所有成员导入，其中包括了变量 name。然后通过 print(name) 输出了变量 name 的值。需要注意的是，使用 import * 语句会将 __init__.py 文件中的成员导入。

【示例 9.41】使用 Python 的 import 语句导入了包 mypackage1。

```
from mybackage1
import*menu.show_menu()
```

运行结果：

```
NameError: name 'menu' is not defined
```

代码解析：

在上述代码中，使用 from import* 语句导入 mypackage1 中的所有成员，然后使用 menu 模块调用 show_menu() 方法，运行报错，说明使用 from import * 的方式并不能将包下的模块和子包导入进来。

【示例 9.42】从自定义模块“mypackage1.sports.basketball”中导入了所有内容。

```
from mypackage1.sports.basketball import *
play_basketball()
```

运行结果：

```
mypackage1 被导入
正在打篮球
```

代码解析：

在上述代码中，首先，使用 from mypackage1.sports.basketball import * 的方式，将包 mypackage1 下子包 sports 中的模块 basketball 中的所有成员导入进来，然后调用了导入的函数 play_basketball()。

9.7 项目实训

9.7.1 实训需求

篮球比赛是一项非常流行的运动赛事，世界各地的人们都很喜欢篮球，著名的 NBA 就深受广大群众追捧。一场篮球比赛首先是争球，由取得的一方发起进攻，可分为投两分和投三分，投篮命中率因人而异，职业篮球队多在 30% ～ 60% 左右。一场篮球赛时长在 48 分钟，到时分数高者获得胜利。

现需编写一个程序模拟篮球比赛，比赛的双方为红队和蓝队，比赛可由自己选择轮数。比赛开始后，双方争球，获得球的概率均为 50%。拿到球的队伍可投 2 分或 3 分，假设投 2 分的概率为 60%，投 3 分的概率为 40% ，投球准确率设定在一个合理的区间波动。经过设定轮数的比赛后，打印比赛获胜情况、每支队伍分别投 2 分和 3 分的次数以及投中次数、每支队伍的分数。

9.7.2 实训步骤

1. 初始化变量用于计数

```
import random
```

```
# 用于记录两队的分数
team_score = {" 红队 ": 0," 蓝队 ": 0}
#2 分投篮数和投中数
two_num = {" 红队 ": [0,0]," 蓝队 ": [0,0]}
#3 分投篮数和投中数
three_num = {" 红队 ": [0,0]," 蓝队 ": [0,0]}
# 玩的轮数
turn = int(input(" 请输入要玩的轮数 :"))
```

2. 争球并根据概率得到投篮类型（2 分还是 3 分）

```
for i in range(1,turn+1):
    print(" 第 % d 轮开始 " % i)
    # 争球，各有 50 % 概率拿到球
    team = random.choice([' 红队 ',' 蓝队 '])
    print(" % s 拿到了球 " % team)
    # 投射，投 2 分概率为 60 % ，投 3 分概率为 40 %
    shoot_num = random.random()
    if shoot_num <= 0.6:
        shoot_kind = " 两分 "
    else:
        shoot_kind = " 三分 "
    print(" % s 投射了 % s" % (team,shoot_kind))
```

3. 分别计算 2 分球、3 分球的准确率，并相应计数

```
    if shoot_kind == " 两分 ":
        # 得到该次投篮的准确率，保留 1 位小数
        score_rate = round(random.uniform(0.35, 0.50), 3)
        # 2 分投蓝数 +1
        two_num[team][0] += 1
    else:
        # 3 分准确率
        score_rate = round(random.uniform(0.30, 0.45), 3)
        # 3 分投篮数 +1
        three_num[team][0] += 1
```

4. 根据投篮命中率计算此次投篮情况

```
    # 从 0-1 之间随机生成一个数，这个数 <= 准确率则表示投中，否则表示未投中
    random_number = random.random()
    if random_number <= score_rate:
        if shoot_kind == ' 两分 ':
            # 加上 2 分
            team_score[team] += 2
            # 2 分投中数 +1
            two_num[team][1] += 1
            print("%s 投中了一个两分球 " % team)
        else:
            # 加上 3 分
            team_score[team] += 3
            # 3 分投中数 +1
            three_num[team][1] += 1
            print("%s 投中了一个三分球 " % team)
    # 未投中
    else:
```

```
        if shoot_kind == '两分':
            print("%s 投丢了一个两分球" % team)
        else:
            print("%s 投丢了一个三分球" % team)
```

5. 判断比赛胜负情况

```
if team_score['红队'] > team_score['蓝队']:
    info = "红队获胜"
elif team_score['红队'] == team_score['蓝队']:
    info = "两队打平"
else:
    info = "蓝队获胜"
```

6. 打印最终比赛情况

```
print("比赛结束，总共赛了 %d 轮，比赛结果是 :%s" % (turn, info))
print("红队投了 %d 次 2 分，投中 %d 次，投了 %d 次 3 分，投中 %d 次，最终得分为 %s" % (
    two_num['红队'][0], two_num['红队'][1], three_num['红队'][0], three_
num['红队'][1], team_score['红队']))
print("蓝队投了 %d 次 2 分，投中 %d 次，投了 %d 次 3 分，投中 %d 次，最终得分为 %s" % (
    two_num['蓝队'][0], two_num['蓝队'][1], three_num['蓝队'][0], three_
num['蓝队'][1], team_score['蓝队']))
```

9.7.3　实现效果

编码完成之后，运行程序，运行结果如下：

```
请输入要玩的轮数 :10
第 1 轮开始
蓝队拿到了球
蓝队投射了三分
蓝队投丢了一个三分球
第 2 轮开始
红队拿到了球
红队投射了两分
红队投中了一个两分球
第 3 轮开始
红队拿到了球
红队投射了三分
红队投中了一个三分球
第 4 轮开始
红队拿到了球
红队投射了两分
红队投中了一个两分球
第 5 轮开始
红队拿到了球
红队投射了三分
红队投丢了一个三分球
第 6 轮开始
蓝队拿到了球
蓝队投射了三分
蓝队投丢了一个三分球
第 7 轮开始
红队拿到了球
红队投射了三分
```

```
红队投丢了一个三分球
第 8 轮开始
蓝队拿到了球
蓝队投射了三分
蓝队投丢了一个三分球
第 9 轮开始
蓝队拿到了球
蓝队投射了三分
蓝队投中了一个三分球
第 10 轮开始
红队拿到了球
红队投射了两分
红队投丢了一个两分球
红队投了 3 次 2 分，投中 2 次，投了 3 次 3 分，投中 1 次，最终得分为 7
蓝队投了 0 次 2 分，投中 0 次，投了 4 次 3 分，投中 1 次，最终得分为 3
```

小　　结

在软件开发中，模块和包是高效组织和管理程序代码的关键工具。模块提供了一种逻辑上组织代码的方式，将相关的功能和数据封装在一个独立的文件中，使得代码更加清晰可读、易于维护。而包则将相关的模块组织在一个文件夹中，为大型项目提供了更好的结构和可扩展性。

首先，从模块的基本概念入手，为读者介绍了模块的定义、作用和使用。介绍了如何导入模块，包括导入内置模块和第三方模块，以及自定义模块的导入。然后，进一步探讨常用模块的介绍。详细介绍这些常用模块的功能和用法，并通过实际案例展示它们的应用场景。其次，在讨论完模块的相关知识后，转向包的概念和创建，以及如何在案例中有效地使用它们。介绍包的定义和结构，并介绍如何创建自己的包。接着，通过案例，读者将学会使用包的组织方式和文件结构，并了解如何在项目中使用自定义的包。最后，通过项目实训来巩固所学的知识。本章提供了一个实际的项目实训，通过实际项目的演练，读者能够将所学的模块和包的知识应用到一个真实的编程任务中。

习　　题

一、选择题

1. 模块是（　　）。
   A. 一个可执行的程序　　B. 一个包含变量和函数的文件
   C. 一个用于存储数据的结构　　D. 一个可以生成类的工厂
2. Python 中导入模块的关键字是（　　）。
   A. include　　B. import　　C. get　　D. require
3. 在 Python 中，可以使用（　　）关键字来导入一个模块。
   A. import　　B. as　　C. with　　D. define

4. 在 Python 中，以下为内置模块的是（　　）。

A. math　　B. os

C. datetime　　D. 以上全是

5. 导入模块的方式正确的是（　　）。

A. import mo　　B. from mo as m importxx

C. import mo as m　　D. import m from mo

6. os 模块通常用来处理文件和目录，以下关于 os 模块的函数描述错误的是（　　）。

A. os.getcwd() 可以得到当前工作目录，即当前 Python 脚本工作的目录路径

B. os.listdir() 返回指定目录下的所有文件和目录名

C. os.remove(file) 用于删除一个文件夹

D. os.mkdir(name) 用于创建目录

7. 在 Python 中，包是（　　）。

A. 一个包含多个模块的文件夹　　B. 一个函数和变量的集合

C. 一个可执行的程序　　D. 一个用于存储数据的数据结构

8. 在 Python 中，用于将一个文件夹声明为包的文件是（　　）。

A. __init__py　　B. main.py　　C. setup.py　　D. package.py

9. 在 Python 中，以下（　　）不是导入包的方式。

A. import package.module　　B. import package as pk

C. from package import module　　D. from package.module import *

二、编程题

1. 使用 time 模块编写一个程序，输出当前的日期和时间。

2. 使用 sys 模块编写一个程序，接收用户输入的两个数字，并计算它们的和。

3. 使用 os 模块编写一个程序，获取当前工作目录，并列出该目录下的所有文件和文件夹。

4. 使用 random 模块编写一个程序，生成一个 1 到 10 之间的随机整数，并让用户猜测该数字是多少，直到猜对为止。

5. 创建一个名为 my_package 的包，其中包含两个模块 module1 和 module2。在 module1 中定义一个函数，用于计算两个数字的乘积；在 module2 中定义一个函数，用于计算两个数字的和。编写一个程序，导入这两个模块，并使用其中的函数进行计算。

第10章 异常处理

本章导学：

在编程时，经常会遇到各种意外情况和错误，这可能是因为输入数据出错、网络连接问题或者其他不可预知的情况。这些问题会导致程序停止运行，给开发人员和用户带来困扰。为了更好地应对这些情况，异常处理是 Python 编程中一个非常重要的概念。本章将介绍异常处理的基本概念以及在 Python 编程语言中如何有效地进行异常处理，进一步探讨 try 语句、raise 语句和 assert 语句等重要的异常处理工具，并介绍如何使用它们来增强程序的可靠性和稳定性。

学习目标：

- 了解异常和错误的概念。
- 掌握 try 语句的作用及语法。
- 掌握 raise 语句的作用及语法。
- 掌握 assert 语句的作用及语法。
- 通过学习本章提供的案例，学会异常处理的实践应用。

10.1 错误和异常

10.1.1 什么是错误

在进行编程的过程中，无论是初学者还是有经验的开发者，都会遇到程序出现问题的情况。在前面编程的过程中，相信大家都遇到过程序出问题的情况。

例如，执行以下代码：

```
print” hello world"
```

运行结果：

```
SyntaxError: Missing parentheses in call to 'print'. Did you mean print(...)?
```

又如，执行以下代码：

```
s = "a"
print(s+2)
```

运行结果：

```
TypeError: can only concatenate str (not" int") to str
```

当遇到上述情况时，就叫作程序报错。在编程中，错误（error）是指程序在执行过程中发生的不可预测的问题，它们导致程序不能按照正常的流程执行。总的来说，在编写程序时遇到的错误可以大致分为两类，即语法错误（syntax errors）和运行时错误（runtime errors）：

1. 语法错误

语法错误（syntax errors），也就是解析代码时出现的错误。当代码不符合 Python 语法规则时，Python 解释器在解析时就会报出 SyntaxError 语法错误。

语法错误是最基本的错误类型，它是由于代码不符合编程语言的语法规则而引起的。这些错误通常在程序的解释或编译阶段被检测到，因此程序无法运行，会在执行前抛出错误。

语法错误包括拼写错误、缺少括号、不匹配的引号等简单的语法问题，例如，拼写错误的关键字、变量名错误等。

【示例 10.1】语法错误。

```
a = 10
b = 20
c = a x b
print(c)
```

运行结果：

```
    c=a x b
          ^
SyntaxError: invalid syntax
```

代码解析：

在上述代码中，定义了变量 a 和 b，并尝试将它们相乘并赋值给变量 c。然而，在计算过程中犯了一个语法错误。具体来说，使用了无效的语法 x 来表示乘法运算。因此，在运行代码时，Python 解释器会检测到这个错误，并在出现错误语法的位置上方标记出一个插入指示符“^”。同时，Python 会通过 SyntaxError 报告语法错误。

语法错误多是开发者疏忽导致的，属于真正意义上的错误，是解释器无法容忍的，因此，只有将程序中的所有语法错误全部纠正，程序才能执行。

2. 运行时错误

运行时错误（runtime errors）是在程序执行过程中出现的错误，它们通常与程序的输入、环境或资源相关。这些错误不会在代码编写时被捕获，而是在程序运行时引发异常。运行时错误，即程序在语法上都是正确的，但在运行时发生了错误。

运行时错误包括诸如除以零、试图访问不存在的文件、内存不足等问题。这些错误通常是由于程序逻辑错误或外部条件引起的。

【示例 10.2】运行时错误。

```
a = 10
print(a / 0)
```

运行结果：

```
        print(a / 0)
          ~~^~~
```

```
ZeroDivisionError: division by zero
```

代码解析：

在上述代码中，在语法上没有错误，但是在具体运行过程中，尝试将一个数除以 0，而 0 是不能作为除数的。因此，程序会抛出 ZeroDivisionError 异常，报告除以 0 的错误情况。

在 Python 中，常见的运行时错误，见表 10-1。

表 10-1　Python 中常见的运行时错误

错误类型	说　明
ZeroDivisionError	零除错误
ValueError	值错误
IndexError	索引错误，序列中没有此索引
NameError	名字错误，未声明 / 初始化对象
AttributeError	属性错误，对象没有这个属性
Exception	常规错误的基类
TypeError	类型错误
UnicodeError	Unicode 相关错误
OSError	输入 / 输出错误
AssertionError	断言错误

10.1.2　什么是异常

异常（exception）是指在程序执行过程中出现的不正常或错误的情况，它是程序出错时标识的一种状态。当异常发生时，程序不会再向下执行，而转去调用此函数的地方待处理此错误并恢复为正常状态

异常表示程序在某一点上遇到了一个问题，导致程序无法正常继续执行。这些问题可以是多种多样的，具体如下：

1. 语法错误

语法错误（syntax errors）也称为解析错误，这是程序中的基本错误，通常是由于代码不符合编程语言的语法规则而引起的。这些错误通常发生在代码编写阶段，包括拼写错误、缺少括号、不匹配的缩进等。在语法错误的情况下，程序无法正确解析代码，导致编译或解释器报错。这些错误在程序解释或编译阶段就会被捕获，因此不会导致程序运行时的异常。

2. 运行时错误

运行时错误（runtime errors）也称为异常错误，这些错误在程序执行过程中出现，通常是由于输入数据不合法、文件不存在、内存不足、除零错误等问题引起的，运行时错误会导致程序中断或崩溃。运行时错误可以通过异常处理机制来捕获和处理，使程序能够在错误发生时提供适当的响应。

3. 逻辑错误

逻辑错误（logic errors）也称为 bug，这是程序中最隐蔽的错误，通常是由于程序的逻辑错误或算法错误导致的。程序会继续执行，但结果可能不符合预期。逻辑错误可能导致程序逻辑混乱、功能不完整或产生错误的输出。调试是解决逻辑错误的常见方法，通过检查代码逻辑、变量状态等来找出问题所在，并进行修复。

错误与异常的区别在于，错误通常是无法通过异常处理机制来捕获和处理的，而异常则是可以通过 try 和 except 等异常处理机制来捕获和处理的。Python 和其他编程语言提供了异常处理机制，用于捕获和处理异常情况，以便程序可以顺利地运行。当异常发生时，程序可以执行特定的异常处理代码，而不是崩溃或终止执行。

10.2　异常处理的作用

10.2.1　什么是异常处理

当一个程序发生异常时，代表该程序在执行时出现了非正常的情况，无法再执行下去。默认情况下，程序是要终止的。如果要避免程序退出，可以使用捕获异常的方式获取这个异常，再通过其他的逻辑代码让程序继续运行，这种根据异常做出的逻辑处理叫作异常处理。

异常处理（exception handling）是编程中的一种重要概念和技术，用于捕获、处理和响应程序执行过程中可能出现的异常情况，以确保程序能够更加稳定和可靠地运行。异常处理的主要目标是避免程序因异常而崩溃，并提供有关异常的有用信息，以便开发者可以识别和修复问题。

10.2.2　异常处理的目的

程序的执行过程中总会遇到许多可预知或不可预知的错误事件，例如，由于内存资源有限导致需要分配的内存失败了；或某个目录下本应存在的一个文件找不着了；或不小心被零除了、下标越界等。这些错误事件存在非常大的隐患，因此需要在程序中不断加入 if 语句，来判断是否有异常出现。如果有异常出现，就必须要及时处理，否则可能带来意想不到的，甚至是灾难性的后果。

异常处理在编程中起着非常重要的作用，开发者可以使用异常处理全面地控制自己的程序。异常处理不仅仅能够管理正常的流程运行，还能够在程序出错时对程序进行必要的处理，它大大提高了程序的健壮性和人机交互的友好性。使用异常处理后，以下是一些显著的优点：

（1）分离错误处理和核心逻辑：异常处理将错误处理代码与核心业务逻辑分离开来。意味着可以专注于编写主要功能，而不必在其中混合错误检查和处理。这提高了代码的可读性和可维护性。

（2）更有组织、更清晰的代码：异常处理使代码更有组织、更清晰。可以将异常处理逻辑集中在一个地方，而不是在整个代码中散布。这使得代码更易于理解和维护，同时也减少了代码重复。

（3）更容易实现复杂任务：异常处理使复杂任务更容易实现。当需要处理多种可能的异常情况时，异常处理机制可以以一种结构化的方式来处理它们，而不必编写大量的条件语句，这提高了代码的可扩展性。

（4）提高程序的安全性：异常处理有助于提高程序的安全性。它可以防止由于疏忽或恶意操作而导致的不安全情况，从而保护程序和数据的完整性。

（5）防止意外崩溃：异常处理防止了程序因为小的疏忽而意外崩溃。即使发生异常，程序也可以以一种受控的方式继续执行或提供友好的错误消息，而不会中断整个应用。

10.2.3 异常处理的方法

异常处理需要借助一些特定的语法来实现，和异常相关的语句主要有以下几种：

1. try 语句

使用 try 语句来包裹可能引发异常的代码块。try 语句允许程序执行可能引发异常的操作，并提供捕获和处理异常的机制。当 try 代码块中发生异常时，程序会立即跳转到与之对应的 except 代码块，并执行其中的代码来处理相应的异常情况。

```
try:
    # 可能引发异常的代码
except SomeException:
    # 处理特定类型的异常
```

2. raise 语句

raise 语句用于在代码中手动引发异常。它允许在特定条件下触发异常，以便进行自定义的错误处理或错误信息传递。可以在程序中使用 raise 语句来显式地引发异常，以便于在需要的时候控制异常的发生。

```
if condition:
    raise SomeException("Error message")
```

3. assert 语句

assert 语句用于检查程序中的条件是否为真。如果条件为假，assert 语句将引发 AssertionError 异常，这有助于在开发和调试中捕获潜在问题。

```
assert condition, "Error message"
```

这些异常相关的语句和语法可以帮助在程序中进行异常处理，允许程序在面对异常情况时以一种受控的方式执行特定操作，从而提高程序的可靠性和容错性。

10.3 try 语句

10.3.1 try…except 语句

try…except 语句用于捕获和处理异常，它至少包含一个 except 分支，并在异常发生时将程序转为正常状态并继续执行。

语法结构如下：

```
try:
    # 可能触发异常的语句
except 错误类型 1 as 变量 1:
    # 异常处理语句 1
except 错误类型 2 as 变量 2:
    # 异常处理语句 2
except (错误类型 3, 错误类型 4, ...) as 变量 3:
    # 异常处理语句 3
...
except:
    # 异常处理语句 other
else:
```

```
        # 未发生异常时执行的语句
    finally:
        # 最终执行语句
```

说明如下：

其中，as 子句用于绑定错误对象的变量，它是可选的，可以省略不写；except 子句可以有一个或多个，但至少要有一个；else 子句最多只能有一个，也可以省略不写；finally 子句最多只能有一个，也可以省略不写。

通过使用 try...except 语句，可以在程序中捕获并处理特定类型的异常，以便程序能够在发生异常时继续执行，或进行相应的异常处理操作。else 子句用于指定在没有发生异常时执行的代码，finally 子句用于指定无论是否发生异常都会执行的最终代码块。

【示例 10.3】糖果分配计算。

```
def divid():
    sugers = 10
    peoples = int(input("请输入人数:"))
    avg_suger = sugers / peoples
    print("平均每人分到了%s个糖" % avg_suger)
divid()
print("分糖果结束")
```

运行结果：

```
请输入人数:0
avg_suger = sugers / peoples
            ~~~~~~~^~~~~~~~~
ZeroDivisionError: division by zero
```

代码解析：

在上述代码中，定义了一个函数将 10 个糖平均分配给输入的人数，没有处理输入为 0 的情况。如果输入的人数为 0，会引发零除错误（zero division error），程序会立即停止并报告错误，“分糖果结束”的消息不会被打印出来。为了避免这个问题，可以在代码中添加适当的错误处理逻辑。

【示例 10.4】try except 语句。

```
def divid():
    sugers = 10
    peoples = int(input("请输入人数:"))
    avg_suger = sugers / peoples
    print("平均每人分到了%s个糖" % avg_suger)
try:
    divid()
except ZeroDivisionError:
    print("分糖果发生了零除错误，请输入正确的人数")
print("分糖果结束")
```

运行结果：

```
请输入人数:0
分糖果发生了零除错误，请输入正确的人数
分糖果结束
```

代码解析：

在上述修改后的代码中，对可能发生异常的代码进行异常捕获，将原来的代码放在了 try

语句块中，以捕捉可能发生的零除错误。如果在 divid() 函数中出现了零除错误，代码会跳转到 except ZeroDivisionError 块中执行相应的处理，即打印出“分糖果发生了零除错误，请输入正确的人数”的错误消息。

无论输入的人数是否为 0，程序都不会因零除错误而终止，而是继续执行后续的代码，即打印出“分糖果结束”的消息。这种异常处理的机制可以保证程序的稳定性，避免了意外终止。

当怀疑代码可能发生不同类型错误的时候，可以使用多条 except 语句进行捕获，并且可以使用 as 语句后的变量绑定错误，可以通过该变量查看错误相关的一些信息。

【示例 10.5】try except 语句，使用多个 except 语句来捕获不同类型的异常。

```
def divid():
    sugers = 10
    peoples = int(input("请输入人数:"))
    avg_suger = sugers / peoples
    print("平均每人分到了%s个糖" % avg_suger)
try:
    divid()
except ZeroDivisionError as e1:
    print("分糖果发生了零除错误，错误信息是:%s" % e1)
except ValueError as e2:
    print("分糖果发生了值错误，错误信息是:%s" % e2)
print("分糖果结束")
```

运行结果：

```
请输入人数:0
分糖果发生了零除错误，错误信息是:division by zero
分糖果结束
请输入人数:1o
分糖果发生了值错误，错误信息是:invalid literal for int() with base 10: '1o'
分糖果结束
```

在上述代码中，使用了多个 except 语句来捕获不同类型的异常，并且将异常对象绑定到相应的变量上。在 except ZeroDivisionError as e1 中，将零除错误绑定到变量 e1，在 except ValueError as e2 中，将值错误绑定到变量 e2。

这样，当出现零除错误时，会打印出“分糖果发生了零除错误，错误信息是 :division by zero”的错误消息,并将具体的错误信息作为变量 e1 的值输出。当输入的人数无法转换为整数时，会打印出“分糖果发生了值错误，错误信息是 :invalid literal for int() with base 10:"1o’" 的错误消息，并将具体的错误信息作为变量 e2 的值输出。无论是零除错误还是值错误，程序都会继续执行后续的代码，即打印出 " 分糖果结束 " 的消息。

【示例 10.6】try except 语句，except 后面不写错误类型。

```
def divid():
    sugers = 10
    peoples = int(input("请输入人数:"))
    avg_suger = sugers / peoples
    print("平均每人分到了%s个糖" % avg_suger)
try:
    divid()
except ZeroDivisionError as e1:
    print("分糖果发生了零除错误，错误信息是:%s" % e1)
except:
```

```
        print("发生了其他错误")
print("分糖果结束")
```

运行结果：

```
请输入人数:1o
发生了其他错误
分糖果结束
```

代码解析：

在上述代码中，except 后面不写错误类型的时候，表示除开其他有错误类型的分支之外的那些错误，都会进入到该分支进行处理。

【示例 10.7】try except 语句，添加一个 else 分支。

```
def divid():
    sugers = 10
    peoples = int(input("请输入人数:"))
    avg_suger = sugers / peoples
    print("平均每人分到了%s个糖" % avg_suger)
try:
    divid()
except ZeroDivisionError as e1:
    print("分糖果发生了零除错误，错误信息是:%s" % e1)
except ValueError:
    print("发生了值错误")
else:
    print("程序未发生异常")
print("分糖果结束")
```

运行结果：

```
请输入人数:2
平均每人分到了5.0个糖
程序未发生异常
分糖果结束
```

代码解析：

如果程序是正常执行的，并未发生任何错误，则会执行 else 分支中的代码。

在上述代码中，添加了一个 else 分支，它会在程序未发生任何异常的情况下执行。如果 try 块中的代码执行完毕并且没有触发任何异常，那么 else 分支中的代码会被执行。

当输入人数为 2 时，程序正常执行，计算出平均每人分到了 5.0 个糖，并打印相关信息。然后程序会执行 else 分支中的代码，即打印出“程序未发生异常”的消息。

最后无论程序是否发生异常，都会继续执行后续的代码，即打印出 "分糖果结束" 的消息。通过 else 分支，可以在程序未发生异常时执行特定的操作，增强程序的可读性和可操作性。

使用了 finally 分支来确保其中的代码无论程序是否发生异常都会执行。即使在 try 块中的代码引发了 ZeroDivisionError 或 ValueError 异常，finally 分支中的代码也会被执行。

【示例 10.8】try except 语句，使用 finally 分支。

```
def divid():
    sugers = 10
    peoples = int(input("请输入人数:"))
    avg_suger = sugers / peoples
```

```
    print(" 平均每人分到了 %s 个糖 " % avg_suger)

try:
    divid()
except ZeroDivisionError as e1:
    print(" 分糖果发生了零除错误 , 错误信息是 :%s" % e1)
else:
    print(" 程序未发生异常 ")
finally:
    print(" 不管如何，该条语句一定会执行 ")
print(" 分糖果结束 ")
```

运行结果 1：

```
请输入人数 :0
分糖果发生了零除错误 , 错误信息是 :division by zero
不管如何，该条语句一定会执行
分糖果结束
```

运行结果 2：

```
请输入人数 :1o
不管如何，该条语句一定会执行
ValueError: invalid literal for int() with base 10: '1o'
```

代码解析：

在运行结果 1 中，当输入人数为 0 时，触发了零除错误，程序捕获并处理该异常，并打印出相应的错误信息。然后，程序会执行 finally 分支中的代码，即打印出“不管如何，该条语句一定会执行”的消息。

在运行结果 2 中，当输入的人数为“1o”时，触发了值错误，并直接抛出异常。即使这种情况下没有显示捕获该异常，程序仍会执行 finally 分支中的代码。

10.3.2 try…finally 语句

try…finally 语句不会改变程序的正常或异常状态，try…finally 语句来做触发异常时必须要处理的事情，无论异常是否发生，finally 子句都会被执行。

语法结构如下：

```
try:
    可能触发异常的语句
finally:
    最终语句
```

【示例 10.9】模拟炒菜的过程，炒菜的流程一般是先打开天然气，再炒菜，最后关闭天然气。

```
def fry():
    print(" 打开天然气 ")
    n = int(input(" 请输入要炒菜的数量 :"))
    print(" 已经炒了 %d 个菜 " % n)
    print(" 关闭天然气 ")
fry()
```

运行结果：

```
打开天然气
请输入要炒菜的数量 :1o
```

```
n=int(input(".请输入要炒菜的数量："))
ValueError: invalid literal for int() with base 10: '1o'
```

代码解析：

在上述代码中，fry() 函数用于执行炒菜的流程，包括打开天然气、输入炒菜的数量、炒菜操作和关闭天然气。如果在输入炒菜数量的过程中发生了异常（输入的炒菜数量 '1o' 无法转换为整数，因此会引发 ValueError 异常），程序会终止并导致天然气没有关闭。

在炒菜的过程中出现了异常导致程序结束，最终天然气没有关闭。而天然气没有关闭有可能引发严重的事故。因此需要一些手段，让这种必须要做的事情无论在什么情况下都会去执行。

为了确保天然气关闭的操作无论发生什么异常情况都会被执行，可以使用 try 和 finally 语句结合的方式进行改写。以下是修改后的代码示例：

【示例 10.10】try…finally 语句。

```
def fry():
    try:
        print("打开天然气")
        n = int(input("请输入要炒菜的数量："))
        print("已经炒了 %d 个菜" % n)
    finally:
        print("关闭天然气")
fry()
```

运行结果：

```
打开天然气
请输入要炒菜的数量：1o
关闭天然气
n=int(input("请输入要炒菜的数量："))
ValueError: invalid literal for int() with base 10: '1o'
```

代码解析：

在上述代码中，首先打开天然气，然后用户输入了 '1o'，这是一个无法转换为整数的值，引发了 ValueError 异常。无论发生异常与否，finally 分支中的代码始终会执行，所以得到了关闭天然气的输出。

10.4　raise 语句

在开发项目过程中，有时需要调用者或使用者按照既定的参数或者既定的方式进行调用，当调用者不太清楚具体的业务逻辑而传递了错误的参数或者采取了错误的调用方式时应该对其进行通知，从而使得其进行规范性的调用。那么，有没有一种方法能做到快速通知呢?

raise 语句就可以实现这种功能。raise 语句可以触发一个错误，让程序进入异常状态。raise 语句用于在代码中手动引发一个异常。它可以用于两种情况：使用现有的异常类引发异常，或者创建自定义异常并引发它。

语法结构如下：

```
raise 错误类型
```

或

```
raise 错误对象
```

说明如下：

```
raise 后可跟一个错误类型，比如 raise ValueError
raise 后可跟一个错误对象，比如 raise ValueError( “值错误” )
```

【示例 10.11】raise 语句。

```
age=int(input(" 请输入年龄: "))
if not 0 <= age <= 100:
    raise ValueError
```

运行结果：

```
请输入年龄: 110
Traceback (most recent call last):
  File ... ... in<module>
    raise ValueError
ValueError
```

代码解析：

在上述代码中，首先使用 int(input(" 请输入年龄 : ")) 获取用户输入的年龄并转换为整数，然后判断这个年龄是否在 0 到 100 的范围内。如果不在该范围内，则使用 raise ValueError 引发一个 ValueError 异常。

当用户输入 110 作为年龄时，由于不在 0 到 100 的合法范围内，代码执行了 raise ValueError 语句，引发了 ValueError 异常。然后程序终止，并显示了异常的回溯追踪信息。通过使用 raise 语句，可以在代码中主动引发异常，以表示错误或特殊情况，从而能够更准确地处理程序的流程和逻辑。

【示例 10.12】raise 语句，将异常的信息传递给 ValueError 异常对象。

```
age=int(input(" 请输入年龄: "))
if not 0 <= age <= 100:
    raise ValueError(" 年龄不在 0 ~ 100 岁之间 ")
```

运行结果：

```
请输入年龄: 110
Traceback (most recent call last):
  File ... ... in<module>
    raise ValueError(" 年龄不在 0 ~ 100 岁之间 ")
ValueError: 年龄不在 0 ~ 100 岁之间
```

代码解析：

在上述代码中，将异常的信息传递给 ValueError 异常对象，并在引发异常时提供了自定义的异常信息。当用户输入 110 作为年龄时，由于不在 0 到 100 的合法范围内，代码执行了 raise ValueError(" 年龄不在 0-100 岁之间 ") 语句，引发了一个带有自定义异常信息的 ValueError 异常，然后程序终止，并显示了异常的回溯追踪信息。

【示例 10.13】使用 try…except 语句和 raise 语句。

```
try:
    age=int(input(" 请输入年龄: "))
    if not 0 <= age <= 100:
        raise ValueError(" 年龄不在 0 ~ 100 岁之间 ")
except ValueError as e:
    print(" 捕获的异常是 :%s" % e)
```

运行结果：

```
请输入年龄：110
捕获的异常是：年龄不在 0 ～ 100 岁之间
```

代码解析：

在上述代码中，使用了 try...except 语句来捕获可能发生的异常，并对异常进行处理。

当用户输入 110 作为年龄时，由于不在 0 到 100 的合法范围内，代码执行了 raise ValueError("年龄不在 0 ～ 100 岁之间") 语句，引发了一个带有自定义异常信息的 ValueError 异常。然后程序利用 except ValueError as e 捕获到了这个异常，并通过 print() 函数打印了异常信息。

10.5　assert 语句

assert 语句又被称为断言，可以帮助在条件不满足程序运行的情况下直接返回错误，而不必等待程序运行出现崩溃后再退出程序。

语法结构如下：

```
assert 真值表达式，错误数据（通常是字符串）
```

说明如下：

在使用 assert 语句时，系统会先判断 assert 后面紧跟的真值表达式是 True 还是 False, 如果是 True, 则继续往下执行语句。如果真值表达式为 False 时，用错误数据创建一个 AssertionError 类型的错误，并进入异常状态。

【示例 10.14】assert 语句。

```
age=int(input("请输入年龄："))
assert 0 <= age <= 100, "年龄不在 0 ～ 100 岁之间"
```

运行结果：

```
请输入年龄：110
Traceback (most recent call last):
  File ... ..., in<module>
    assert 0 <= age <= 100, "年龄不在 0 ～ 100 岁之间"
AssertionError: 年龄不在 0 ～ 100 岁之间
```

代码解析：

在上述代码中，使用了 assert 语句来进行断言检查，并在条件不满足时引发了 AssertionError 异常。当用户输入 110 作为年龄时，通过执行 assert 0<= age<= 100, "年龄不在 0 ～ 100 岁之间" 语句进行断言检查。由于输入的年龄不在 0 到 100 的合法范围内，条件不满足，因此引发了一个 AssertionError 异常，并显示了自定义的错误信息“年龄不在 0 ～ 100 岁之间”。

10.6　项目实训

10.6.1　实训需求

学生考试成绩管理系统可以高效、快捷的管理班级的学生成绩，以节约老师的工作量。现编写一个学生成绩管理系统，包含录入学生信息功能和查询学生信息的功能。录入信息包括学号、姓名、语文、数学、英语成绩。查询学生信息要能查到上述所有信息，此外还要查到各科排名以及总分排名。在程序中可能会有一些地方会抛异常，需要对其进行异常处理。

10.6.2 实训步骤

1. 定义录入成绩的函数

```
import time

def input_score():
    """ 录入成绩 """
    all_dic = {}
    i = 1
    while True:
        try:
            print(" 请输入第 %d 个学生信息 " % i)
            stu_id = input(" 请输入学号 :")
            name = input(" 请输入姓名 :")
            chinese = int(input(" 请输入语文成绩 :"))
            math = int(input(" 请输入数学成绩 :"))
            english = int(input(" 请输入英语成绩 :"))
            stu_dic = {"id": stu_id, "name": name,
                       "chinese": chinese, "math": math, "english": english,
                       "total_score": chinese+math+english}
            all_dic[stu_id] = stu_dic
            option = input(" 是否继续录入 (Y 表示继续，其他表示结束 ):")
            time.sleep(0.5)
            if option != "Y":
                print(" 录入结束 , 一共录入了 %d 个学生成绩 " % i)
                return all_dic
            i += 1
        except ValueError as e:
            print(" 录入信息时发生了错误 , 具体信息是 :%s, 请重新核对输入 " % e)
```

2. 定义查询学生成绩的函数

```
def query_score(all_dic):
    while True:
        stu_id = input(" 请输入学号 :")
        try:
            stu_info = all_dic[stu_id]
            return stu_info
        except KeyError:
            stu_ids = '|'.join([i for i in all_dic.keys()])
            print(" 没有此学号，请仔细检查，已有学号包括 :%s" % stu_ids)
```

3. 定义计算各科成绩排名的函数

```
def calc_rank(local_chinese, local_math, local_english, local_total, all_dic):
    # 计算各科排名
    rank_c, rank_m, rank_e, rank_t = 1, 1, 1, 1
    try:
        for score_item in all_dic.values():
            if score_item['chinese'] > local_chinese:
```

```
                rank_c += 1
            if score_item['math'] > local_math:
                rank_m += 1
            if score_item['english'] > local_english:
                rank_e += 1
            if score_item['total_score'] > local_total:
                rank_t += 1
        return rank_c, rank_m, rank_e, rank_t
    except Exception:
        msg = "Exception"
        return msg, msg, msg, msg
```

4. 定义打印学生信息的函数

```
def print_stuinfo(all_dic):
    # 查询学生成绩
    if len(all_dic) == 0:
        print("还没有录入任何学生成绩，无法查询")
        return
    stu_info = query_score(all_dic)
    stu_id = stu_info['id']
    stu_name = stu_info['name']
    local_chinese = stu_info['chinese']
    local_math = stu_info['math']
    local_english = stu_info['english']
    local_total = stu_info['total_score']
    # 计算各科排名
    rank_c, rank_m, rank_e, rank_t = calc_rank(local_chinese, local_math,
local_english, local_total, all_dic)
    # 打印学生信息
    title = "+" + "-" * 44 + '+'
    print(title)
    print("|%s|" % ("Information of Student %s" % stu_name).center(44))
    print(title)
    print("|%s|%s|%s|%s|" % ('id'.center(10), stu_id.center(10),
                             'name'.center(6), stu_name.center(15)))
    print("|%s|%s|%s|%s|" % ('chinese'.center(10), str(local_chinese).center(10),
                             'rank'.center(6), str(rank_c).center(15)))
    print("|%s|%s|%s|%s|" % ('math'.center(10), str(local_math).center(10),
                             'rank'.center(6), str(rank_m).center(15)))
    print("|%s|%s|%s|%s|" % ('english'.center(10), str(local_english).center(10),
                             'rank'.center(6), str(rank_e).center(15)))
    print("|%s|%s|%s|%s|" % ('total'.center(10), str(local_total).center(10),
                             'rank'.center(6), str(rank_t).center(15)))
    print(title)
```

5. 定义显示菜单的函数

```
def show_menu():
    print("""+----------------------+
|  1) 录入学生成绩                    |
|  2) 查询学生成绩                    |
|  q) 退出                            |
+------------------------------------+""")
```

6. 定义主函数并调用

```
def main():
    all_dic = {}
    while True:
        show_menu()
        op = input("请选择:")
        if op == '1':
            stu_dic = input_score()
            all_dic.update(stu_dic)
        elif op == '2':
            print_stuinfo(all_dic)
            input("请输入回车继续:")
        elif op.lower() == 'q':
            print("退出程序! ")
            return
        else:
            print("输入错误，请重新输入")


if __name__ == '__main__':
    main()
```

10.6.3 实现效果

编码完成之后，运行程序，首先选择操作 1 录入学生成绩，依次录入第 1 个学生张三、第 2 个同学李四、第三个同学王五，退出录入成绩；然后，选择操作 2 查询学生成绩，查询李四各科及总成绩的排名，成绩实现结果显示如下：

```
+----------------------------------+
|  1) 录入学生成绩                  |
|  2) 查询学生成绩                  |
|  q) 退出                          |
+----------------------------------+
请选择:1
请输入第 1 个学生信息
请输入学号:10
请输入姓名:张三
请输入语文成绩:99
请输入数学成绩:93
请输入英语成绩:60
是否继续录入(Y表示继续，其他表示结束):Y
请输入第 2 个学生信息
请输入学号:11
请输入姓名:李四
请输入语文成绩:80
请输入数学成绩:95
请输入英语成绩:92
是否继续录入(Y表示继续，其他表示结束):
录入结束，一共录入了 2 个学生成绩
+----------------------------------+
|  1) 录入学生成绩                  |
|  2) 查询学生成绩                  |
```

```
|  q) 退出                          |
+----------------------------------+
请选择 :2
请输入学号 :11
+-------------------------------------------+
|         Information of Student 李四        |
+-------------------------------------------+
|   id     |    11    | name |       李四     |
|  chinese |    80    | rank |        2      |
|   math   |    95    | rank |        1      |
|  english |    92    | rank |        1      |
|   total  |   267    | rank |        1      |
+-------------------------------------------+
请输入回车继续 :
```

小　结

异常处理是 Python 编程中至关重要的一个概念，它能够帮助程序员有效地应对程序中可能出现的错误情况，提高代码的可靠性和可维护性。在本章中，深入探讨异常处理的各个方面。首先，详细介绍异常和错误的概念。深入探讨异常的不同类型，例如，语法错误、运行时错误和逻辑错误，并讨论如何正确地处理它们。然后学习如何捕获和处理异常，探讨异常处理的作用，并详细讨论这些优点。其次，深入研究 try 语句。try 语句是一种强大的异常处理工具，它允许编写代码块，用于监测可能出现异常的区域，并在出现异常时采取相应的操作。通过学习 try...except 语句和 try...finally 语句的语法和用法，并通过实例来展示如何正确地使用 try 语句来解决常见的编程问题，还介绍了 raise 语句和 assert 语句。raise 语句用于手动引发异常，允许在代码中指定问题，并在需要时引发异常。assert 语句用于检查程序的状态，如果条件不满足，则会引发异常。详细讨论这两个语句的使用方式，并提供示例来更好地理解它们的作用。最后，以一个项目实训来结束本章。通过将异常处理的知识应用到一个真实的 Python 项目中，展示如何在实际项目中有效应对异常和错误，提高项目的稳定性和可维护性。

习　题

一、选择题

1. 关于异常和错误的描述正确的是（　　）。
   A. 错误包括语法错误和运行时错误　　B. 异常是指程序出错时标识的一种状态
   C. IndexError 表示缩进错误　　D. 10 / 0 会引发语法错误
2. 异常处理的主要目的是（　　）。
   A. 防止程序崩溃　　B. 提高代码的运行效率
   C. 简化代码的编写　　D. 提供错误信息和处理方式
3. try 语句的作用是（　　）。
   A. 捕获异常并进行处理　　B. 执行一段特定的代码

C. 控制循环的执行次数　　D. 定义一个函数或方法

4. try 语句中的 finally 块的作用是（　　）。

A. 捕获并处理异常

B. 执行无论是否发生异常都要执行的代码

C. 定义循环体

D. 结束 try 语句的执行

5. 关于 raise 语句的说法正确的是（　　）。

A. raise 语句可以将程序的异常状态转为正常

B. raise 语句可以起到通知的作用

C. raise 后可以接一个错误类型

D. raise 后可以接一个错误对象

6. 在 raise 语句中可以使用（　　）类型的对象作为异常。

A. 任何对象都可以作为异常　　B. 只能使用字符串

C. 只能使用数值类型　　D. 只能使用预定义的异常类型

7. assert 语句的作用是（　　）。

A. 用于迭代循环　　B. 用于异常处理

C. 用于断言条件是否为真　　D. 用于比较运算

8. assert 语句在运行过程中，当条件不满足时会发生（　　）。

A. 继续执行后续代码　　B. 引发 AssertionError 异常

C. 跳到先前的循环开始处　　D. 引发 ValueError 异常

二、编程题

1. 编写一个程序，提示用户输入一个数字，然后将其转换为整数并输出。如果用户输入的不是数字，程序应该捕获异常并输出错误信息。

2. 编写一个程序，提示用户输入一个文件名，然后打开该文件并输出其中的内容。如果文件不存在，程序应该捕获异常并输出错误信息。

3. 编写一个程序，提示用户输入两个数字，并计算它们的商。如果第二个数字为 0，程序应该捕获异常并输出错误信息。

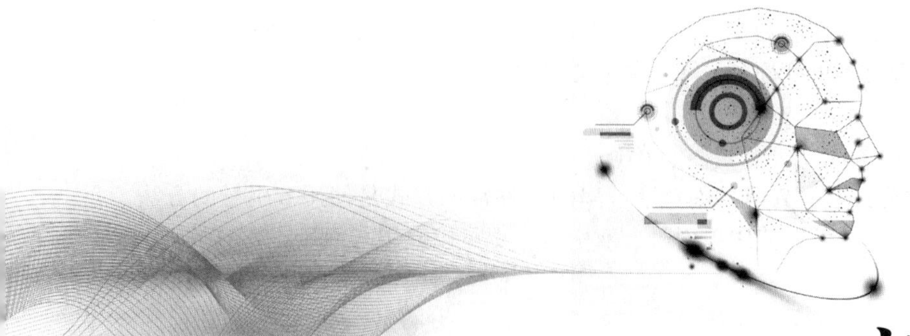

第 11 章 文件操作

本章导学：

文件操作是指在计算机中对文件进行各种处理和操作的过程。在 Python 编程中，文件操作是一个重要的组成部分，它在处理数据、保存数据、文件管理、记录日志和读写配置文件等方面起着至关重要的作用。文件操作非常灵活且易于使用，它提供了丰富的功能和方法来满足各种文件处理需求。本章将介绍字节串和字节数组的概念、文件的基本概念、文件操作的方法和模式、文件读写和数据处理技巧等。

学习目标：

- 掌握字节串和字节数组常见操作。
- 了解文件的概念、掌握文件操作的方法和模式。
- 掌握 open 函数的用法。
- 掌握 with 语句的使用。
- 通过学习本章提供的案例，学会文件操作的实践应用。

11.1 字节串和字节数组

11.1.1 字节串

1. 字节串的概念

Python 中用 bytes 来表示字节串，它可以存储以字节为单位的数据，是不可变的字节序列，每个字节的取值范围在 0 到 255 之间（字节是 0 ～ 255 之间的整数）。

bytes 只负责以字节序列的形式（二进制形式）来存储数据，至于这些数据到底表示什么内容（字符串、数字、图片、音频等），完全由程序的解析方式决定。如果采用合适的字符编码方式（字符集），字节串可以恢复成字符串；反之亦然，字符串也可以转换成字节串。

字节串和字符串的区别：

（1）字符串由若干个字符组成，以字符为单位进行操作；字节串由若干个字节组成，以字节为单位进行操作。

（2）字节串和字符串除了操作的数据单元不同之外，它们支持的方法基本相同。

（3）字节串和字符串都是不可变序列，不能随意增加和删除数据。

2. 字节串的方法

在 Python 中，可以使用多种方法来创建字节串。

（1）使用 b 引号的方式创建字节串。创建字节串的一种常见方式是使用 b 引号的方法，它类似于创建字符串的方式。引号可以使用单引号、双引号，也可以使用三引号。

语法结构如下：

```
b' 内容 '
```

或者

```
b" 内容 "
```

或者

```
b''' 内容 '''
```

或者

```
b""" 内容 """
```

需要注意的是，在上述语法中，b 也可以替换为大写的 B。这种方式让可以直接指定字节串的内容，就像创建字符串时一样。通过在引号前加上 b 或 B，Python 会将引号中的内容识别为字节串而不是字符串。

【示例 11.1】 使用 b 引号的方式创建字节串。

```
print(b'')                    # 输出 b''
print(b'abc')                 # 输出 b'abc'
print(type(b'abc'))           # 输出 <class 'bytes'>
print(B"hello world")         # 输出 b'hello world'
```

运行结果：

```
b''
b'abc'
<class 'bytes'>
b'hello world'
```

代码解析：

在上述代码中，展示了使用 b 或 B 引号创建字节串的方法。在引号内的内容被视为字节串的值。b'' 是一个空的字节串，它不包含任何字节。b'abc' 是包含字符 abc 的字节串，它由具体的字节值组成。使用 type() 函数可以确定一个对象的类型，type(b'abc') 返回 <class 'bytes'>，表示字节串类型。大写的 B 引号同样可以用于创建字节串，如 B"hello world"。

（2）使用构造函数 bytes() 创建字节串。可以使用构造函数 bytes() 来创建字节串。构造函数 bytes() 接收不同类型的参数，根据构造函数传入参数的不同，可以创建不同的字节串。

语法结构如下：

```
bytes(参数)
```

说明如下：

① 当参数为空时，创建的是一个空字节串，等同于 b''。

② 当参数为整型可迭代对象，会用可迭代对象中那些整数初始化一个字节串。

③ 当参数为一个整数 n 时，会生成 n 个值为零的字节串。

④ 参数可以是字符串和编码方式，会通过此种编码方式将字符串转为字节串。

【示例 11.2】使用构造函数 bytes() 创建字节串。

```
print(bytes())                              # 输出 b''
print(bytes([65, 66, 67, 68]))              # 输出 b'ABCD'
print(bytes(5))                             # 输出 b'\x00\x00\x00\x00\x00'
print(bytes(' 中国 ', encoding='utf-8'))# 输出 b'\xe4\xb8\xad\xe5\x9b\xbd'
```

运行结果：

```
b''
b'ABCD'
b'\x00\x00\x00\x00\x00'
b'\xe4\xb8\xad\xe5\x9b\xbd'
```

代码解析：

在上述代码中，展示了使用 bytes() 构造函数创建字节串的不同方式。bytes() 函数不传入任何参数时，会创建一个空的字节串，即 b''。bytes([65, 66, 67, 68]) 使用一个整数列表 [65, 66, 67, 68] 作为参数，创建了一个包含对应 ASCII 值的字节串。结果为 b'ABCD'。bytes(5) 使用一个整数参数 5，创建了一个 5 个零字节 (\x00) 构成的字节串。结果为 b'\x00\x00\x00\x00\x00'。bytes(' 中国 ', encoding='utf-8') 使用一个字符串参数 ' 中国 '，并指定编码方式为 UTF-8（通过 encoding='utf-8'），创建了一个包含相应字节的字节串。结果为 b'\xe4\xb8\xad\xe5\x9b\xbd'。

3. 节串的运算

字节串的运算与字符串的运算相似，主要包括以下运算符：

```
+  +=  *  *=  <  <=  >  >=  ==  !=  in  not in
```

（1）加法运算符（+）：用于连接两个字节串。

```
b'ab' + b'cd'  # 结果为 b'abcd'
```

（2）加法赋值运算符（+=）：将右侧的字节串连接到左侧的字节串上，然后将结果赋值给左侧的字节串。

```
a = b'ab'
a += b'cd'
print(a)  # 结果为 b'abcd'
```

（3）乘法运算符（*）：用于重复一个字节串多次。

```
b'ab' * 2  # 结果为 b'abab'
```

（4）乘法赋值运算符（*=）：将字节串重复指定次数，然后将结果赋值给原字节串。

```
a = b'ab'
a *= 2
print(a)  # 结果为 b'abab'
```

（5）小于运算符（<）、小于等于运算符（<=）、大于运算符（>）、大于等于运算符（>=）：用于比较字节串的大小关系，按照字节的值逐个比较，类似于字典序。

```
b'ab' < b'abc'  # 结果为 True
```

（6）相等运算符 (==)：用于比较两个字节串是否相等。

```
b'ab' == b'cd'  # 结果为 False
```

（7）不等运算符 (!=)：用于判断两个字节串是否不相等。

```
b'ab' != b'cd'  # 结果为 True
```

（8）成员运算符 (in、not in)：用于判断一个字节串是否是另一个字节串的子串。

```
b'ab' in b'abc'  # 结果为 True
```

这些运算符使得可以在字节串上进行连接、重复、比较和判断子串等操作，与字符串的运算方式相似。注意：在进行运算时，字节串和字符串之间不能直接混合使用运算符，需要进行类型转换才能进行操作。

【示例 11.3】字节串的运算。

```
print(b"ab" + b"cd")            # 输出 b'abcd'
print(b"ab" * 2)                # 输出 b'abab'
print(b"ab" == b"cd")           # 输出 False
print(b"ab" in b"abc")          # 输出 True
print(b"ab" < b"abc")           # 输出 True
```

运行结果：

```
b'abcd'
b'abab'
False
True
True
```

代码解析：

在上述代码中，展示了在 Python 中使用字节串的一些操作：b"ab" + b"cd" 使用加号操作符 (+) 连接两个字节串 b"ab" 和 b"cd"，得到结果 b'abcd'；b"ab" * 2 使用乘号操作符 (*) 使字节串 b"ab" 重复两次，得到结果 b'abab'；b"ab" == b"cd" 使用相等运算符 (==) 比较字节串 b"ab" 和 b"cd" 是否相等，结果为 False。b"ab" in b"abc" 使用运算符 in 检查字节串 b"ab" 是否是字节串 b"abc" 的子串，结果为 True；b"ab"< b"abc" 使用小于运算符 (<) 比较字节串 b"ab" 和 b"abc" 的大小关系，结果为 True。

4. 字节串的索引与切片

字节串的索引与切片规则与字符串相同，具体示例如下：

【示例 11.4】字节串的索引与切片。

```
b = b"abcdefg"
print(b[0])             # 索引第一个字节，输出 97
print(b[-1])            # 索引倒数第一个字节，输出 103
print(b[:2])            # 切片前两个字节，输出 b'ab'
print(b[::-1])          # 反向切片，输出 b'gfedcba'
```

运行结果：

```
97
103
b'ab'
b'gfedcba'
```

代码解析：

在上述代码中，展示了在字节串上进行索引和切片操作的用法和规则。

索引操作：使用方括号 [] 加上索引值，从左到右对字节串进行索引，索引值从 0 开始。负数索引从右到左，-1 表示倒数第一个字节。

切片操作：使用方括号 [] 加上切片范围，采用 start:stop:step 的格式，从字节串中选择一部分。其中，start 表示起始索引（包含），stop 表示结束索引（不包含），step 表示步长。默认 start 是 0，stop 是字节串的长度，step 是 1。可以使用负数索引和反向步长实现反向切片。

需要注意的是字节串是不可变对象，因此不支持通过索引赋值改变其中的字节值。如果尝试进行赋值操作，会抛出 TypeError 异常。

5. 字节串与字符串的相互转换

字节串和字符串可以进行相互转换，字符串转字节串叫编码，字节串转字符串叫解码。在 Python 中，可以使用 str.encode() 方法将字符串转换为字节串，也可以使用 bytes.decode() 方法将字节串转换为字符串。

（1）字符串转字节串：字符串转字节串可以通过字符串的 encode() 方法进行转换。

语法结构如下：

```
s.encode(编码方式)
```

【示例 11.5】字符串转字节串。

```
s = "中国"
b = s.encode("utf-8")
print(b)  # 输出 b'\xe4\xb8\xad\xe5\x9b\xbd'
```

运行结果：

```
b'\xe4\xb8\xad\xe5\x9b\xbd'
```

代码解析：

在上述代码中，使用字符串的 encode("utf-8") 方法将字符串“中国”使用 UTF-8 编码转换为对应的字节串。输出结果为 b'\xe4\xb8\xad\xe5\x9b\xbd'。UTF-8 是一种通用的字符编码方式，可以表示世界上几乎所有的字符。在 UTF-8 中，汉字“中”的编码是 \xe4\xb8\xad，汉字“国”的编码是 \xe5\x9b\xbd。

（2）字节串转字符串：字节串转字符串可以通过字节串的 decode 方法进行转换。

语法：

```
b.decode(编码方式)
```

【示例 11.6】字节串转字符串。

```
b1 = b'\xe4\xb8\xad\xe5\x9b\xbd'
s1 = b1.decode('utf-8')
print(s1)  # 输出 '中国'

b2 = b'abc'
s2 = b2.decode()
print(s2)  # 输出 'abc'
```

运行结果：

```
中国
abc
```

代码解析：

在上述代码中，使用字节串的 decode('utf-8') 方法将字节串 b'\xe4\xb8\xad\xe5\x9b\xbd' 使用 UTF-8 解码，将其转换为对应的字符串，输出结果为 '中国'。同时，示例中还展示了无须指定编码方式的字节串解码，字节串 b'abc' 使用默认的 UTF-8 解码，得到了字符串 'abc'。

11.1.2　字节数组

1. 字节数组概念

字节数组是 Python 中用于表示可修改的字节序列的数据类型。字节数组以类似于列表的形式存储字节值，并且可以对其进行修改。可以通过将字符串或字节串作为参数传递给 bytearray()

函数来创建，与字节串不同的是，字节数组是可变的字节序列。

语法结构如下：

```
bytearray(参数)
```

说明如下：

（1）当参数为空时，创建的是一个空的字节数组。

（2）当参数为整型可迭代对象，会用可迭代对象中那些整数初始化一个字节数组。

（3）当参数为一个整数 *n* 时，会生成 *n* 个值为零的字节数组。

（4）参数可以是字符串和编码方式，会通过此种编码方式将字符串转为字节数组。

【示例 11.7】字节数组。

```
print(bytearray())
# 输出：bytearray(b'')
print(bytearray([1, 2, 3, 4]))
# 输出：bytearray(b'\x01\x02\x03\x04')
print(bytearray(4))
# 输出：bytearray(b'\x00\x00\x00\x00')
print(bytearray("中国", encoding='utf-8'))
# 输出：bytearray(b'\xe4\xb8\xad\xe5\x9b\xbd')
```

运行结果：

```
bytearray(b'')
bytearray(b'\x01\x02\x03\x04')
bytearray(b'\x00\x00\x00\x00')
bytearray(b'\xe4\xb8\xad\xe5\x9b\xbd')
```

代码解析：

在上述代码中，展示了不同方式创建字节数组的用法以及结果。

（1）bytearray()：创建一个空的字节数组，表示为 bytearray(b'')。

（2）bytearray([1, 2, 3, 4])：通过列表创建字节数组，该字节数组包含了列表中的元素对应的字节值，表示为 bytearray(b'\x01\x02\x03\x04')。

（3）bytearray(4)：创建指定长度为 4 的字节数组，初始值为 0，表示为 bytearray(b'\x00\x00\x00\x00')。

（4）bytearray("中国", encoding='utf-8')：通过字符串创建字节数组，使用 UTF-8 编码将字符串转换为字节序列，表示为 bytearray(b'\xe4\xb8\xad\xe5\x9b\xbd')。

2. 字节数组的运算

字节数组的运算与字节串的运算相似，主要包括以下运算符：

```
+  +=  * *=  < <= > >=  ==  !=  in  not in
```

【示例 11.8】字节数组的运算。

```
print(bytearray(b'ab')+bytearray(b'cd'))
# 输出：bytearrat(b'abcd')
print(bytearray(b'ab') * 2)
# 输出：bytearray(b'abab')
print(bytearray(b'ab') in bytearray(b'abc'))
# 输出：True
print(bytearray(b'ab') < bytearray(b'bb'))
# 输出：True
```

运行结果：

```
betearray(b'abcd')
bytearray(b'abab')
True
True
```

代码解析：

在上述代码中，展示了字节数组的一些常见操作。

（1）bytearray(b'ab')+bytenay(b'cd)：将两个字节数组相连接，得到字节数组 bytrarray(b'abcd')。

（2）bytearray(b'ab') * 2：将字节数组重复两次，得到字节数组 bytearray(b'abab')。

（3）bytearray(b'ab') in bytearray(b'abc')：判断字节数组 bytearray(b'ab') 是否包含在字节数组 bytearray(b'abc') 中，结果为 True。

（4）bytearray(b'ab')< bytearray(b'bb')：比较字节数组 bytearray(b'ab') 和 bytearray(b'bb') 的大小关系，由于 'a' 字节小于 'b' 字节，所以结果为 True。

3. 字节数组的索引与切片

字节数组的索引与切片规则与字符串大体相同，但由于字节数组是可变对象，因此支持索引和切片赋值。通过索引和切片操作，可以在字节数组中访问和修改特定的元素，并且可以创建新的字节数组。

【示例 11.9】字节数组的索引与切片。

```
b = bytearray(b'abcdefg')
print(b[0])
# 输出：97
print(b[0::2])
# 输出：bytearray(b'aceg')
b[0] = 65
print(b)
# 输出：bytearray(b'Abcdefg')
```

运行结果：

```
97
bytearray(b'aceg')
bytearray(b'Abcdefg')
```

代码解析：

在上述代码中，展示了对字节数组进行索引和切片操作。

（1）b[0]：使用索引操作获取字节数组 b 中的第一个元素，得到整数值 97。

（2）b[::2]：使用切片操作获取字节数组 b 中间隔为 2 的元素，得到一个新的字节数组 bytearray(b'aceg')。

（3）b[0]=65：使用索引赋值操作将字节数组 b 中的第一个元素修改为整数值 65，即字母 'A'。

4. 字节数组的方法

字节数组的常见方法见表 11-1。

表 11-1　字节数组的常见方法

方　法	说　明
clear()	清空字节数组
append(n)	追加一个字节（n 为 0 ～ 255 的整数）

续表

方　法	说　明
remove(value)	删除第一个出现的字节，如果没有出现，则产生 ValueError 错误
reverse()	将字节数组进行反转
decode(encoding=' 编码方式 ')	解码，转为字符串
find(sub[, start[, end]])	查找

【示例 11.10】字节数组的常见方法。

```
b = bytearray(b'abc')
print(b)
# 输出：bytearray(b'abc')
b.append(100)
print(b)
# 输出：bytearray(b'abcd')
b.remove(97)
print(b)
# 输出：bytearray(b'bcd')
b.reverse()
print(b)
# 输出：bytearray(b'dcb')
print(b.find(98))
# 输出：2
print(b.decode())
# 输出：'dcb'
```

运行结果：

```
bytearray(b'abc')
bytearray(b'abcd')
bytearray(b'bcd')
bytearray(b'dcb')
2
dcb
```

代码解析：

在上述代码中，展示了对字节数组的常见操作。

（1）bytearray(b'abc')：创建字节数组 b，内容为 bytearray(b'abc')。

（2）b.append(100)：在字节数组的末尾追加字节 100，得到修改后的字节数组 bytearray(b'abcd')。

（3）b.remove(97)：移除字节数组中第一次出现的字节值 97，得到修改后的字节数组 bytearray(b'bcd')。

（4）b.reverse()：反转字节数组中的字节顺序，得到修改后的字节数组 bytearray(b'dcb')。

（5）b.find(98)：查找字节数组中字节值 98 的索引，结果为 2。

（6）b.decode()：将字节数组解码为字符串，得到字符串 'dcb'。

11.2　文件的概念

11.2.1　什么是文件

1. 文件概述

文件是计算机系统中存储数据的一种载体，它通常用于长期保存和组织数据。文件可以包含各种类型的数据，例如，文本、图像、音频等。在计算机系统中，文件被组织成层次结构的目录和子目录，并使用文件系统来管理和访问这些文件。

文件以字节为单位进行存储，在存储设备上占据一定的空间。每个文件都有一个唯一的路径，用于标识和访问该文件。文件名通常由字符和数字组成，可以包含扩展名来指示文件的类型。

文件的操作包括创建、打开、读取、写入、关闭和删除等。通过这些操作，用户可以对文件进行读取和写入操作，以及对文件的属性和权限进行管理。

2. 文件分类

通常，文件可以分为文本文件和二进制文件两种类型。

文本文件中存储的是字符数据，以行为单位进行分隔。在 Python 中，文本文件的换行符统一使用“\n”进行分隔。读取和写入文本文件时，需要使用字符串（str）进行数据操作。

而二进制文件通常使用字节串（bytes）进行操作，其中存储的数据不以字符形式表示。常见的二进制文件包括图片、视频、音频等，这些文件中的数据以字节的形式存储。

一些常见的文本文件类型包括 txt 文件和 csv 文件，用于存储纯文本数据。而常见的二进制文件类型包括图片、视频和音频文件，它们以二进制形式存储对应的数据。

几种常见的文件分类方式：

（1）文本文件：包含纯文本数据，如 .txt、.csv 等。

（2）图像文件：包含图像数据，如 .jpg、.png 等。

（3）音频文件：包含音频数据，如 .mp3、.wav 等。

（4）视频文件：包含视频数据，如 .mp4、.avi 等。

（5）可执行文件：包含可执行程序的二进制代码，如 .exe、.app 等。

11.2.2　什么是文件操作

在 Python 中，对文件的操作有很多种，常见的操作包括创建、删除、修改权限、读取、写入等，这些操作可大致分为以下两类：

1. 系统级操作

系统级操作包括文件的创建、删除和修改权限等，这些操作作用于文件本身。在 Python 中，可以借助专用模块（如 os、sys 等）来实现这些功能，通过调用模块中的指定函数来执行对文件的系统级操作。

2. 应用级操作

应用级操作是文件最常用的操作，主要包括文件的读取和写入。这些操作作用于文件的内容。通常需要按照一定的步骤进行操作，可以将其称为文件的应用级操作。

对于系统级操作，它具有单一的功能，比较容易实现。而对于应用级操作，主要涉及文件内容的读取和写入，需要按照特定的步骤来执行。在 Python 中，可以使用内置的文件操作函数和方法（如 open() 函数）来实现具体的应用级操作。本章节关于文件操作指的就是文件的应用级操作。

11.2.3 文件操作的步骤

文件的应用级操作通常可以分为以下三个步骤，每个步骤需要使用相应的函数进行实现：

1. 打开文件

使用 open() 函数来打开文件，该函数会返回一个文件对象，用于后续的读取和写入操作。

2. 对已打开文件进行读 / 写操作

读取文件内容：可以使用 read()、readline() 或 readlines() 等函数进行读取。read() 用于将整个文件内容读取为一个字符串；readline() 用于逐行读取文件内容；readlines() 用于将文件内容按行读取，并返回一个包含所有行的列表。写入文件内容：可以使用 write() 函数将数据写入文件。需要注意的是，写入的数据必须是字符串类型。

3. 关闭文件

在完成对文件的读 / 写操作后，最后需要使用 close() 函数来关闭文件以释放资源。

11.3 open() 函数

在 Python 中，如果想要操作文件，首先需要创建或者打开指定的文件，而这些工作可以通过内置的 open() 函数实现。open() 函数用于打开一个文件，返回此文件对应的文件流对象，如果打开失败，则会触发 OSError 错误。

语法结构如下

```
f = open(file, mode='r', buffering=None, encoding=None)
```

说明如下：

① file: 要打开的文件路径。

② mode: 文件操作模式，默认为 'r'，表示读取文本文件。

③ buffering：用于指定对文件做读写操作时，是否使用缓冲区，默认使用。

④ encoding: 打开文件的编码方式。

⑤ 返回值：一个文件流对象。

【示例 11.11】open() 函数。

```
f = open('aa.txt')  # 首先提前创建好 aa.txt 文件
print(f)
```

运行结果：

```
<_io.TextIOWrapper name='aa.txt' mode='r' encoding='cp936'>
```

代码解析：

在上述代码中，open() 函数返回一个文件对象，上述代码中的 f 就是打开的文件对象。文件名为 'aa.txt'，使用了默认的只读模式（'r'）进行打开。其中 'cp936' 是编码方式，表示使用的是中文简体编码(GBK/GB2312)。需要注意：在运行该代码之前，确保 'aa.txt' 文件已经提前手动创建好。

【示例 11.12】open() 函数，文件不存在时，会抛出 FileNotFoundError 错误。

```
f = open('bb.txt')
print(f)
```

运行结果：

```
f = open('bb.txt')
FileNotFoundError: [Errno 2] No such file or directory: 'bb.txt'
```

代码解析：

在上述代码中，当尝试打开名为 'bb.txt' 的文件时，如果该文件不存在，会抛出 FileNotFoundError 错误。该错误的提示信息为 [Errno 2]No such file or directory:'bb.txt'，指明文件不存在或目录不存在。所以在运行这段代码之前，确保 'bb.txt' 文件存在于所指定的路径下。

【示例 11.13】try…except 和 open() 函数。

```
try:
    f = open('bb.txt')
except OSError as e:
    print(" 打开文件失败 ")
```

运行结果：

```
打开文件失败
```

代码解析：

在上述代码中，如果打开文件 'bb.txt' 失败，会引发 OSError 异常，并被 except 语句捕获。捕获到异常后，会执行 print(" 打开文件失败 ") 来输出相应的错误提示信息。

打开文件时，针对可能出现错误的情况可以使用 try 语句捕获异常并进行处理。通过使用 try...except 结构，可以对可能出现的错误情况进行处理，以防止程序崩溃或异常终止。

11.4　文件操作方法

11.4.1　文件操作方法概述

在 Python 中，可以通过文件对象的一些方法来进行文件的操作，常见的文件操作方法见表 11-2。

表 11-2　常见的文件操作方法

方　法	说　明
close()	关闭文件，关闭后不能再读写
read(size)	从一个文件流中最多读取 size 个字符
readline()	读取一行数据，如果到达文件尾则返回空行
readlines()	返回每行字符串的列表
write()	写一个字符串或字节串到文件流中
writelines()	写入多行
flush()	把文件的缓存内容写入到磁盘
seek(offset,whence)	文件名指针偏移，offset 表示偏移量，大于 0 表示向文件尾偏移，小于 0 表示向文件头偏移。whence 表示相对位置，默认 0，表示文件头，1 表示当前位置，2 表示文件尾

11.4.2 文件操作方法详解

1. read() 方法

read() 方法可从文件中读取内容，它将读取的内容作为一个字符串返回。如果没指定参数，则全部读取；如果给定整数参数，则读取指定数量的字符或字节。

【示例 11.14】read() 方法。

首先手动创建文件 a.txt，并编写如下内容：

```
abcde
fghij
```

然后编辑代码读取 a.txt 中的内容：

```
f = open('a.txt')
r1 = f.read(1)                    # 读取 1 个字符
print("r1:", r1)
r2 = f.read(2)                    # 读取 2 个字符
print("r2:", r2)
r3 = f.read()                     # 将剩余的全部读取
print("r3:", r3)
f.close()
```

运行结果：

```
r1: a
r2: bc
r3: de
fghij
```

代码解析：

在上述代码中，主要目的是演示如何读取文件的内容。

首先手动创建了一个名为“a.txt”的文件，并向该文件中编写了两行内容：“abcde”和“fghij”。

然后编辑代码打开文件“a.txt”并使用 read() 方法来读取文件的内容。首先，使用 read(1) 读取了 1 个字符，即文件中的第一个字符，然后将该字符存储在变量 r1 中并打印输出。然后，使用 read(2) 读取了 2 个字符，即文件中的第二个和第三个字符，将这两个字符存储在变量 r2 中并打印输出。最后，使用 read() 方法将剩余的全部内容读取出来，并将其存储在变量 r3 中，并打印输出。

【示例 11.15】close() 方法。

首先，手动创建文件 b.txt，并编写如下内容：

```
姓名：张三
年龄：20
成绩：90
```

然后，编辑代码如下：

```
f = open('b.txt')
r1 = f.read()
print(r1)
f.close()
```

运行结果：

```
UnicodeDecodeError: 'gbk' codec can't decode byte 0x89 in position 14: illegal
multibyte sequence
```

代码解析：

open() 函数在 windows 系统下默认使用的是 gbk 的编码，而文件中的内容是使用的 utf-8 的编码，如果编码不一致就会报错。

将代码修改如下：

```
f = open('b.txt', encoding='utf-8')
r1 = f.read()
print(r1)
f.close()
```

运行结果：

```
姓名：张三
年龄：20
成绩：90
```

代码解析：

在上述代码中，成功地打开了文件“b.txt”，并使用 UTF-8 编码方式读取了文件的内容。内容被存储在变量 r1 中，并且通过 print() 函数打印输出。并使用 f.close() 方法关闭了文件，以保证文件资源的正确释放。通过显式指定文件的编码方式，可以确保文件的编码和读取操作的编码方式一致，从而避免因编码不一致而导致的错误。

2. readline() 方法

readline() 方法是从文件中读取一行，如果到达文件末尾则返回空。注意：readline() 方法会读取包括换行符在内的整行内容，如果文件中的每一行都以换行符结尾，那么 readline() 方法将会逐行读取整个文件。

【示例 11.16】readline() 方法。

```
f = open('a.txt')
print(f.readline())
print(f.readline())
f.close()
```

运行结果：

```
abcde
fghij
```

代码解析：

在上述代码中，使用 open() 函数打开了文件“a.txt”，并使用 readline() 方法逐行读取了文件的内容。第一个 print(f.readline()) 语句读取了文件的第一行内容“abcde”,并进行打印输出。注意，由于每一行的末尾都包含了换行符“\n”，因此打印输出的结果后面会出现一个空白行。第二个 print(f.readline()) 语句读取了文件的第二行内容“fghij”，同样打印输出时会在末尾产生一个空白行。

3. readlines() 方法

readlines() 方法可以用来一次性读取文件中的所有行，并将其存储在一个列表中，每一行都作为列表中的一个元素。

【示例 11.17】readlines() 方法。

```
f = open('a.txt')
print(f.readlines())
f.close()
```

运行结果：

```
['abcde\n', 'fghij\n']
```

代码解析：

在上述代码中，使用 open() 函数打开了文件“a.txt”，并使用 readlines() 方法一次性读取了文件的所有行。readlines() 方法结果是一个列表，列表中的每个元素对应文件中的一行内容。通过 print(f.readlines()) 语句，直接打印输出了包含所有行的列表。注意：每一行的末尾都会包含一个换行符“\n”，因此在列表中的元素的末尾都带有“\n”。

4. write() 方法

write() 方法用于向文件中写入内容，可以使用这个方法将指定的字符串或字节串写入到已经打开的文件中。

【示例 11.18】write() 方法。

```
f = open('c.txt', 'w')
f.write('abcde\n')
f.write('ABCDE')
f.close()
```

运行结果：

```
abcde
ABCDE
```

代码解析：

在上述代码中，使用 open() 函数打开了名为“c.txt”的文件，并指定了写入模式“w”，以写入模式打开文件：如果文件已存在，则会截断（清空）文件内容；如果文件不存在，将会自动创建一个新的文件。接着，使用 write() 方法连续两次向文件写入内容。需要注意：写入文件要采取 w 模式，写入文件时，文件可以不存在，执行写入时会自动创建文件。

5. writelines() 方法

writelines() 方法用于向文件中写入多行内容，可以将一个列表写入文件中。与 write() 方法不同的是，writelines() 方法接受一个可迭代对象作为参数，可以一次写入多行内容。

【示例 11.19】writelines() 方法。

```
f = open('cc.txt', 'w')
f.writelines(['zhangsan\n', 'laowang'])
f.close()
```

运行结果：

```
zhangsan
laowang
```

代码解析：

在上述代码中，使用 open() 函数以写入模式“w”打开名为“cc.txt”的文件。如果文件已存在，则会截断（清空）文件内容；如果文件不存在，则会创建一个新文件。然后，使用 writelines 将列表写入文件，列表中的每一个元素对应文件中的每一行。使用 writelines() 方法将列表 ['zhangsan\n', 'laowang'] 中的每个元素写入到文件中。列表中的每个元素对应文件中的一行内容。

11.5　文件操作的模式

在 Python 中，读写文件需要采用的操作模式是不一样的，通过前面的部分例子可以看到，写要使用 'w' 模式，其实还有一些其他常见的文件操作模式，见表 11-3。

表 11-3　常见的文件操作模式

模　式	说　明
r	以读模式打开文件（默认）
w	以只写方式打开，删除原有文件内容（如果文件不存在，则创建该文件并以只写方式打开）
x	创建一个新文件，以写模式打开这个文件，如果文件存在则会产生“FileExistError”错误
a	以只写模式打开一个文件，如果有原文件则追加到文件末尾
b	用二进制模式打开
t	以文本文件模式打开（默认）
+	为更新内容打开一个磁盘文件（可读可写）

注意：部分文件操作模式可以根据需要进行组合。例如，'rb' 表示以二进制模式打开文件进行只读操作，'w+' 表示以文本模式打开文件进行读写操作。

【示例 11.20】x 模式。

```
f = open('a.txt', 'x')  # a.txt 已经存在
f.write('abc')
f.close()
```

运行结果：

```
f = open('a.txt', 'x')
FileExistsError: [Errno 17] File exists: 'a.txt'
```

代码解析：

在上述代码中，由于文件“a.txt”已经存在，当使用“x”模式打开文件时会引发一个 FileExistsError 异常。这是因为“x”模式用于创建并写入文件，但要求文件必须不存在，否则会抛出该异常。

【示例 11.21】a 模式。

```
f = open('a.txt', 'a')
f.write('\nABCDE')
f.close()
```

运行结果：

原 a.txt 中文件内容如下：

```
abcde
fghij
```

写入后 a.txt 中文件内容如下：

```
abcde
fghij
ABCDE
```

代码解析：

在上述代码中，打开了文件“a.txt”，使用附加模式（'a'）进行操作。使用 write() 方法将字符串 "\nABCDE" 写入文件。在追加模式下，写入的内容会追加到文件的末尾而不会覆盖之前的内容。

【示例 11.22】rb 模式。

```
f = open('a.txt', 'rb')
print(f.read())
f.close()
```

运行结果：

```
b'abcde\r\nfghij\r\nABCDE'
```

代码解析：

在上述代码中，b 模式表示二进制模式，在使用时不能单独使用，还需要说明是二进制读或二进制写，上述代码 'rb' 表示二进制读，得到的结果是一个字节串。

【示例 11.23】wb 模式。

```
f = open('d.txt', 'wb')
f.write(b'\xe4\xb8\xad\xe5\x9b\xbd\n')
f.write(b'\xe4\xbd\xa0\xe5\xa5\xbd')
f.close()
```

运行结果：

d.txt 文件中的内容如下：

```
中国
你好
```

代码解析：

在上述代码中，wb 模式表示二进制写，必须写入字节串而不是字符串，之所以在文件中看到的是 ' 中国你好 '，而不是字节，是因为使用支持 UTF-8 编码方式的编辑器来查看文件内容，编辑器会将字节串按照 UTF-8 编码方式进行解码，并显示对应的字符。

【示例 11.24】w+ 模式。

```
f = open('dd.txt', 'w+')
f.write('ABCD')
f.seek(0)
print(f.read())
f.close()
```

运行结果：

```
ABCD
```

dd.txt 文件中的内容如下：

```
ABCD
```

代码解析：

在上述代码中，w+ 模式和 w 模式类似，只是可以进行读取。需要注意：如果读取数据为空是因为文件指针在末尾，可以使用 f.seek(0) 将指针定位到文件头部。

11.6　with 语句

11.6.1　with 语句的作用

文件的输入 / 输出、数据库的连接断开等，都是很常见的资源管理操作。但资源都是有限的，在写程序时，必须保证这些资源在使用过后得到释放，不然就容易造成资源泄漏，轻者使得系统处理缓慢，严重时会使系统崩溃。

之前打开文件进行操作后都要关闭文件，否则会导致程序的运行造成意想不到的隐患。但是，即便使用 close() 方法做好了关闭文件的操作，如果在打开文件或文件操作过程中抛出了异常，还是无法及时关闭文件。

为了更好地避免此类问题，在 Python 中，使用 with as 语句操作上下文管理器（context manager），它能够帮助自动分配并且释放资源。

使用 with as 操作已经打开的文件对象（本身就是上下文管理器），无论期间是否抛出异常，都能保证 with as 语句执行完毕后自动关闭已经打开的文件。

11.6.2　with 语句的用法

语法结构如下：

```
with 表达式 [as 变量]:
    代码块
```

说明如下：

with 语句主要适用于对资源进行访问的场合，确保使用过程中不管是否发生异常，都会执行必须的 '清理' 操作，并释放资源，如文件使用后自动关闭，线程中锁的自动获取和释放等。

[] 括起来的部分可以使用，也可以省略。该语句可以将表达式的结果保存到该变量中。with as 语句中的代码块如果不想执行任何语句，可以使用 pass 语句代替。

【示例 11.25】with 语句。

```
with open('e.txt', 'w') as f:
    f.write('hello world')
f.write("hello python")
```

运行结果：

运行代码后 e.txt 文件中的内容如下：

```
hello world
```

控制台打印内容如下：

```
Traceback (most recent call last):
    f.write("hello python")
ValueError: I/O operation on closed file.
```

代码解析：

在上述代码中，通过 with 语句打开文件 e.txt，并使用变量 f 绑定文件对象。在 with 语句内执行写入，然后在 with 语句外部又执行了写入。

从最终结果来看，with 语句内部的内容被成功写入了 e.txt 文件内，但是 with 语句外部的写入引发了报错，报错信息显示 I/O 操作不能在关闭的文件上执行。说明 with 语句会自动关闭文件。

在后续文件操作的时候，可尽量在 with 语句下进行。

11.7 项目实训

11.7.1 实训需求

编写一个电话名片管理系统用于保存电话相关信息，该系统可以录入名片信息，包括姓名、年龄、电话、地址。录入信息之后，将其存入文件中，在文件中的顺序按照姓名排序。

（1）查看名片信息：直接将名片中的内容以列表的形式打印出来即可。

（2）删除名片信息，根据名字进行删除操作。

11.7.2 实训步骤

1. 定义录入名片的函数

```
import os
file_name = "telephone.txt"

def input_telephone():
    """ 录入电话本 """
    telephones = []
    i = 1
    while True:
        op = input(" 正在输入第 %d 个电话名片 ( 输入 N 结束输入 ):" % i)
        if op == 'N':
            return telephones
        name = input(" 请输入姓名 :")
        age = int(input(" 请输入年龄 :"))
        tel = input(" 请输入电话 :")
        address = input(" 请输入住址 :")
        telephones.append([name, age, tel, address])
        i += 1
```

2. 定义将名片信息存入文件的函数

```
def save_telephone(telephones, file=file_name):
    telephones = sorted(telephones, key=lambda x: x[0])
    with open(file, 'w', encoding='utf-8') as f:
        for tel in telephones:
            line = " 姓名 :%s, 年龄 :%s, 电话 :%s, 住址 :%s" % (tel[0], tel[1], tel[2], tel[3])
            f.write(line)
            f.write('\n')
        f.flush()
```

3. 定义获取电话信息的函数

```
def get_phone(file=file_name):
    """ 获取电话本 """
    if not os.path.exists(file):
        return []
    with open(file, 'r', encoding='utf-8') as f:
```

```
        tel_list = []
        while True:
            line = f.readline()
            if not line:
                break
            line = line.strip()
            line_list = line.split(',')
            line_list = [line.split(':')[1] for line in line_list]
            info = [line_list[0], int(line_list[1]), line_list[2], line_list[3]]
            tel_list.append(info)
        return tel_list
```

4. 定义删除电话信息的函数

```
def delete_phone(tel_list):
    name = input("请输入姓名:")
    for info in tel_list:
        if name == info[0]:
            tel_list.remove(info)
            print('已成功删除名为%s的电话名片' % name)
            break
    save_telephone(tel_list)
```

5. 定义菜单函数

```
def menu():
    print("""
    1.添加电话名片
    2.查看电话名片
    3.删除电话名片
    q.退出程序
    """)
```

6. 定义主函数并调用

```
def main():
    all_phones = get_phone()
    while True:
        menu()
        op = input("请选择:")
        if op == '1':
            phones = input_telephone()
            all_phones.extend(phones)
            save_telephone(all_phones)
        elif op == '2':
            print(all_phones)
        elif op == '3':
            delete_phone(all_phones)
        elif op == 'q':
            return


if __name__ == '__main__':
    main()
```

11.7.3 实现效果

选择操作 1 添加电话名片，选择操作 2 查看电话名片，再次选择操作 1 添加王五的名片信息，选择 3 删除电话名片，最后退出程序，实现效果显示如下：

```
    1. 添加电话名片
    2. 查看电话名片
    3. 删除电话名片
    q. 退出程序

请选择 :1
正在输入第 1 个电话名片（输入 N 结束输入）:
请输入姓名：张三
请输入年龄 :22
请输入电话 :123456789
请输入住址：四川
正在输入第 2 个电话名片（输入 N 结束输入）:
请输入姓名：李四
请输入年龄 :37
请输入电话 :198765432
请输入住址：上海
正在输入第 3 个电话名片（输入 N 结束输入）:N

    1. 添加电话名片
    2. 查看电话名片
    3. 删除电话名片
    q. 退出程序

请选择 :2
[['张三', 22, '123456789', '四川'], ['李四', 37, '198765432', '上海']]

    1. 添加电话名片
    2. 查看电话名片
    3. 删除电话名片
    q. 退出程序

请选择 :1
正在输入第 1 个电话名片（输入 N 结束输入）:
请输入姓名：王五
请输入年龄 :60
请输入电话 :666666666
请输入住址：北京
正在输入第 2 个电话名片（输入 N 结束输入）:N

    1. 添加电话名片
    2. 查看电话名片
    3. 删除电话名片
    q. 退出程序

请选择 :3
请输入姓名：王五

    1. 添加电话名片
```

```
        2. 查看电话名片
        3. 删除电话名片
        q. 退出程序

    请选择 :q
```

小　　结

文件处理是 Python 编程中的一个重要部分，无论是读取、写入还是操作文件，掌握相关的知识和技巧都是非常必要的。本章介绍了 Python 中处理文件的基础知识，并重点讨论与文件操作相关的方法和模式。首先，深入学习字节串和字节数组的概念。字节串和字节数组是 Python 中用于存储二进制数据的重要数据类型，它们在文件操作中扮演着重要的角色。学习了如何创建和操作字节串和字节数组，并探讨它们与字符串的相互转换。其次，深入了解文件的概念及其在计算机系统中的表示方式。探索文件的属性和特征，并了解不同文件类型之间的区别。了解文件的基础概念对于后续学习文件操作的方法和技巧非常关键。在学习了文件的基本概念后，介绍了 Python 中处理文件的核心模块之一：open() 函数。详细讨论 open() 函数的用法，并给出一些常见的示例。open() 函数是 Python 中用于打开文件的关键函数，它不仅可以打开文件，还可以设置文件的打开模式和编码方式。然后，深入研究了文件操作的方法和模式。学习了如何从文件中读取数据、写入数据、关闭文件等。研究了不同的文件操作模式，包括读取模式、写入模式、追加模式等。再次，介绍了 Python 中的 with 语句，探讨 with 语句的使用方法。with 语句提供了一种简洁的方式来打开和关闭文件，并且能够有效地处理文件操作中的异常情况。最后，通过一个项目实训来巩固所学的知识。通过这个项目实训，能够应用并整合前面学到的文件操作技巧，完成一个真实的文件处理任务。通过动手实践，更加深入地理解和掌握文件操作的各个方面。

习　　题

一、选择题

1. 在计算机中，文件是什么类型的数据存储形式（　　）。
   A. 二进制数据　　B. 字符串数据　　C. 链表节点数据　　D. 整数数据
2. 在文件操作中，”读取”（read）操作用于的目的是（　　）。
   A. 向文件中写入数据　　B. 从文件中删除数据
   C. 将文件复制到其他位置　　D. 从文件中获取数据
3. 在文件操作中，”追加”（append）操作用于的目的是（　　）。
   A. 创建一个新文件　　B. 从文件中获取数据
   C. 向文件中写入数据　　D. 删除文件中的数据
4. open() 函数用于（　　）操作。
   A. 打开一个文件　　B. 关闭一个文件
   C. 读取一个文件夹　　D. 写入一个函数

5. 下列（　　）文件打开模式用于读取文件，并指示文件指针从文件的开头开始。

A. r　　B. w　　C. a　　D. s

6. 如果使用 w 模式打开一个不存在的文件，会发生（　　）。

A. 引发一个错误　　B. 创建一个新文件并打开它

C. 指针会定位到文件开头　　D. 文件会被删除并创建一个新文件

7. 在文件操作中，使用（　　）方法可以将文件指针移动到指定位置。

A. read()　　B. write()　　C. seek()　　D. close()

8. with 语句的主要作用是（　　）。

A. 执行文件操作　　B. 做一些必要的清理工作

C. 定义一个循环结构　　D. 定义一个条件语句

9. 下面代码（　　）是 with 语句的正确使用示例。

A.

```
with open("file.txt","r") as f:
    content = f.read()
```

B.

```
with open("file.txt","r"):
    content = f.read()
```

C.

```
with open("file.txt","r") as f
    content = f.read()
```

D.

```
open("file.txt","r") as f:
    content = f.read()
```

二、编程题

1. 编写一个程序，将一个字符串以字节串的形式写入文件，并将文件中的内容读取出来并输出。

2. 编写一个程序，将一个字节串以字节数组的形式写入文件，并将文件中的内容读取出来并输出。

3. 编写一个程序，将一个字符串按行写入文件，并将文件中的内容按行读取出来并输出。

4. 编写一个程序，将一个字符串追加到文件的末尾，并输出文件内容。

5. 编写一个程序，复制一个文件的内容到另一个文件中。

第 12 章 面向对象编程

本章导学：

面向对象编程是一种重要的编程范式，它在软件开发中起着至关重要的作用。它以对象作为程序的基本单元，通过封装、继承和多态等特性，实现程序的模块化、可维护性和可扩展性。它能够帮助开发者更好地组织和管理代码，提高代码的质量和可读性。本章将深入探讨面向对象编程的概念和技术，帮助读者全面理解并能够灵活应用这些概念。

学习目标：

- 理解面向对象的概念。
- 掌握类的定义和使用。
- 掌握类的属性和方法。
- 了解面向对象三大特性。
- 通过学习本章提供的案例，学会面向对象编程的实践应用。

12.1 面向对象的概念

12.1.1 什么是面向对象

面向对象编程（object-oriented programming，OOP），是一种封装代码的方法。其实，在前面章节的学习中，已经接触了封装，比如说，将数据放入列表中，这就是一种简单的封装，是数据层面的封装；把常用的代码块打包成一个函数，这也是一种封装，是语句层面的封装。

面向对象编程，也是一种封装的思想，不过显然比以上两种封装更先进，它可以更好地模拟真实世界里的事物（将其视为对象），并把描述特征的数据和代码块封装到一起。

例如，要实现一个人物角色，应该如何来实现呢？使用面向对象的思想会更简单，可以分为如下两个方面进行描述：

（1）从表面特征来描述，例如，姓名、年龄、性别、住址等。

（2）从所具有的行为来描述，例如，吃饭、走路、睡觉、说话、学习等。

在 Python 中，一切皆是对象，包括整型（int）、浮点型（float）、字符串（str）、列表（list）、元组（tuple）、字典（dict）和集合（set）等。以列表（list）为例,它包含多个方法供使用。例如，使用 append() 方法可以往列表中追加元素，使用 pop() 方法可以删除列表中的元素等。

简而言之，面向对象就是在程序中，把一切都看作对象，基于这些对象来编程。当需要做事情的时候，不需要亲自去做，而是调用一些对象去做。

12.1.2 类和对象

1. 类

拥有相同属性和行为的对象分为一组，即为一个类。类是用来描述对象的工具，用类可以创建同类对象。类可以理解是一个模板，通过它可以创建出无数个具体对象。以车为例，可以定义一个车类，并通过该类创建多个对象来代表具有不同特征的汽车。

2. 对象

对象，也叫实例，是具有具体属性值（名词）和行为（动词）的实体，在现实生活中可以是一辆车、一个人或一个苹果等。在 Python 中，对象是由类创建的实例。通过类，可以定义对象的属性和方法，并且可以通过对象来访问和操作这些属性和方法。

例如，可以定义一个名为 Car 的类，其中包含属性如 brand、color 和 price 等，以及方法如 start() 和 stop() 等。然后，可以基于这个类创建多个不同的汽车对象，例如，一辆红色的奔驰，一辆蓝色的宝马等等。每个对象都可以具有不同的属性值，并且可以执行相同的操作。

12.2 类的定义和使用

12.2.1 类的定义

在 Python 中，使用 class 关键字来定义类。

语法结构如下：

```
class 类名(继承列表):
    '''类的文档字符串'''
    实例方法定义(类内的函数称为方法 method)
    类变量定义
    类方法定义
    静态方法定义
```

说明如下：

（1）创建一个类，用于描述此类对象的行为和属性，类用于创建此类的一个或多个对象（实例）。

（2）继承列表可以省略。

（3）类变量、类方法、实例方法、静态方法，对于类来说，它们都不是必需的，可以有也可以没有。另外，它们所在的位置是任意的，即它们之间并没有固定的前后次序。

（4）和变量名一样，类名本质上就是一个标识符，因此在给类起名字时，必须让其符合标识符的命名规则。并且类名通常约定以大写字母开头，最好使用代表该类功能的单词，例如，Human、Dog 等。

12.2.2　类的使用

类通常是用于创建对象的，类可以创建多个对象。

语法结构如下：

```
obj = 类名([参数列表])
```

说明如下：

（1）类名后加括号叫类的构造函数，之前使用的 int() 函数其实是 int 类的构造函数。

（2）类名和其后的括号是必须的，参数列表要根据类的实际定义来决定是否要传参，将在后续内容进行详细讲解。该语法会返回创建的对象。

【示例 12.1】类的定义和使用。

```
class Dog:
    pass
dog1=Dog()
print(dog1)
dog2=Dog()
print(dog2)
```

运行结果：

```
<__main__.Dog object at 0x0000019330884510>
<__main__.Dog object at 0x0000019330884590>
```

代码解析：

在上述代码中，创建了一个 Dog 类，但是并未在类中编写任何内容，相当于创建了一个空类。在定义好类之后，通过 Dog() 创建了一个 Dog 类型的对象 dog1，然后又创建了一个对象 dog2，从打印的内容可以看到，两个对象的内存地址并不一样，说明它们并不是同一个对象。

12.3　属性和方法

12.3.1　属性和方法概述

1. 属性

属性就相当于是定义在类中的变量，通常用于记录类和实例的一些数据（通常是名词性的），例如，姓名、年龄、颜色等，和类有关的属性有类属性和实例属性。

2. 方法

方法就是定义在类中的函数，方法通常用于描述类和实例的一些行为（通常是动词性的），比如吃饭、睡觉、走路等，和类有关的方法包括实例方法、初始化方法、类方法、静态方法。

12.3.2　实例方法

实例方法用于描述对象的行为，让此类型的全部对象都有相同的行为。

语法结构如下：

```
class 类名(继承列表):
    def 实例方法名(self, 参数1, 参数2, ...):
        '''实例方法的文档字符串'''
```

```
            语句块
```

说明如下：

（1）实例方法实质是函数，是定义在类内的函数。

（2）实例方法至少有一个形参，第一个形参代表调用这个方法的实例，一般命名为 'self'。

和函数一样，定义之后还要调用才能执行其中的代码块，但实例方法需要通过实例后加点的方式才能调用。

语法结构如下：

```
实例 . 实例方法名（调用传参）
```

说明如下：

其中，实例是类的一个对象实例，实例方法名是类中定义的实例方法的名称，而调用传参表示调用方法时传递的参数，根据实例方法定义的参数列表进行传递。

【示例 12.2】实例方法调用。

```
class Dog:
    def eat(self):
        print(" 小狗正在吃东西 ")
    def sleep(self, hour):
        print(" 小狗睡了 %d 小时 " % hour)
dog=Dog()
dog.eat()
dog.sleep(2)
```

运行结果：

```
小狗正在吃东西
小狗睡了 2 小时
```

代码解析：

在上述代码中，为 Dog 类定义了两个实例方法：eat 和 sleep。eat 方法只有一个 self 参数，但是在调用的时候，并没有为 eat 实例方法传递任何参数。实例方法在调用的时候，对象本身会作为参数传递给 self。如果在实例方法 self 参数后面还有参数，就需要在调用的时候显示传递了，就比如 sleep 方法，将 2 传递给了 hour。sleep 方法接收一个参数 hour，用于输出小狗睡了多少小时。

12.3.3 实例属性

实例属性又叫实例变量，它属于实例，用于记录实例自身的数据。实例属性要通过赋值语句进行声明。

语法结构如下：

```
实例 . 实例属性名 = 值
```

说明如下：

（1）首次为实例属性赋值则创建此属性。

（2）再次为实例属性赋值则改变属性的绑定关系。

【示例 12.3】实例属性，没有声明 color 属性。

```
class Dog:
    def eat(self, food):
        print(" 小狗正在吃 %s" % food)
dog=Dog()
print(dog.color)
```

运行结果：

```
AttributeError: 'Dog' object has no attribute 'color'
```

代码解析：

在上述代码中，首先定义了一个名为 Dog 的类，其中包含了一个实例方法 eat，用于输出小狗正在吃食物的信息。接着创建了一个 Dog 类的实例 dog。然后在 print 语句中尝试打印 dog.color 属性，但是该属性并未在类中声明。

由于 dog 实例没有声明 color 属性，因此访问时会报错，抛出 AttributeError: 'Dog' object has no attribute 'color' 异常。

【示例 12.4】实例属性，动态地改变实例属性的值。

```
class Dog:
    def eat(self, food):
        print(" 小狗正在吃 %s" % food)
dog=Dog()
dog.color=" 白色 "
print(dog.color)
dog.color=" 黑色 "
print(dog.color)
```

运行结果：

```
白色
黑色
```

代码解析：

在上述代码中，首先定义了一个名为 Dog 的类，其中包含了一个实例方法 eat，用于输出小狗正在吃的食物信息。接着创建了一个 Dog 类的实例 dog，并在该实例上动态添加了一个实例属性 color，并赋值为 " 白色 "。然后通过 print 语句打印 dog.color 的值，输出为白色。接下来，再次对 dog.color 进行赋值，将其改为 " 黑色 "，然后再次打印 dog.color 的值，输出为黑色。

实例属性和变量一样，可以在创建对象后进行多次赋值。每次赋值会覆盖之前的值，因此可以动态地改变实例属性的值。

【示例 12.5】实例属性和方法。

```
class Dog:
    def eat(self, food):
        print("%s的小狗正在吃%s" % (self.color, food))
dog=Dog()
dog.color="白色"
dog.eat('骨头')
```

运行结果：

```
白色的小狗正在吃骨头
```

代码解析：

在上述代码中，定义了一个名为 Dog 的类，其中包含一个实例方法 eat。该方法接受一个参数 food，然后使用 print 语句输出小狗正在吃的食物信息，并且在输出语句中使用了实例属性 self.color 来表示小狗的颜色。然后，创建了 Dog 类的一个实例 dog，并为该实例动态添加了一个名为 color 的实例属性，并赋值为 " 白色 "。接着，调用实例的 eat 方法，并传入参数 ' 骨头 '，输出结果为白色的小狗正在吃骨头。在输出语句中，使用了实例属性 self.color 来表示小狗的颜色。

这个例子展示了实例属性和实例方法配合使用的情况。实例属性可以存储和记录每个实例独有的数据，而实例方法可以访问和操作这些实例属性。

12.3.4 初始化方法

前面是在类的外部对实例添加属性，虽然语法支持这么做，但考虑数据安全性通常都会在类中为实例属性赋值，并且是在对象创建的时候就进行赋值，__init__ 方法就可以实现此功能。

语法：

```
class 类名（继承列表）:
    def __init__(self [, 形参列表]):
        语句块
```

说明：

（1）初始化方法名必须为 __init__ 不可改变。

（2）初始化方法会在构造函数创建实例后自动调用，且将实例自身通过第一个参数 self 传入 __init__ 方法。

（3）构造函数的实参将通过 __init__ 方法的形参列表传入 __init__ 方法中。

（4）初始化方法内部如果需要返回则只能返回 None。

【示例 12.6】初始化方法。

```
class Dog:
    def __init__(self, kind, color):
        self.kind=kind
        self.color=color

    def eat(self, food):
        print("%s的%s正在吃%s" % (self.color, self.kind, food))

    def sleep(self, hour):
        print("%s的%s睡了%d小时 " % (self.color, self.kind, hour))
dog=Dog("警犬", "黑色")
dog.eat('骨头')
dog.sleep(2)
```

运行结果：

```
黑色的警犬正在吃骨头
黑色的警犬睡了 2 小时
```

代码解析：

在上述代码中，在 __init__ 方法中定义了 self、kind、color 三个参数，该方法在使用构造函数创建实例象的时候被调用。创建的实例会自动传递给 self，然后构造函数内的其他实参传递给 kind 和 color，并在 __init__ 方法内部对实例属性进行初始化。这样一来，创建的实例就拥有了 kind 和 color 实例属性，并能够在后续的实例方法中直接使用。

12.3.5 类属性

类属性（class attribute）是定义在类中但可在所有实例之间共享的属性。类属性属于类，而不是实例。这意味着无论创建多少个类的实例，它们都共享相同的类属性值。在类定义中，直接在类中定义的变量就是类属性。类属性可以通过类或类的实例访问。

类属性又叫类变量，它属于类，用来记录类相关的数据。

语法结构如下：

```
class 类名(继承列表):
    类变量 1= 值 1
    类变量 2= 值 2
    ... ...
```

说明如下：

(1) 类变量可以通过类直接访问。

(2) 类变量可以通过类的实例直接访问。

(3) 类变量可以通过此类的实例的 __class__ 属性间接访问。

【示例 12.7】类属性。

```
class Dog:
    count=0
print("Dog.count:", Dog.count)
Dog.count += 10
print(" 类执行赋值操作 ...")
print("Dog.count:", Dog.count)
dog=Dog()
print(" 创建实例 ")
print("dog.count:", dog.count)
dog.count += 10
print(" 实例执行赋值操作 ...")
print("dog.count:", dog.count)
print("Dog.count:", Dog.count)
```

运行结果：

```
Dog.count: 0
类执行赋值操作 ...
Dog.count: 10
创建实例
dog.count: 10
实例执行赋值操作 ...
dog.count: 20
Dog.count: 10
```

代码解析：

在上述代码中，类可以访问类变量，也可以修改类变量，实例可以访问类变量，但是不能修改类变量，在执行 dog.count += 10 的时候，其实是创建了一个名为 count 的实例变量。

12.3.6　类方法

类方法（class method）是定义在类中的一种特殊方法，用于操作类级别的数据。类方法可以访问和修改类属性，但不能直接访问实例属性。类方法使用 @classmethod 装饰器来进行标识。类方法的第一个参数通常被命名为 cls，代表类对象自身。通过这个参数，可以访问类属性和调用其他类方法。

简而言之，类方法是描述类的行为的方法，类方法属于类。

语法结构如下：

```
class 类名(继承列表):
    @classmethod
```

```
    def 类方法名(cls, 参数 1, 参数 2,...):
        语句块
```

代码解析：

（1）类方法需要用 @classmethod 装饰器定义。

（2）类方法至少有一个形参，第一个形参用于绑定类，约定写为 'cls'。

（3）类和该类的实例都可以调用类方法。

（4）类方法不能访问此类创建的实例的属性（只能访问类变量）。

【示例 12.8】类方法。

```
class Dog:
    count=0
    @classmethod
    def get_count(cls):
        return cls.count
    @classmethod
    def update_count(cls, count):
        cls.count += count
print(Dog.get_count())
dog=Dog()
print(dog.get_count())
Dog.update_count(10)
print(dog.get_count())
```

运行结果：

```
0
0
10
```

代码解析：

在上述代码的类方法中，可以访问类变量，也可以对类变量进行修改。类可以访问类方法，类创建的实例同样可以访问类方法。

12.3.7 静态方法

静态方法（static method）是定义在类中的一种特殊方法，不需要访问实例对象或类对象的数据，也不会隐式传递 self 或 cls 参数。静态方法可以通过类名直接调用，无须创建类的实例。静态方法使用 @staticmethod 装饰器来进行标识。在静态方法内部，不能访问实例方法、实例属性、类方法或类属性。

静态方法不属于类，也不属于类的实例，它相当于定义在类内普通函数，只是它的作用域属于类。

语法结构如下：

```
class 类名(继承列表):
    @staticmethod
    def 类方法名(参数 1, 参数 2,...):
        语句块
```

说明如下：

（1）静态方法需要用 @staticmethod 装饰器定义。

（2）类和类的实例可以访问静态方法。

（3）静态方法没有类似 self、cls 这样的特殊参数，因此 Python 解释器不会对它包含的参数做任何类或对象的绑定。

【示例 12.9】静态方法。

```
class Dog:
    @staticmethod
    def add(x, y):
        return x + y
print(Dog.add(10, 20))
dog=Dog()
print(dog.add(100, 200))
```

运行结果：

```
30
300
```

代码解析：

在上述代码中，静态方法就是类中的普通函数，通过类和类的实例均可以调用静态方法。在上述代码中，定义了静态方法 add，用于计算两个数的和，然后分别通过类和实例对该方法进行了调用。

12.4　面向对象三大特性

12.4.1　继承

如果现在有一个已经写好的类 A，其中编写有大量的方法。现在有一个新的需求，其中大部分的功能在 A 类中已经实现，但是还有少部分功能 A 类没有实现，此时应该怎样做才最合理?

如果直接定义一个新类，然后将 A 类中需要的内容复制过来，再添加一些新功能，从功能的实现来说能够解决问题。但是，这就会导致代码的大量冗余，有太多重复的代码，很杂乱，以后维护起来也会变得很困难。有没有更合理的办法呢?

继承就可以完美地解决上述问题。

1. 继承的定义

继承（inheritance）是面向对象编程中的一个重要概念，是指从已有的类中衍生出新类，新类具有原类的行为，并能扩展新的行为。它用于描述一个类（子类）从另一个类（父类）获取属性和方法的过程。通过继承，子类可以继承父类的属性和方法，从而可以重用父类的代码，而不需要重新编写相同的代码。子类还可以通过继承来扩展或修改父类的行为，添加新的属性和方法。

2. 继承的作用

继承的作用主要体现在两个方面：

（1）代码复用和共享：继承允许子类从父类那里继承属性和方法，通过继承可以有效地复用父类的代码。当多个类具有相似的属性和行为时，可以将这些共同的属性和方法定义在一个父类中，而不需要在每个子类中重复编写相同的代码，从而减少代码的冗余。这样可以提高代码的可维护性和减少错误的出现。

（2）类的扩展和修改：子类可以通过继承来扩展或修改父类的行为。子类可以重写（override）父类的方法，即在子类中重新定义具有相同名称的方法，从而改变方法的实现细节或行为。这样可以实现在不改变基类的基础上对原有功能进行修改，满足特定的需求。

3. 继承相关概念

（1）父类（superclass/base class）：父类是被继承的旧类，它是子类继承属性和方法的来源。父类定义了一组通用的属性和方法，子类可以继承这些属性和方法，从而可以重用父类的代码。在继承关系中，父类也被称为超类或基类。

（2）子类（subclass/derived class）：子类是通过继承从父类那里获取属性和方法的新类，又叫派生类。子类可以扩展或修改父类的行为，并可以添加自己特有的属性和方法。子类继承了父类的特性，同时可以根据需要进行修改或增加新的功能。

4. 继承的分类

继承可根据父类的数量进行分类，主要有以下两种类型：

（1）单继承（single inheritance）：在单继承中，子类只继承一个父类的属性和方法。这意味着一个类只有一个直接父类。在大多数编程语言中，单继承是最常见的继承方式。子类通过继承父类，在继承基础上添加或修改功能，仅与一个父类建立继承关系。简而言之，单继承是子类在继承父类时，父类只有一个的继承。在 Python 中，绝大多数都是使用单继承，后面讲解的继承也是指单继承。

（2）多继承（multiple inheritance）：在多继承中，子类可以继承多个父类的属性和方法。这意味着一个类可以同时拥有多个直接父类。多继承允许子类从多个不同的父类中继承功能。简而言之，多继承是子类在继承父类时，父类有多个的继承。在 Python 中，可以使用逗号将多个父类名称放在一个类的定义中，从而实现多继承。

单继承语法结构如下：

```
class 类名（基类名）：
    语句块
```

【示例 12.10】基类中的代码。

```
class Human:
    def __init__(self, name):
        self.name=name
    def speak(self, thing):
        print("%s正在说:%s" % (self.name, thing))
    def walk(self, speed):
        print("%s正在以%d千米每小时的速度行走" % (self.name, speed))
h=Human("李四")
h.walk(5)
```

运行结果：

```
李四正在以 5 千米每小时的速度行走
```

代码解析：

在上述代码中，定义了一个基类 Human 类，表示人类，人类拥有基本的 speak 和 walk 方法。__init__：初始化方法，用于初始化人的姓名。speak：通过接收一个参数 thing，表示人类正在说的事情。该方法会将人的姓名与事情内容进行输出；walk：通过接收一个参数 speed，表示人类行走的速度（千米每小时）。该方法会将人的姓名和速度进行输出。

通过创建 Human 类的实例 h，并调用 walk 方法传入速度参数为 5，会输出“李四正在以 5 千米每小时的速度行走”。这个例子展示了一个简单的基类 Human，它定义了人类的共有行为（行走和说话），子类可以继承这些方法并根据需要添加更多的行为。

【示例 12.11】学生类。

```
class Student(Human):
    def study(self, sub):
        print("%s正在学%s" % (self.name, sub))
stu=Student("张三")
stu.speak("今天是个好日子")
stu.study("Python")
```

运行结果：

```
张三正在说：今天是个好日子
张三正在学 Python
```

代码解析：

在上述代码中，学生类除了拥有人类基本的方法之外，还可以学习，所以定义的 Student 类继承自 Human 类，然后在此基础之上添加一个 study() 方法。可以看到调用 speak() 方法和 study() 方法均是可以的。

【示例 12.12】教师类。

```
class Teacher(Student):
    def teach(self, sub):
        print("%s正在教%s" % (self.name, sub))
tea=Teacher("王老师")
tea.walk(6)
tea.teach("面向对象")
```

运行结果：

```
王老师正在以 6 千米每小时的速度行走
王老师正在教面向对象
```

代码解析：

在上述代码中，教师类在学生的基础之上还可以教学，所以只需要继承 Student 类，然后在此基础上添加一个 teach 方法即可。

5. 覆盖

在有继承关系的类中，子类实现了与基类同名的方法，在子类实例调用该方法时，实例调用的是子类中的覆盖版本的方法，这种现象叫作覆盖。

【示例 12.13】覆盖。

```
class A:
    def fun(self):
        print("A 类中的方法 ")
class B(A):
    def fun(self):
        print("B 类中的方法 ")
b=B()
b.fun()
```

运行结果：

```
B 类中的方法
```

代码解析：

在上述代码中，A 类中具有 fun() 方法，B 类继承 A 类，并且在 B 类中也定义了和 A 类同名的 fun() 方法，创建了一个 B 类的对象，然后调用 B 类的 fun() 方法，可以看到调用的是 B 类中的 fun 方法，此时，覆盖现象就发生了。

6. super() 函数

super() 函数是一个内置函数，它可以用于在子类中调用父类的方法或属性。super() 函数可以在覆盖发生时，让子类对象调用父类中的同名方法。

语法结构如下：

```
super(类名, obj)
```

或

```
super()  # 等同于 super(__class__, 实例方法的第一个参数),(必须在方法内调用)
```

【示例 12.14】super() 函数。

```
class A:
    def fun(self):
        print("A 类中的方法")

class B(A):
    def fun(self):
        print("B 类中的方法")
b=B()
b.fun()
super(B, b).fun()
```

运行结果：

```
B 类中的方法
A 类中的方法
```

代码解析：

在上述代码中，创建了一个基类 A 和一个派生类 B，它继承了基类 A。在派生类 B 中重写了方法 fun()，并且通过 super() 函数在子类实例 b 上调用了父类的 fun() 方法。

首先，b.fun() 调用的是子类 B 中的 fun() 方法，打印出“B 类中的方法”。然后，super(B, b).fun() 调用的是 B 类的父类 A 中的 fun() 方法，打印出“A 类中的方法”。

【示例 12.15】通过 super() 函数调用父类 A 的 fun() 方法。

```
class A:
    def fun(self):
        print("A 类中的方法")
class B(A):
    def fun(self):
        print("B 类中的方法")
    def super_fun(self):
        super().fun()
        super(self.__class__, self).fun()
        super(B, self).fun()
b=B()
b.super_fun()
```

运行结果：

```
A 类中的方法
A 类中的方法
A 类中的方法
```

代码解析：

在上述代码中，在 B 类的 super_fun() 方法中，通过 super() 函数调用了父类 A 的 fun() 方法，并且使用了三种不同的方式。super() 函数内省略了参数，但实际上省略参数时，默认就是使用当前对象所属的类和当前对象本身作为参数。所以，三种方式都会去调用父类 A 的 fun() 方法，最终结果都是打印“A 类中的方法”。

【示例 12.16】使用 super().init(name, age) 来调用父类 People 的 __init__ 方法。

```
class People:
    def __init__(self, name, age):
        self.name=name
        self.age=age
class Student(People):
    def __init__(self, name, age, score):
        super().__init__(name, age)
        self.score=score
p=People("张三", 20)
print(p.name, p.age)
s=Student("李四", 22, 95)
print(s.name, s.age, s.score)
```

运行结果：

```
张三 20
李四 22 95
```

代码解析：

在上述代码中，在 Student 类中，重写了 __init__ 方法，并在其中使用 super().__init__(name, age) 来调用父类 People 的 __init__ 方法，从而实现对 name 和 age 属性的初始化。在创建 Student 对象时，该调用会自动执行，并将参数传递给父类的 __init__ 方法进行对象的初始化。所以，在打印 s.name、s.age 和 s.score 时，可以看到正确的结果。而在创建 People 对象时，直接使用了 People 类的构造函数进行初始化，所以只有 name 和 age 信息，score 信息是没有的。当子类中实现了 __init__ 方法时，基类的 __init__ 方法并不会被自动调用，此时需要显式调用。

12.4.2　封装

1. 什么是封装

封装（encapsulation），即在设计类时，刻意地将一些属性和方法隐藏在类的内部，这样在使用此类时，将无法直接以“类对象 . 属性名”（或者“类对象 . 方法名 (参数)”）的形式调用这些属性（或方法），而只能用未隐藏的类方法间接操作这些隐藏的属性和方法。

这就好比使用汽车，只需要学会方向盘、刹车、油门等少数几个部位就可以了，而不需要知道其内部是怎么实现的。

2. 封装的好处

封装机制保证了类内部数据结构的完整性，因为使用类的用户无法直接看到类中的数据结构，只能使用类允许公开的数据，很好地避免了外部对内部数据的影响，提高了程序的可维护性。

除此之外，对一个类实现良好的封装，用户只能借助暴露出来的类方法来访问数据，只需要在这些暴露的方法中加入适当的控制逻辑，即可轻松阻止用户对类中属性或方法的不合理操作。并且，对类进行良好的封装，还可以提高代码的复用性。

3. 怎样封装

在 Python 中，可以通过私有成员进行封装。以双下画线“__”开头，不以双下画线结尾的标识符为私有成员，在类的外部无法直接访问，类的子类也无法访问。

语法结构如下：

```
class 类名(继承列表):
    def 实例方法名(self):
        self.__私有属性=值

    def __私有方法(self):
        语句块
```

【示例 12.17】封装。

```
class A:
    def __init__(self):
        self.p=10
        self.__p=100
    def __private(self):
        print("这是一个私有化方法")
    def fun(self):
        print(self.__p)
        self.__private()
a=A()
print(a.__p)
```

运行结果：

```
    print(a.__p)
AttributeError: 'A' object has no attribute '__p'
```

调用私有方法

```
a.__private()
```

运行结果：

```
    a.__private()
AttributeError: 'A' object has no attribute '__private'. Did you mean: '_A__private'?
```

调用 fun() 方法：

```
a.fun()
```

运行结果：

```
100
这是一个私有化方法
```

代码解析：

在上述代码中，私有成员在类的外部是没有办法访问的，只有在类的内部可以访问。

12.4.3 多态

多态的意思就是多种状态。多态是具有不同功能的函数可以使用相同的函数名，这样就可以用一个函数名调用不同内容的函数。

【示例 12.18】多态。

```
class Human:
    def say(self):
        print("人类正在说话")
class Police(Human):
    def say(self):
        print("警察正在说话")
```

```
class Doctor(Human):
    def say(self):
        print("医生正在说话")
def hi_say(obj):
    obj.say()
h=Human()
p=Police()
d=Doctor()
hi_say(h)
hi_say(p)
hi_say(d)
```

运行结果：

```
人类正在说话
警察正在说话
医生正在说话
```

代码解析：

在上述代码中，同样是调用的 say() 方法，但由于调用的对象不同，导致 say() 方法表现出的内容也不同，这就实现了多态，即一个方法对应多种状态。

12.5 方法重写

12.5.1 什么是方法重写

方法重写（method overriding）是面向对象编程中的一个概念，它允许子类重新定义父类中已经存在的方法，以实现自己的行为。

当一个子类继承了父类，并且子类中定义了与父类中同名的方法时，子类的方法会覆盖（override）父类的方法。这意味着在通过子类对象调用该方法时，实际执行的是子类中的方法而不是父类中的方法。

方法重写的条件是：子类的重写方法与父类的被重写方法具有相同的方法名、相同的参数列表和相同的返回类型。简而言之，重写是在自定义的类内添加相应的方法，让自定义的类生成的对象（实例）像内建对象一样进行内建的函数操作。

【示例 12.19】方法重写。

```
class A:
    pass

a=A()
print(int(a))
```

运行结果：

```
    print(int(a))
    TypeError: int() argument must be a string, a bytes-like object or a real number, 
not 'A'
```

代码解析：

在上述代码中，自定义了一个类并创建了一个对象，然后使用 int() 内置函数对其进行转换，但是报了类型错误。那能不能让自定义的对象能够支持这样的内置函数操作呢，其实是可以的，这就要用到方法重写。

12.5.2 对象转换字符串方法重写

对象转换字符串方法需要重写 __str__() 方法。

语法结构如下：

```
def __str__(self):
    return 字符串
```

说明如下：

方法名为 __str__ 不可变，注意前后都是双下画线，该方法一定要返回一个字符串。

【示例 12.20】对象转换字符串方法重写。

```
class MyData:
    def __init__(self,data):
        self.data=data
    def __str__(self):
        return "MyData(%s)" % self.data
d=MyData([1, 2, 3, 4])
print(str(d))
```

运行结果：

```
MyData([1, 2, 3, 4])
```

代码解析：

在上述代码中，由于类中实现了 __str__() 方法，因此，在使用 str() 函数的时候，便会调用该方法并返回结果。

12.5.3 数值转换方法重写

数值转换方法重写，见表 12-1。

表 12-1　数值转换方法重写

方　法	说　明
__complex__(self)	complex(obj) 函数调用
__int__(self)	int(obj) 函数调用
__float__(self)	float(obj) 函数调用
__bool__(self)	bool(obj) 函数调用

【示例 12.21】数值转换方法重写。

```
class MyNumber:
    def __init__(self,data):
        self.data=data
    def __int__(self):
        s=0
        for i in self.data:
            if type(i) is int:
                s += i
        return s
    def __float__(self):
```

```
        s=0
        for i in self.data:
            if type(i) is float:
                s += i
        return s
    def __bool__(self):
        if len(self.data)>0:
            return True
        return False
n=MyNumber([3, 1.5, 2, 7, 9, 4.9])
print(int(n))
print(float(n))
print(bool(n))
```

运行结果：

```
21
6.4
True
```

代码解析：

在上述代码中，类中实现了 __int__() 方法、__float__() 方法、__bool__() 方法，__int__() 方法是返回所有整数之和，__float__() 方法是返回所有浮点数之和，__bool__() 方法是当 self.data 中有元素时返回 True，否则返回 False。

12.5.4　内置函数方法重写

内置函数方法重写，见表 12-2。

表 12-2　内置函数方法重写

方　法	说　明
__abs__(self)	abs(obj) 函数调用
__len__(self)	len(obj) 函数调用
__round__(self)	round(obj) 函数调用

【示例 12.22】内置函数方法重写。

```
class MyNumber:
    def __init__(self, data):
        self.data = data

    def __str__(self):
        return "MyNumber(%s)" % self.data

    def __abs__(self):
        data = [abs(i) for i in self.data]
        return MyNumber(data)

    def __len__(self):
        n = 0
        for i in self.data:
            n += 1
        return n
```

```
    def __round__(self, n=None):
        lst = []
        for i in self.data:
            lst.append(round(i, n))
        return MyNumber(lst)

n = MyNumber([-5, 7.965, 8.314, 8, -6.237, 9.9])
print(abs(n))
print(len(n))
print(round(n, 2))
```

运行结果：

```
MyNumber([5, 7.965, 8.314, 8, 6.237, 9.9])
6
MyNumber([-5, 7.96, 8.31, 8, -6.24, 9.9])
```

代码解析：

在上述代码中，__abs__() 方法是将 self.data 中的值取绝对值，然后再返回新的对象，__len__() 方法是返回 self.data 的长度，__round__() 方法是对 self.data 中的数据进行四舍五入。

12.6 项目实训

12.6.1 实训需求

《士兵突击》是一部军旅题材类电视剧，剧中记载了普通士兵的心路历程，讲述了一个中国军人的传奇故事。军人的职责是保家卫国，枪是军人的第二生命，在任何情况下，都不能丢掉，它如生命一样宝贵、重要，要像善待生命一样善待枪。

现需编写一个程序，可以在程序中创建士兵，还可以创建枪支，士兵可以拿起枪、添加子弹、发射子弹。

12.6.2 实训步骤

1. 定义枪支类

```
class Gun:
    """ 枪支类 """
    def __init__(self, type):
        """ 初始化方法 """
        # 枪支的类型
        self.type = type
        # 子弹的数量，新枪没有子弹
        self.bullet_count = 0

    def add_bullet(self, count):
        """ 添加子弹方法 """
        # 添加子弹
        self.bullet_count += count
```

```
    def shoot(self, name):
        """ 射击方法 """
        # 如果没有，不能射击，提示添加子弹
        if self.bullet_count <= 0:
            print(" 没有子弹，无法射击，请添加子弹 ")
            return
        # 更新子弹的个数，在有子弹的情况下，正常射击，一次消耗一枚子弹
        self.bullet_count -= 1
        # 模拟射击动作，打印剩余子弹数量
        print("%s 正在射击，剩余子弹数量是 :%d" % (name, self.bullet_count))
```

2. 定义士兵类

```
class Soldier:
    """ 士兵类 """

    def __init__(self, name, gun=None):
        """ 初始化方法 """
        # 士兵的姓名
        self.name = name
        # 士兵的枪支，新兵默认没有枪
        self.gun = gun

    def add_gun(self, gun):
        # 士兵拿起枪
        self.gun = gun

    def add(self, new_count):
        """ 士兵拿着枪添加子弹 """
        # 1. 如果没有枪不能开火，提示分配枪支
        if self.gun is None:
            print(" 当前士兵 %s 还没有枪，无法开火，请分配枪支 " % self.name)
            return
        # 2、如果有，则士兵拿着枪添加子弹
        self.gun.add_bullet(new_count)
        print(" 士兵 %s 已经为 %s 添加了 %s 发子弹 " % (self.name, self.gun.type, new_count))

    def fire(self):
        """ 开火方法 """
        # 1. 如果没有枪不能开火，提示分配枪支
        if self.gun is None:
            print(" 当前士兵 %s 还没有枪，无法开火，请分配枪支 " % self.name)
            return
        # 2. 士兵拿着枪射击
        self.gun.shoot(self.name)
```

3. 使用士兵类和枪支类

```
# 创建枪支对象 AK47
ak = Gun("AK47")
# 使用士兵类模板创建对象
sb = Soldier(" 许三多 ")
sb.add_gun(Gun('M4'))
# sb 对象添加 50 发子弹
sb.add(50)
sb.fire()
```

```
sb1 = Soldier("Lin", ak)
sb1.fire()

sb1.add(50)
sb1.fire()
sb1.fire()
sb1.fire()
```

12.6.3 实现效果

编码完成之后，运行程序，实现效果显示如下：

```
士兵许三多已经为 M4 添加了 50 发子弹
许三多正在射击，剩余子弹数量是 :49
没有子弹，无法射击，请添加子弹
士兵 Lin 已经为 AK47 添加了 50 发子弹
Lin 正在射击，剩余子弹数量是 :49
Lin 正在射击，剩余子弹数量是 :48
Lin 正在射击，剩余子弹数量是 :47
```

小 结

面向对象编程提供了一种结构化的方法来组织和设计程序，使得程序更加模块化、灵活和可扩展。它能够提高代码的可维护性、可复用性和可理解性，从而提升开发效率，减少错误，并且更好地适应需求变化。在本章中，深入探讨面向对象编程的核心概念以及技术。首先，从面向对象的概念开始。详细介绍什么是面向对象，为什么要使用面向对象编程，以及面向对象编程的优势和特点。其次，深入探讨类的定义和使用。类是面向对象编程的基本组织单位，它定义了对象的属性和行为。然后，学习了如何定义类、创建对象实例，并访问对象的属性和调用对象的方法。然后，在类的定义和使用之后，介绍了属性和方法。属性是类或对象的特征，方法是类或对象的行为。学习了如何定义属性和方法，并如何在类的内部和外部进行属性和方法的访问。再次，深入研究了面向对象的三大特性：封装、继承和多态。封装将数据和操作进行封装，提高了代码的安全性和可维护性；继承使子类可以继承父类的属性和方法，并能够在此基础上进行扩展；多态允许不同的对象对同一方法进行不同的实现，提高了代码的灵活性和可扩展性。最后，进行方法重写的讲解。方法重写允许子类对继承自父类的方法进行重新定义，使其适应特定的需求。

习 题

一、选择题

1. 对象是指（　　）。

   A. 数据的集合　　　　B. 方法的集合

   C. 数据和方法的集合　　　　D. 类的实例化

2. 类是（　　）。
   A. 对象的实例化　　B. 对象的集合
   C. 数据和方法的封装　　D. 继承关系的定义
3. 下列（　　）最准确地描述了继承的概念。
   A. 子类获取父类的私有属性和方法　　B. 子类获取父类的公有属性和方法
   C. 子类可以重新定义父类的成员　　D. 子类可以使用父类的所有成员
4. 多态的含义是（　　）。
   A. 同一操作作用于不同的对象，会产生不同的行为
   B. 同一操作作用于同一对象，会产生不同的行为
   C. 不同操作作用于相同的对象，会产生不同的行为
   D. 不同操作作用于不同的对象，会产生不同的行为
5. 封装的主要目的是（　　）。
   A. 提高代码的可扩展性和可复用性　　B. 隐藏内部实现细节
   C. 构建用于继承的父类　　D. 实现多态性
6. 下列选项中，（　　）最准确地描述了类的定义。
   A. 类是一组相似对象的集合　　B. 类是对象的实例化
   C. 类是一种数据类型　　D. 类是一种面向对象编程的概念
7. 类的属性是指（　　）。
   A. 类中定义的方法　　B. 类的实例化对象
   C. 类的成员变量　　D. 类的继承关系
8. 类的方法是指（　　）。
   A. 类中定义的属性　　B. 类的实例化对象
   C. 类的成员函数　　D. 类的继承关系
9. 在类的方法内部，可以使用（　　）特殊的关键字来引用当前对象
   A. self　　B. this　　C. current　　D. object
10. 下列选项中，（　　）最准确地描述了类的实例化过程。
   A. 创建类的实例对象　　B. 定义类的属性和方法
   C. 声明类的属性和方法　　D. 继承一个已存在的类

二、编程题

1. 定义一个名为 Person 的类，具有属性 name 和 age，并且有一个打印个人信息的方法 print_info。

2. 定义一个名为 Rectangle 的类，具有属性 width 和 height，并且有一个计算矩形面积的方法 calculate_area。

3. 定义一个名为 Circle 的类，具有属性 radius，并且有一个计算圆面积的方法 calculate_area。

4. 定义一个名为 Student 的类，具有属性 name 和 grade，并且有一个打印学生信息的方法 print_info。

5. 定义一个名为 BankAccount 的类，具有属性 balance 和 owner，并且有一个存款和取款的方法。

第 13 章 多进程和多线程

本章导学：

多进程和多线程在生活中的应用非常广泛，无论是在桌面软件、移动应用还是嵌入式系统中，都有着重要的作用。例如，现代浏览器通常采用多进程的方式来实现页面的加载和渲染，每个标签页都在独立的进程中运行，这样可以提高浏览器的稳定性和安全性，同时也能够实现更快的页面加载速度。

通过合理地使用多进程和多线程，可以提高程序的性能、响应速度和稳定性，从而为用户提供更好的体验。本章将详细讲解多任务的概念及其应用，进程和线程的概念，进程和线程的创建和管理，进程和线程的通信方式，以及它们在实际应用中的使用场景。通过深入学习以上知识，可以充分利用多进程和多线程的优势，提高程序的性能和可靠性，同时也能够更好地理解和应用 Python 语言中的并发编程。

学习目标：

- 理解多进程和多线程的概念。
- 掌握进程和线程的创建。
- 掌握进程和线程的通信方式。
- 通过学习本章提供的案例，学会多进程和多线程的实践应用。

13.1 多任务及应用场景

13.1.1 多任务的概念

多任务是指操作系统能够同时处理多个任务的能力。在现代计算机系统中，操作系统可以管理和调度多个任务的执行，使得它们可以同时运行或者交替执行。

每个任务都有自己的执行环境和资源，它们可以独立地执行并与用户进行交互。例如，浏览器、音乐播放器和聊天应用都是不同的任务，它们可以在同一时间内同时运行，操作系统通过时间片轮转、优先级调度等机制来合理地分配和调度任务的执行，以保证每个任务都能得到适当的资源和处理时间。

13.1.2　并发和并行

假设你正在使用一台计算机，同时进行打字和下载文件这两个任务。在并发的情况下，操作系统会轮流让打字任务和下载文件任务交替执行。当输入一个字母时，操作系统会切换到下载文件任务，让其继续进行。然后操作系统又会切换回打字任务，继续输入下一个字母。这个切换过程非常快，以至于给人一种多个任务同时执行的感觉。

实际上，在每个时刻只有一个任务被执行。这个过程会不断地重复，直到你完成打字任务和文件下载任务，任务并发执行如图 13-1 所示。

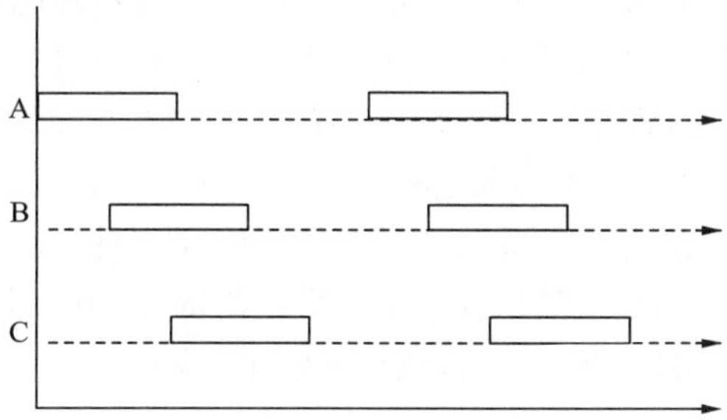

图 13-1　任务并发执行图

而在并行的情况下，假设你的计算机是多核处理器，可以同时执行多个任务。在这种情况下打字任务和下载文件任务可以在不同的处理器核心上同时执行。这意味着在同一时刻，真正地同时进行打字和下载文件，而不需要进行任务的切换，提高了整体的效率和速度，任务并行执行如图 13-2 所示。

图 13-2　任务并行执行图

在实际应用中，可以根据任务的特点和计算机的资源情况，选择合适的并发或并行方式来处理任务，以提高效率和速度。

13.1.3　多任务应用场景

1. 游戏场景

多任务的应用非常广泛，尤其是在网络游戏中。在多人联机游戏中，服务器需要同时处理多个游戏任务。每个玩家都在进行不同的操作，比如移动、攻击、聊天等。服务器需要及时地处理这些操作，并将结果发送给其他玩家，以保持游戏的同步性和流畅性。服务器通过并发的方式来处理这些任务。它可以轮流地获取每个玩家的操作，并进行相应的处理。当一个玩家移动时，服务器会更新他的位置信息，并将这个信息广播给其他玩家。当一个玩家发起攻击时，服务器会计算伤害值，并将伤害信息发送给被攻击的玩家。这样，每个玩家的操作都能得到及时的响应，同时保证了游戏的整体流畅性。在这个过程中，服务器需要处理大量的任务，并且要尽量减少延迟。为了提高处理效率，服务器通常会采用多线程或多进程的方式来并行处理任务。通过利用计算机的多核资源，服务器可以同时处理多个任务，提高了响应速度和系统的利用率。

2. 抢票系统场景

火车票抢票系统是一个非常适合应用多任务的场景。在节假日期间，火车票抢票系统会面临大量的用户请求，每秒钟可能会有成千上万次的请求同时发送到服务器。这些请求包括查询余票、购票、修改订单、取消订单等操作。为了应对这样的高并发情况，服务器需要能够同时处理多个请求。通过并发的方式，服务器可以同时接收和处理多个请求，提高了系统的响应速度和吞吐量。服务器可以采用多线程或多进程的方式来实现并发处理。每当有新的请求到达时，服务器会创建一个新的线程或进程来处理该请求，而不会阻塞其他请求的处理。这样，多个请求可以在同一时刻并行处理，提高了系统的并发能力。在处理请求的过程中，服务器需要考虑到票源的实时性、订单的一致性等因素。服务器需要及时地更新票源信息，并保证购票和修改订单等操作的正确性和安全性。为了实现这些功能，服务器可能还需要与其他系统进行交互，比如与支付系统进行支付操作，与用户系统进行身份验证等。通过合理地设计和实现多任务处理机制，火车票抢票系统可以在高并发的情况下保持稳定和高效。用户可以快速地查询余票、购票，而服务器也能够及时地处理用户的请求，提供良好的用户体验。

3. 电商平台

电商平台如淘宝、京东等都是非常适合应用多任务的场景。在电商平台中，每天都会有大量的用户访问和使用平台，进行商品浏览、下单购买、支付等操作。同时，平台还需要处理商家的商品发布、库存管理、订单处理等任务。这些任务需要在同一时间内并行处理，以提供快速、高效的用户体验。

除此之外，多任务还广泛应用于操作系统、服务器、大数据处理等领域。通过合理地使用并发和并行的方式，可以提高系统的性能和效率，满足用户的需求。

13.2 进程和线程

13.2.1 进程

1. 进程的概念

进程是操作系统中的一个基本概念，用来描述正在运行的程序或软件的状态。一个进程可以看作是一个独立的执行环境，包括了程序的指令、数据和资源等。每个进程都有自己的内存空间、程序计数器、寄存器和打开的文件等。

进程是操作系统进行资源分配的基本单位，每个进程都会被分配一定的运行资源，例如，内存、CPU 时间片等。进程的创建通常是通过操作系统的调度器来完成的。当一个程序被启动时，操作系统会为其创建一个新的进程。

进程之间可以通过进程间通信（IPC）来进行数据的交互和共享，常见的进程间通信方式包括共享内存、消息队列、管道等，进程的基本概念包括 CPU 时间片、PCB、进程 ID 和父子进程关系。

（1）CPU 时间片：CPU 时间片是指操作系统将 CPU 的执行时间划分成一个个小的时间片段，每个进程在一个时间片段内占用 CPU 执行，当时间片结束后，操作系统会切换到下一个就绪状态的进程，以实现多个进程之间的并发执行。

（2）PCB（进程控制块）：PCB 是在操作系统内存中为每个进程分配的一个数据结构，用于存储和管理进程的基本信息。PCB 中包含了进程的标识符（PID）、状态、程序计数器（PC）、寄存器的值、内存分配情况、打开的文件等信息。操作系统通过 PCB 来查找、识别和管理进程。

（3）进程 ID（PID）：进程 ID 是操作系统为每个进程分配的一个唯一的标识符，每个进程 ID 是一个大于 0 的整数，用于区分不同的进程，进程 ID 可以用来操作和管理进程，如发送信号、获取进程状态等。

（4）父子进程：在操作系统中，每个进程（除了系统初始化进程）都有一个唯一的父进程，父进程可以创建一个或多个子进程，而子进程可以再次创建其他子进程，形成进程的层级关系，父子进程之间通过进程 ID 来进行关联和管理，父子进程关系可以方便进程的管理和协作。

总之，进程是操作系统中的一个基本概念，用来描述正在运行的程序或软件的状态，每个进程都有自己的资源和状态，是操作系统进行资源分配的基本单位，通过进程间通信，进程可以进行数据的交互和共享。

2. 进程的步骤

产生进程的过程包括用户空间发起请求、操作系统接收请求、资源调配和进程状态设置，最后将进程提供给用户使用，操作系统根据用户的请求分配计算机资源，并为进程分配唯一的标识符，用户可以通过程序接口或命令行工具来操作进程。产生进程的过程可以简单地描述为以下几个步骤：

（1）用户空间发起请求：用户通过调用程序接口或者命令向操作系统发起创建进程的请求，用户可以通过编程语言中的相关 API（如 fork() 函数）或通过命令行工具（如创建新的终端窗口）来创建进程。

（2）操作系统接收请求：操作系统接收到用户的创建进程请求后，开始进行相应的处理，操作系统会检查用户是否具有创建新进程的权限，并根据用户的请求进行进一步的处理。

（3）资源调配和进程状态：操作系统根据用户的请求，分配计算机资源给新的进程，这些资源包括内存空间、CPU 时间片、文件描述符等。

（4）提供进程给用户使用：操作系统将创建的进程提供给用户使用，用户可以通过程序接口或者命令行工具来操作进程，例如，向进程发送信号、获取进程状态、控制进程执行等。

3. 进程的状态和运行特征

（1）进程的状态。进程的状态是一个承上启下的过程，从新建态到终止态，每个状态都承接上一个状态，同时也是下一个状态的起点，这样的状态转换过程使得进程能够按照一定的规律进行执行和管理，进程的状态包含新建态、就绪态、运行态、等待态、终止态。

① 新建态：当一个进程被创建时，它处于新建态，在这个阶段，操作系统会为进程分配必要的资源，并进行初始化。进程处于新建态时，还没有开始执行。

② 就绪态：当进程具备执行条件，但还没有被分配 CPU 资源时，它处于就绪态，在就绪态下，进程等待系统调度程序将 CPU 时间片分配给它，以便开始执行。

③ 运行态：当进程被分配到 CPU 时间片，并且正在执行时，它处于运行态，在运行态下，进程会占用 CPU 资源，执行它的指令，进程可以使用计算机的多核资源，以提高并发性能。

④ 等待态：当进程暂时停止执行，让出 CPU 资源，并等待某个事件的发生时，它处于等待态，这个事件可能是等待用户输入、等待外部设备的响应等，在等待态下，进程暂时不占用 CPU 资源。

⑤ 终止态：当进程执行完毕或被操作系统终止时，它处于终止态，在终止态下，进程释放占用的资源，包括内存空间、文件描述符等。

（2）进程的运行特征。进程的运行特征使得它具有高度的并发性和独立性，同时也保证了系统的稳定性和安全性。通过利用计算机多核资源，进程能够实现并行处理和提高系统的吞吐量。作为计算机分配资源的最小单位，每个进程拥有独立的内存空间和资源，互不影响，各自独立运行。这种独立性保证了进程之间的数据安全性和隔离性，一个进程的错误或崩溃不会对其他进程造成影响。总之，进程的运行特征为系统的高效性和稳定性提供了坚实的基础。

13.2.2 线程

1. 线程的概念

线程是程序执行的最小单元，是操作系统能够进行运算调度的最小单位，线程被称为轻量级的进程，因为相比于进程，线程的创建、切换和销毁的开销更小。线程也可以使用计算机多核资源，实现多任务的并发执行，是一种多任务编程的方式，可以将线程理解为进程的分支任务，多个线程可以在同一个进程中共享进程的资源，如内存空间和文件描述符，但每个线程有自己的栈空间和寄存器上下文，线程之间可以通过共享内存进行通信，但也需要进行同步操作来避免竞争条件和资源冲突，线程的使用可以提高程序的并发性和效率，但也需要注意线程安全和同步机制的设计和实现。

2. 线程的特征

线程是一个轻量级的进程，可以在一个进程中创建多个线程，每个线程都是一个独立的运行行为，共享进程的资源，但具有自己的 ID、栈空间和寄存器上下文等特征。多个线程可以并发执行，彼此之间不会相互干扰或影响，线程的创建和销毁开销较小，是一种提高程序并发性和效率的重要方式，线程的特征主要包括以下几个方面：

（1）一个进程中可以包含多个线程：一个进程可以创建多个线程，这些线程共享进程的资源，但每个线程有自己的栈空间和寄存器上下文。

（2）线程也是一个运行行为，消耗计算机资源：每个线程需要占用一定的计算机资源，包括内存空间、CPU 时间片等。

（3）一个进程中的所有线程共享这个进程的资源：多个线程可以共享进程的资源，如内存空间、文件描述符等，因此可以方便地进行数据共享和通信。

（4）多个线程之间的运行互不影响各自运行：在多线程环境下，多个线程可以并发执行，每个线程都有自己的执行路径和代码段，彼此之间不会相互干扰或影响。

（5）线程的创建和销毁消耗资源远小于进程：相比于创建和销毁进程，创建和销毁线程的开销更小，因为线程之间共享进程的资源，无须重新分配和释放资源。

（6）各个线程也有自己的 ID 等特征：每个线程都有唯一的线程 ID，用于标识和管理线程。此外，线程还有自己的栈空间、寄存器上下文和优先级等特征。

13.3 创建进程的方式

13.3.1 multiprocessing

1. multiprocessing 创建进程

multiprocessing 模块提供了一个 Process 类，用于创建和管理进程，通过这个类可以方便地创建子进程，并在子进程中执行指定的任务；通过使用 Process 类可以灵活地创建和管理多个进程，实现并发执行的效果，这样可以充分利用多核处理器的能力，提高程序的性能和效率。同时，Process 类还提供了丰富的方法和属性，用于控制和监控进程的状态和行为。

要创建一个进程对象，可以使用 Process 类的构造函数，语法如下：

```
p = Process(target, args = (), kwargs = {}, name = None)
```

其中，参数 target 要执行的目标函数，即子进程要执行的函数，这个参数是必需的。参数 args 一个元组，用于给目标函数进行位置传参。如果目标函数不需要传参，则可以不传入该参数。参数 kwargs 一个字典，用于给目标函数进行关键字传参。如果目标函数不需要关键字传参，则可以不传入该参数。参数 name 为子进程命名，可选参数，如果不给子进程命名，则默认为 None。

在创建进程对象后，可以通过 p 来管理和控制子进程的行为。例如，可以使用 p.start() 方法启动子进程的执行，使用 p.join() 方法等待子进程的结束并回收资源。返回的 p 是一个进程对象，可以通过这个对象获取和设置进程的相关属性，如进程的 ID、名称、优先级等，可以使用 p 的属性和方法来监控和控制子进程的状态和行为。

2. 进程对象的方法和属性

1）进程对象的方法

通过使用进程对象的方法，可以方便地创建和管理多个并发执行的进程，实现更高效的程序运行，接下来进一步探讨进程对象的方法和属性。进程对象的方法包括以下几个方面：

（1）p.start()：启动进程，使其开始执行目标函数。注意，该方法只能在进程对象创建后调用一次。

（2）p.join([timeout])：让主进程等待子进程结束，才继续执行主进程。可选参数 timeout 用于设置等待的超时时间。如果不设置 timeout，则主进程会一直等待子进程结束。如果设置了 timeout，并且超过了指定的时间，主进程会继续执行。

（3）p.is_alive()：判断进程是否是”活着”的状态。返回值为 True 表示进程仍在执行中，False 表示进程已经结束或者还未启动。

（4）p.terminate()：强制终止进程，不会进行任何清理操作。这个方法会立即终止进程的执行，不会等待进程结束。

2）进程对象的属性

除了可以使用 multiprocessing 模块创建进程，还可以通过进程对象的属性来获取和操作进程的信息，进程对象的属性包括以下几个方面：

（1）p.daemon：默认为 None，如果设置为 True，则子进程会跟随主进程结束而结束。需要在调用 p.start() 之前设置。

（2）p.name：子进程的名称。可以通过设置 name 参数来指定子进程的名称，如果没有指定，则默认为 None。

（3）p.pid：子进程的进程 ID。可以通过 p.pid 来获取子进程的进程 ID。通过使用这些方法和属性，可以对进程对象进行管理和控制，实现进程的启动、等待、终止等操作。同时，可以通过这些属性获取进程的相关信息，如进程的名称和进程 ID。

3. multiprocessing 创建进程的注意事项

使用 multiprocessing 模块创建进程时，需要注意以下几个事项：

（1）在 Windows 操作系统中，为了避免子进程无限递归创建新的子进程，应该将开启子进程的操作放在 "if _ _name_ _ == '_ _main_ _':" 条件下。这是因为 Windows 系统中，每个进程都会执行全局代码，包括导入模块和定义函数等。

（2）使用 multiprocessing 创建的子进程是通过复制父进程的空间来实现的，它们之间互不影响。这意味着子进程不会继承父进程的变量和状态。每个进程都有自己独立的内存空间和执行环境，它们之间的通信需要使用特定的机制，如队列、管道等。

（3）子进程只会执行目标函数（target）绑定的部分代码，其他内容是父进程执行的。这是因为子进程是通过复制父进程的空间来创建的，只会执行目标函数所在的代码。

（4）在 multiprocessing 中，父进程通常只用来创建子进程和回收子进程的资源，具体的事件处理由子进程完成。

（5）在使用 multiprocessing 创建的子进程中，无法使用标准输入（stdin）。这是因为标准输入是与终端（或控制台）关联的，而子进程是在父进程的环境中创建的，它们没有直接的终端或控制台。

【示例 13.1】 multiprocessing 创建进程。

```
import time
from multiprocessing import Process
a = 1
# 定义子进程执行的函数
def son_func():
    print(" 子进程开始执行 ")
    global a
    a = 1000
    print("son a = ", a)
    time.sleep(3)
    print(" 子进程结束 ")
if __name__ == '__main__':
    # 创建进程对象，指定子进程要执行的函数
    p = Process(target = son_func)
    # 启动子进程
    p.start()
    print(" 父进程启动子进程后去做其他事 ")
    time.sleep(2)
    # 等待子进程结束并回收
    p.join()
    print(" 父进程等子进程结束后回收子进程 ")
    print("parent a = ", a)
```

运行结果：

```
父进程启动子进程后去做其他事
子进程开始执行
son a = 1000
子进程结束
父进程等子进程结束后回收子进程
parent a = 1
```

代码解析：

在上述代码中，首先，执行子进程，打印出子进程开始执行的信息，然后，修改了全局变量 a 的值为 1000，并打印出来，等待 3 秒钟后，子进程结束。接着，父进程继续执行，打印出父进程等子进程结束后回收子进程的信息，并打印出全局变量 a 的值为 1。即在执行 p.start() 方法时就启动了子进程，启动子进程后，主进程和子进程都会分别执行，p.join() 方法的作用是让

父进程等待子进程结束，由于进程间是相互隔离的，所以子进程中打印 a 的值是 1000，而父进程中仍然是 1。

13.3.2　进程池

1. 什么是进程池

进程池是一种并发编程的技术，它允许创建一组固定数量的进程，这些进程可以用来执行任务。进程池在并发编程中的作用是重用进程，避免频繁地创建和销毁进程，从而提高程序的性能和效率。进程池的主要作用是管理和调度一组预先创建好的进程，当有新的任务提交给进程池时，进程池会从池中取出一个空闲的进程来执行该任务。如果池中没有空闲进程，任务就会等待，直到有进程空闲为止。这样可以避免频繁地创建和销毁进程，减少了系统资源的消耗。进程池的使用可以提高并发执行任务的效率，特别适用于任务量大、每个任务执行时间短的场景。通过进程池，可以有效地管理和调度大量的任务，充分利用系统的多核资源，提高程序的并发处理能力。

2. 进程池的创建思路

进程池创建一定数量的进程来处理事件，事件处理完进程不退出而是继续处理其他事件，直到所有事件全都处理完毕统一销毁，这可以增加进程的重复利用，降低资源消耗。可以提高效率，节省开辟进程和开辟内存空间的时间及销毁进程的时间。进程池是 Python 中用于并行执行任务的一种机制，通过创建进程池对象，可以管理和调度多个子进程，从而实现对任务的并行执行。以下是进程池的四个主要方面：

（1）创建进程池对象：可以实现对多个任务的并行处理，进程池会自动管理和调度这些任务，使得它们可以在多个子进程中同时执行，这样可以提高程序的执行效率，特别是在处理大量计算密集型任务时，可以充分利用多核处理器的优势。创建进程池对象是使用 Python 中 multiprocessing 模块的 Pool 类来实现的。具体步骤如下：

导入 multiprocessing 模块中的 Pool 类：

```
from multiprocessing import Pool
```

使用 Pool 类来创建进程池对象。可以指定进程池中的进程数量，默认情况下，进程数等于 CPU 的核心线程数：

```
pool = Pool(process_num)
```

其中，process_num 是要创建的进程数量，可以根据实际需求进行调整。

（2）将事件加入进程池队列执行：在进程池中，使用 pool.apply_async(func, args,kwds) 将事件加入进程池队列执行。func 是要执行的函数，可以是自定义函数或内置函数；args 是给函数传递的位置参数，以元组的形式传递；kwds 是给函数传递的关键字参数，以字典的形式传递。apply_async() 方法会立即返回一个函数事件对象，用于进程间通信和任务状态的管理。

（3）关闭进程池：关闭进程池是通过调用进程池对象的 close() 方法来实现的。

```
pool.close()
```

调用 close() 方法后，进程池不再接受新的任务请求，任何在调用 close() 方法后提交的任务都不会被执行。

关闭进程池后，可以继续调用其他方法，如 join() 方法等。

（4）回收进程池中的进程：回收进程池中的进程是通过调用进程池对象的 join() 方法来实现的。

```
pool.join()
```

join() 方法会阻塞主进程，直到进程池中的所有子进程都执行完毕，在所有子进程都执行完毕后，主进程会继续执行下面的代码，回收进程池中的进程是为了确保所有任务都已经完成，并且主进程不会在子进程结束前提前退出。通过调用 join() 方法，可以等待所有子进程执行完毕后再结束父进程，保证程序的完整性和正确性。

【示例 13.2】进程池。

```
import os
from multiprocessing import Pool
import time
import random

def fun(parm):
    time.sleep(random.uniform(1, 2))
    print("parm:", parm, "pid:", os.getpid(), "ppid:", os.getppid())

if __name__ == '__main__':
    pool = Pool(4)
    for i in range(1, 11):
        r = pool.apply_async(func=fun, args=(i,))
    pool.close()
    pool.join()
```

运行结果：

```
parm: 2 pid: 16204 ppid: 15104
parm: 3 pid: 16304 ppid: 15104
parm: 4 pid: 15580 ppid: 15104
parm: 1 pid: 13524 ppid: 15104
parm: 5 pid: 16204 ppid: 15104
parm: 6 pid: 16304 ppid: 15104
parm: 8 pid: 13524 ppid: 15104
parm: 7 pid: 15580 ppid: 15104
parm: 9 pid: 16204 ppid: 15104
parm: 10pid: 16304 ppid: 15104
```

代码解析：

在上述代码中，创建了拥有 4 个进程的进程池，然后将 10 个任务交给其完成，可以看到，创建的 4 个进程的 id 分别是 16204、16304、15580、13524。首先这 4 个进程完成了 4 个任务，完成之后并没有被销毁，接着继续完成下面 4 个任务，最后完成剩下的 2 个任务。

13.4 进程通信

13.4.1 进程通信概述

1. 进程通信的概念

不同进程之间能够实现数据的传输、共享资源、事件通知和进程控制等功能。这使得多个进程能够协同工作，共同完成任务。例如，一个电商平台的订单管理、库存管理和支付管理等模块可以通过进程通信进行数据交换和流程控制，从而实现订单的处理和支付的流程控制。进程之间需要通信的原因主要有以下几点：

（1）数据传输：在某些情况下，一个进程需要将它的数据发送给另一个进程。例如，一个进程从网络接收数据，然后将数据发送给另一个进程进行处理。

（2）资源共享：多个进程可能需要共享同样的资源，如内存、文件、数据库等。通过进程通信，可以实现多个进程之间对资源的共享和协同工作。

（3）事件通知：一个进程可能需要向另一个或一组进程发送消息，通知它们发生了某种事件。例如，一个进程在完成某项任务后，可以通过进程通信向其他进程发送消息，告知它们任务已经完成。

（4）进程控制：有些进程希望完全控制另一个进程的执行，例如，调试器（Debugger）进程。调试器进程需要能够拦截被调试进程的操作，并能够及时获取被调试进程的状态改变。

2. 进程通信的原理

进程通信的原理是通过操作系统内核提供的进程间通信机制来实现的，每个进程都有自己独立的用户地址空间，所以无法直接访问其他进程的变量和数据，为了实现进程间的数据交换和共享，需要通过内核提供的缓冲区来进行数据传输，使得进程间能够进行数据交换和共享。

通过进程通信，不同进程之间能够实现数据的传输、共享资源、事件通知和进程控制等功能，这使得多个进程能够协同工作，共同完成任务，进程通信是操作系统中非常重要的概念，对于理解和设计多进程的应用程序至关重要。

3. 常用的进程通信方法

常用的进程通信方法有管道（pipe）、消息队列（message queue）、共享内存（shared memory）、信号（signal）、信号量（semaphore）和套接字（socket）。

（1）管道是一种半双工的通信机制，可以在父子进程或者兄弟进程之间进行通信，它通过创建一个管道文件描述符来实现进程间的数据传输。

（2）消息队列是一种通过消息传递进行进程间通信的机制，进程可以向消息队列发送消息，也可以从消息队列接收消息，消息队列提供了一种可靠的、异步的通信方式。

（3）共享内存是一种高效的进程间通信方式，多个进程可以将同一块内存映射到各自的地址空间中，并且可以直接读写该内存区域，从而实现数据的共享。

（4）信号是一种异步的通信方式，用于通知进程发生了某个事件，进程可以向另一个进程发送信号，接收到信号的进程可以根据不同的信号进行相应的处理。

（5）信号量是一种用于进程同步和互斥的机制，它可以用来保护共享资源，控制进程的访问顺序，避免静态条件的发生。

（6）套接字是一种网络通信的机制，不仅可以用于不同主机之间的进程通信，也可以用于同一主机上的进程通信，套接字提供了一种灵活且可靠的通信方式。

通过选择合适的进程通信方法，可以根据具体的需求实现进程间的数据交换、共享资源、事件通知和进程控制等功能，不同的通信方法具有不同的特点和适用场景，根据实际情况选择合适的方法能够提高程序的效率和可靠性。

13.4.2　管道

1. 创建管道

管道是一种进程间通信机制，用于在同一台计算机上的进程之间进行通信，管道本质上是在操作系统内核中创建的一个缓冲区，当进程创建一个管道后，系统会返回两个文件描述符，一个是写入端的描述符，一个是输出端的描述符，可以通过这两个描述符往管道写入或者读取数据，用于存储进程之间传递的数据。

在 Python 中，可以使用 multiprocessing 模块的 Pipe 类来创建管道。语法格式如下：

```
from multiprocessing import Pipe
c1, c2 = Pipe(duplex = True)
```

其中，c1 和 c2 是两个 Connection 对象，分别用于进程间的读取和写入操作，通过这两个对象，进程可以进行数据的传输。duplex = True 参数表示管道是全双工的，即可以同时进行读取和写入操作，如果将其设置为 False，则表示管道是半双工的，同一时间只能进行读取或写入操作。

2. 管道对象方法

Connection 对象提供了两个方法来进行管道的数据读取和写入操作。

send(data) 方法用于向管道写入数据，写入的数据可以是任意可序列化的对象，如整数、字符串、列表等。写入操作是阻塞的，直到数据被成功写入管道或者管道被关闭。

```
c1.send(data)
```

recv() 方法用于从管道读取数据，返回值为从管道中读取到的数据，读取操作是阻塞的，直到管道中有数据可读取或者管道被关闭，读取到的数据会作为返回值返回，如果管道中没有数据可读取，进程会一直等待，直到有数据可读。

```
data = c2.recv()
```

【示例 13.3】管道。

```
from multiprocessing import Pipe, Process
import time
import os
import random
def fun(c1, c2):
    time.sleep(random.uniform(0.5, 2))
    c1.send("msg:%s" % os.getpid())
if __name__ == '__main__':
    c1, c2 = Pipe(duplex=True)
    jobs = []
    for i in range(5):
        p = Process(target=fun, args=(c1, c2))
        jobs.append(p)
        p.start()
    for i in range(5):
        data = c2.recv()
        print(data)
    for i in jobs:
        i.join()
```

运行结果：

```
msg:11444
msg:11446
msg:11447
msg:11448
msg:11445
```

代码解析：

在上述代码中，代码使用了 multiprocessing 模块的管道来进行进程间通信，其中 fun() 函数是子进程要执行的任务，该函数会等待一个随机时间后，向管道中写入当前进程的 PID。

在主进程中，使用 Pipe 类创建了一个全双工的管道，分别得到了读取和写入两个 Connection 对象。

使用 Process 类创建了 5 个子进程，每个子进程都会执行 fun() 函数，并将读取和写入的 Connection 对象作为参数传入。主进程使用 c2.recv() 方法读取管道中的数据，并打印出来，由于管道是先进先出的，因此打印出来的顺序与写入的顺序相同。最后，使用 join() 方法等待所有子进程执行完毕。

可以看到管道中的数据被按照写入的顺序读取出来，并且子进程的执行顺序是随机的，通过管道，进程之间可以进行数据的传输和共享，实现进程间的通信和协作。

13.4.3　消息队列

1. 创建消息队列

消息队列是一种在内存中建立队列模型的通信方式，用于实现进程间的通信，在 Python 的 multiprocessing 模块中，可以使用 Queue 类来创建消息队列对象，其语法格式如下：

```
from multiprocessing import Queue
q = Queue(maxsize = 0)
```

maxsize 参数表示队列中最多可以存放的消息个数。如果设置为 0，则表示队列的大小没有限制。如果设置为正整数值，则表示队列的大小限制为该值。默认情况下，maxsize 为 0。返回值是一个队列对象，可以用于存放和获取消息。

消息队列的特点包括队列模型、内存中的通信、存放信息、获取信息、队列大小限制。消息队列是一种先进先出（FIFO）的数据结构，存放的消息按照存入的顺序被取出，即队列模型。消息队列是在内存中建立的，不同进程之间可以通过队列来进行数据的传递和共享，即内存中的通信。

2. 消息队列的方法

可以使用消息队列对象来实现消息的存取和管理，它们用于将消息存入队列、从队列中获取消息，并提供了阻塞和非阻塞的方式来控制进程的执行。通过灵活运用这些方法，可以实现进程间的异步通信，提高系统的并发性和响应性。常用消息队列的方法见表 13-1。

表 13-1　常用消息队列的方法

方　法	说　明
q.put(data, block = True,timeout = None)	向队列存入消息，block 表示是否阻塞，为 True 时表示阻塞等待，timeout 表示设置阻塞超时时间
q.get(block = True,timeout = None)	从队列取出消息，返回获取到的内容，block 表示是否阻塞，为 True 时表示阻塞等待，timeout 表示设置阻塞超时时间
q.full()	判断队列是否为满
q.empty()	判断队列是否为空
q.qsize()	获取队列中消息个数
q.close()	关闭队列

【示例 13.4】消息队列。

```
from multiprocessing import Process, Queue
def send(q):
    for i in range(5):
```

```
        q.put((i, i))
def get(q):
    while True:
        x, y = q.get(block=True)
        print(x, y)
if __name__ == '__main__':
    q = Queue(3)
    p1 = Process(target=send, args=(q,))
    p1.start()
    p2 = Process(target=get, args=(q,))
    p2.start()
    p1.join()
    p2.join()
```

运行结果：

```
0 0
1 1
2 2
3 3
4 4
```

代码解析：

在上述代码中，创建两个进程 p1 和 p2，分别执行 send() 和 get() 函数，p1 进程在执行 send() 函数时，通过 q.put() 方法将元组 (0,0)、(1,1)、(2,2)、(3,3)、(4,4) 依次存入队列 q 中。

p2 进程在执行 get() 函数时，通过 q.get() 方法从队列 q 中取出元组，并打印出来，由于队列 q 中一开始没有元素，get() 函数会阻塞，直到队列中有元素可取。p1 和 p2 进程分别通过 p1.join() 和 p2.join() 方法等待子进程执行完毕。

由于队列 q 的大小为 3，因此在 send() 函数存入第 4 个元组时，会阻塞等待 get() 函数取出一个元组，腾出一个空位，这样保证了队列中的元素个数不会超过队列的大小。

13.4.4 共享内存

1. 共享内存的概念

共享内存是一种用于进程间通信的机制，它允许多个进程共享同一块内存区域，从而实现高效的数据交换。在共享内存中，多个进程可以直接读写内存，而无须进行数据的复制，因此可以大大提高通信的效率。为了支持共享内存，操作系统会留出一块内存区域，并允许进程将其映射到自己的私有地址空间中。每个进程都可以通过这个映射将共享内存视为自己私有的一部分内存，从而直接对其进行读写操作。然而，由于多个进程同时访问共享内存可能导致数据不一致或冲突的问题，需要使用同步机制来确保数据的正确性。常用的同步机制包括互斥锁、信号量和条件变量等,它们可以帮助进程在访问共享内存时进行协调和同步,避免数据竞争和其他并发问题。

共享内存的优点有以下几点：

（1）快速传递数据：共享内存可以提供一个高效的数据传递方式。由于多个进程可以直接访问共享内存中的数据，无须进行复制或序列化操作，所以在进程间传递数据时可以更快速地完成。

（2）节省资源：由于共享内存是多个进程共享的，所以不需要为每个进程分配独立的内存空间，可以节省内存资源的使用。

（3）简化编程：共享内存可以使多个进程之间共享数据变得更加简单。通过访问共享内存，进程可以直接读取或修改其中的数据，而无须进行复杂的进程间通信操作。

共享内存的缺点有以下几点：

（1）数据安全风险：由于多个进程可以直接访问共享内存中的数据，所以在并发环境下存在数据安全的风险。如果多个进程同时对共享内存中的数据进行修改，可能会导致数据的一致性和正确性问题。因此，在使用共享内存时需要使用锁等机制来保证数据的安全。

（2）限制较多：共享内存的使用存在一些限制。首先，共享内存通常只能用于同一台计算机上的进程间通信，无法在网络上进行共享。其次，共享内存的大小通常也有限制，取决于操作系统和硬件的限制。

2. Value 共享内存对象

Value 对象是一个方便的共享内存对象，可以在多个进程之间共享数据，Value 是 Python multiprocessing 模块中用于创建共享内存的一个类，它可以将一个值存放在内存中并与其他进程共享。Value 的语法如下：

```
from multiprocessing import Value
obj = Value(typecode_or_type, * args,lock = True)
```

其中，typecode_or_type 参数指定 Value 对象中存放数据的类型，它可以是一个 ctypes 类型，也可以是一个代表 ctypes 类型的 code。常见的 type code 包括：

（1）'i' 表示整数；

（2）'d' 表示浮点数；

（3）'c' 表示字符等。

args 参数用于指定 Value 对象中存放的初始值，它的个数和类型应与 type code_or_type 参数指定的类型相匹配；

lock 参数表示是否要在访问 Value 对象时使用锁。

Value 对象创建后，可以通过 value 属性获取或修改 Value 对象中的值，由于 Value 对象中存放的值可以被多个进程共享，因此在修改 Value 对象中的值时，需要使用锁来避免数据竞争和其他并发问题。

【示例 13.5】Value 共享内层对象。

```
from multiprocessing import Value,Process
import random
def save_money(money):
    for i in range(100):
        money.value += random.randint(1,150)
def take_money(money):
    for i in range(100):
        money.value -= random.randint(1,150)
if __name__ == '__main__':
    money = Value('i',2000)
    p1 = Process(target = save_money, args = (money,))
    p1.start()
    p2 = Process(target = take_money, args = (money,))
    p2.start()
    p1.join()
    p2.join()
    print(money.value)
```

运行结果：

```
1422
```

代码解析：

在上述代码中，进程 p1 和进程 p2 是并发执行的，每次运行程序时，结果可能会有所不同。首先，创建了一个 Value 对象 money，初始值为 2000。然后，创建了进程 p1 和 p2，其中 p1 的目标函数是 save_money，参数是 money。进程 p1 会随机增加 money 的值；p2 的目标函数是 take_money，参数是 money。进程 p2 会随机减少 money 的值。使用 start() 方法启动进程 p1 和 p2，最后，使用 join() 方法等待它们执行完毕。

3. Array 共享内存对象

Array 是 multiprocessing 模块中用于创建共享内存的另一个类，它可以将多个数据存放在内存中并与其他进程共享。Array 的语法格式如下：

```
from multiprocessing import Array
obj = Array(typecode_or_type, size_or_initializer, * ,lock = True)
```

其中，typecode_or_type 参数指定 Array 对象中存放数据的类型，size_or_initializer 参数用于初始化 Array 对象的共享内存空间。

Array 对象创建后，可以通过索引访问或修改 Array 对象中的值，由于 Array 对象中存放的值可以被多个进程共享，因此在修改 Array 对象中的值时，需要使用锁来避免数据竞争和其他并发问题。

与 Value 对象相比，Array 对象适用于存放多个数据且数据类型一致的情况。

【示例 13.6】Array 共享内层对象。

```
from multiprocessing import Array,Process

def fun(m):
    print(list(m))
    m[0] = 10

if __name__ == '__main__':
    a = Array('i',3)
    p = Process(target = fun, args = (a,))
    p.start()
    p.join()
    print(list(a))
```

运行结果：

```
[0, 0, 0]
[10, 0, 0]
```

代码解析：

在上述代码中，导入了 multiprocessing 模块中的 Array 和 Process 类，定义了一个函数 fun()，它接受一个参数 m，在函数内部，打印出了 m 的值，并将 m 的第一个元素修改为 10。

在主程序中，创建了一个 Array 对象 a，它的类型是整数（'i'），大小为 3，然后创建了一个进程 p，目标函数是 fun()，参数是 a，接着使用 start() 方法启动进程 p，并使用 join() 方法等待进程 p 执行完毕，最后打印了 a。

13.5　创建线程

13.5.1　Thread 类创建线程

通过 threading 模块中的 Thread 类，可以方便地创建和管理多线程的应用程序，使用 Thread 类，可以将需要并发执行的任务封装为线程。创建线程的过程中，可以通过设置目标函数、线程名称、传递参数等来定制线程的行为。线程对象创建后，可以使用 start() 方法启动线程，并使用 join() 方法等待线程执行完毕。

在多线程的应用程序中，可以通过创建多个线程来同时执行不同的任务，提高程序的并发性和效率，每个线程都拥有自己的执行流程，可以独立地执行任务，但同时又可以共享进程的资源。

通过 threading 模块中的 Thread 类可以创建线程，下面是 Thread 类的语法结构：

```
from threading import Thread
t = Thread(target = None,name = None, args = (),kwargs = None,daemon = None)
```

说明如下：

（1）target 可调用对象：表示线程要执行的目标函数，可以是函数、方法或任何实现了 __call__ 方法的对象。

（2）name 字符串：表示线程的名称。默认为 None，如果不指定，则会自动生成一个唯一的名称。

（3）args 元组：表示要传递给目标函数的位置参数。默认为空元组。

（4）kwargs 字典：表示要传递给目标函数的关键字参数。默认为 None。

（5）daemo：布尔值，表示线程是否为守护线程，默认为 None，如果不指定，则继承当前线程的 daemon 属性。

通过合理地使用线程，可以充分利用多核处理器的计算能力，提高程序的响应速度和处理能力。

【示例 13.7】Thread 类创建线程。

```
import os
import time
from threading import Thread
a = 1
def music():
    global a
    a = 1000
    for i in range(5):
        time.sleep(1)
        print(os.getppid(), "播放音乐")
t = Thread(target = music)
t.start()
t.join()
print("Main a:", a)
```

运行结果：

```
7836 播放音乐
7836 播放音乐
```

```
7836 播放音乐
7836 播放音乐
7836 播放音乐
Main a: 1000
```

代码解析：

在上述代码中，创建了一个线程对象 t，目标函数为 music。在 music() 函数中使用了 global 关键字来声明变量 a 为全局变量，并将 a 的值修改为 1000。

通过 for 循环和 time.sleep() 函数模拟了音乐播放的过程，并在每次循环中输出当前线程的父进程 ID（使用 os.getppid() 函数获取）和 " 播放音乐 " 的信息。

在主线程中，调用 t.start() 方法启动线程，并调用 t.join() 方法等待线程执行完毕。最后输出全局变量 a 的值。

由于线程和主线程是并发执行的，所以在输出结果中，" 播放音乐 " 的信息和 "Main a:" 的信息可能会交替出现，但是由于全局变量 a 在 music() 函数中被修改为 1000，所以最终输出的结果是 "Main a: 1000"。

13.5.2 继承 Thread 类来创建线程

通过继承 Thread 类来创建多线程的优点是可以更加灵活地定制线程的行为，同时也可以方便地共享类的属性和方法。但需要注意的是，在多线程编程中，需要注意线程间的通信和同步问题，以确保线程的正确运行和数据的一致性，通过继承 Thread 类来创建多线程的步骤如下：

（1）自定义类继承 Thread 类，首先，需要创建一个自定义的类，该类继承自 Thread 类，通过继承 Thread 类，可以获得 Thread 类提供的多线程功能。

（2）重写 __init__ 方法添加自己的属性，在自定义的类中，可以重写 __init__ 方法，用于初始化自己的属性，在 __init__ 方法中，可以设置线程的名称、传递参数等。

（3）重写 run() 方法，在自定义的类中，需要重写 run() 方法，run() 方法是线程的主要执行逻辑，线程在启动后会自动调用 run() 方法来执行任务。

需要注意的是，一旦重写了 run() 方法，target 参数传入的函数将不会再被调用。因此，在使用继承 Thread 类的方式创建多线程时，应该将线程的执行逻辑写在 run() 方法中。

【示例 13.8】继承 Thread 类来创建。

```
from threading import Thread

def task:
    print("这是 task 方法")
class MyThread(Thtead):
    def run(self) →Nome:
    print("重写了 run 方法")
t=MyThread(target:task)
t.start()
t.join()
```

运行结果：

```
重写了 run 方法
```

代码解析：

在上述代码中，使用了继承 Thread 类的方式来创建多线程，创建了一个 MyThread 类，该类继承自 Thread 类，并重写了 run() 方法。在 run() 方法中，可以编写自己的线程执行逻辑。在创建 MyThread 的实例 t 时，通过 target 参数将 task 函数传递给了 t，t 启动后，会自动调用 run() 方法，从而执行自己的线程执行逻辑。join 方法会阻塞当前线程，直到被调用的线程执行完成。

13.6 线程间通信

13.6.1 线程通信概述

使用全局变量进行线程间通信可能会导致多个线程同时对全局变量进行读写操作，从而引发数据竞争和不一致性的问题。为了解决这个问题，可以使用一些线程间通信的机制来确保线程之间的同步和协作。线程通信是指多个线程之间进行信息交流和共享数据的过程。在多线程编程中，线程通信是非常重要的，它能够协调不同线程的执行顺序、实现数据共享和传递，以及解决线程间的同步问题。线程通信的主要目的是使线程之间能够相互协作，共同完成任务。在实际的应用中，常用的线程通信方法包括 Event 事件、互斥锁和队列。这些线程通信方法可以帮助在多线程编程中实现线程间的数据共享和同步。

13.6.2 Event 事件

Event 事件是一种线程通信机制，它允许一个或多个线程等待某个事件的发生。可以通过调用 Event 对象的 wait 方法来阻塞线程，直到事件被设置。可以通过调用 Event 对象的 set 方法来设置事件，通知等待的线程继续执行，Event 事件可以用于实现多个异步任务之间的同步和通知。例如，在交通红绿灯中多辆在行驶中的汽车可以表示成程序中的多个异步任务，红绿灯的亮起可以表示成一个通知，红灯通知这个汽车的行驶任务必须停止了，绿灯通知这个汽车的行驶任务可以继续驾驶了。

Event 管理着一个全局的内部标志 flag，该 flag 默认为 False，当 flag 等于 False 的时候，调用 wait() 函数后程序就会被阻塞，只有当 flag 等于 True 的时候程序才会继续执行。

创建 Event 对象的语法结构如下：

```
from threading import Event
e = Event()
```

通过创建 Event 对象，可以使用 Event 对象的方法来实现线程之间的同步和通信。常用的方法包括 set()、clear()、wait() 和 is_set() 等，可以根据具体的需求来调用这些方法。

【示例 13.9】Event 使用示例。

```
import time
from threading import Event,Thread
s = None
e = Event()
def fun():
    print("杨子荣前来拜山头")
    time.sleep(3)
    global s
    s = "天王盖地虎"
    e.set()
t = Thread(target = fun)
t.start()
```

```
    e.wait()
    if s == '天王盖地虎':
        print("宝塔镇河妖")
    t.join()
```

运行结果：

```
杨子荣前来拜山头
宝塔镇河妖
```

代码解析：

在上述代码中，使用了 Python 的 threading 模块，创建了一个事件对象，主线程启动子线程后，调用事件 wait() 方法进入阻塞状态，然后子线程经过 3 秒休眠，将事件标志设置为 True，此时处于阻塞状态的主线程恢复并继续往下运行。

13.6.3 互斥锁

互斥锁是一种保护共享资源的机制，它只允许一个线程访问共享资源。线程在访问共享资源之前需要获取互斥锁，如果互斥锁已经被其他线程获取，则当前线程会被阻塞，直到互斥锁被释放。

使用 threading 模块中的 Lock 类来创建互斥锁对象，通过调用互斥锁对象的 acquire() 方法来获取锁，调用 release() 方法来释放锁，其代码如下：

```
from  threading import Lock
lock = Lock()
lock.acquire()
lock.release()
```

其中，from threading import Lock 语句用于导入 Lock 类，该类是 Python 标准库 threading 模块中提供的用于创建互斥锁的类。

lock = Lock() 创建了一个互斥锁对象，并将其赋值给变量 lock。lock.acquire() 方法用于获取锁，调用该方法会尝试获取锁，如果锁当前没有被其他线程占用，则获取成功；如果锁已经被其他线程占用，则当前线程会被阻塞，直到获取到锁为止。lock.release() 方法用于释放锁，调用该方法会释放锁的占用状态，使得其他线程可以获取到锁继续执行。

互斥锁的作用是确保同一时间只有一个线程可以访问共享资源，从而避免多个线程对共享资源的并发访问引发的数据竞争和不一致问题。通过合理地使用互斥锁，可以保证多线程程序的正确性和可靠性。

【示例 13.10】不加锁。

```
from threading import Thread, Lock
lock = Lock()
n = 0
def task():
    global n
    for i in range(1000000):
        n = n+1
    print(n)
jobs = []
for i in range(5):
    t = Thread(target = task)
    jobs.append(t)
    t.start()
```

```
for j in jobs:
    j.join()
```

运行结果：

```
2267631
2733678
3259221
4332067
5000000
```

代码解析：

在上述代码中，定义了一个 task() 函数，循环对变量 n 进行累加操作。但在此过程中并未加锁，5 个线程可以同时操作 n；导致在一个线程结束的时候打印 n，由于还有其他线程累加的值，因此不是 1 000 000 的倍数

【示例 13.11】加锁。

```
from threading import Thread, Lock
lock = Lock()
n = 0
def task():
    global n
    lock.acquire()   # 加锁
    for i in range(1000000):
        n = n+1
    lock.release()   # 释放锁
    print(n)
jobs = []
for i in range(5):
    t = Thread(target = task)
    jobs.append(t)
    t.start()
for j in jobs:
    j.join()
```

运行结果：

```
1000000
2000000
3000000
4000000
5000000
```

代码解析：

在上述代码中，在加锁的情况下，一个线程拿到了锁就会执行 1 000 000 次加操作，在这过程中，其他线程没有拿到锁是没有办法对 n 进行操作的，只有当线程将锁释放后，其他线程抢到了锁才能继续对 n 进行操作，因此每次打印都是 1 000 000 的倍数。

13.6.4　队列

队列是一种线程安全的数据结构，它按照先进先出（FIFO）的原则管理数据。队列常被用于模拟实际生活中的排队场景，比如处理任务请求、消息传递等。在计算机科学中，队列也是很多算法和数据结构的基础，比如广度优先搜索（BFS）算法、线程池等。

队列提供了 put() 和 get() 方法来向队列中添加和获取元素，这两个方法都是线程安全的。可

以使用 queue 模块中的 Queue 类来创建队列对象。在线程间通信中，使用 Queue 在线程间通信通常应用于生产者消费者模式。产生数据的模块称为生产者，而处理数据的模块称为消费者。在生产者与消费者之间的缓冲区称之为仓库。生产者负责往仓库运输商品，而消费者负责从仓库里取出商品，这就构成了生产消费模式，代码实现如示例 13.12。

【示例 13.12】使用 Queue 队列实现生产者消费者模式。

```
from queue import Queue
from threading import Thread
import time
import random
class Producer(Thread):
    def __init__(self, name, queue):
        super().__init__(name = name)
        self.queue = queue
    def run(self):
        for i in range(5):
            print("生产者 % s将产品 % d加入队列" % (self.name, i))
            self.queue.put(i)
            time.sleep(random.random())
        print("生产者 % s完成" % self.name)
class Consumer(Thread):
    def __init__(self,name, queue):
        super().__init__(name = name)
        self.queue = queue
    def run(self):
        for i in range(5):
            val = self.queue.get()
            print("消费者 % s将产品 % d从队列中取出" % (self.name, val))
            time.sleep(random.random())
        print("消费者 % s完成" % self.name)
queue = Queue()
producer = Producer('Producer', queue)
consumer = Consumer('Consumer', queue)
producer.start()
consumer.start()
producer.join()
consumer.join()
```

运行结果：

```
生产者 Producer将产品  0加入队列
消费者 Consumer将产品  0从队列中取出
生产者 Producer将产品  1加入队列
生产者 Producer将产品  2加入队列
生产者 Producer将产品  3加入队列
生产者 Producer将产品  4加入队列
生产者 Producer完成
消费者 Consumer将产品  1从队列中取出
消费者 Consumer将产品  2从队列中取出
消费者 Consumer将产品  3从队列中取出
消费者 Consumer将产品  4从队列中取出
消费者 Consumer完成
```

代码解析：

在上述代码中，从输出结果可以看出，创建了 2 个线程，一个是生产者，一个是消费者。生产者不断地将产品放入队列，而消费者不断从队列中取出产品进行处理，生产者和消费者的操作是交替进行的。

生产者通过调用 self.queue.put(i) 将产品放入队列中，而消费者通过调用 self.queue.get() 从队列中取出产品。通过使用队列作为线程间的通信机制，可以实现生产者消费者模式，实现线程间的协作和数据共享。

13.7　项目实训

13.7.1　实训需求

在实际工作中，经常有复制文件的场景，如果有大量的文件需要复制，逐个单一复制会花费大量时间，因此可以考虑开启多进程来进行并行复制。现需要编写一个程序，在程序中，开启进程池来实现将批量文件进行复制。

13.7.2　实训步骤

（1）编写脚本 create_file.py 用于创建大量待复制文件。

```
import os
import random

dir_name = "src_dir"

for i in range(1, 1001):
    file_name = "%s.txt" % i
    full_path = os.path.join(dir_name, file_name)
    print(full_path)
    s = ''
    for j in range(1, 100001):
        if j % 100 == 0:
            local_s = "\n"
        else:
            num = random.randint(97, 122)
            local_s = chr(num)
        s += local_s
    with open(full_path, 'w') as f:
        f.write(s)
```

（2）编写进程目标函数 copy_file()，该函数用于复制单个文件，并将复制完成的文件名存入队列：函数接收参数 file_name（待复制的文件名）、queue（用于存储复制完成的文件名的队列）、src_folder（源文件夹路径）、dst_folder（目标文件夹路径）。

使用 os.path.join 函数构建源文件和目标文件的完整路径。

```
import os
import time
from multiprocessing import Pool, Manager
```

```
def copy_file(file_name, queue, src_folder, dst_folder):
    """ 复制单个文件，复制完成后将其存入队列 """
    src_file_path = os.path.join(src_folder, file_name)
    dst_file_path = os.path.join(dst_folder, file_name)
    with open(src_file_path, 'r') as f:
        with open(dst_file_path, 'w') as f1:
            for line in f:
                if not line:
                    break
                f1.write(line)
    queue.put(file_name)
```

（3）编写函数 copy() 开启进程池，该函数用于开启进程池并进行文件复制操作：函数接收参数 src_folder（源文件夹路径）和 dst_folder（目标文件夹路径）。

① 首先判断目标文件夹是否存在，如果不存在则创建。

② 获取源文件夹下的所有文件名，并创建一个进程池对象 p。

③ 使用 p.apply_async() 方法来并行执行复制文件的任务，调用进程目标函数 copy_file()。

④ 关闭进程池并等待所有进程执行完毕。

```
def copy(src_folder, dst_folder):
    if not os.path.exists(dst_folder):
        os.mkdir(dst_folder)
    else:
        files = os.listdir(dst_folder)
        for file in files:
            file_path = os.path.join(dst_folder, file)
            os.remove(file_path)
        print(" 删除文件成功 ")
    file_names = os.listdir(src_folder)
    # 注意不能使用 multiprocessing.Queue()
    queue = Manager().Queue()
    p = Pool(4)
    for file in file_names:
        p.apply_async(func=copy_file, args=(file, queue, src_folder, dst_folder))
    p.close()
    i = 0
    all_files = len(file_names)
    while True:
        already_copy_file = queue.get()
        i += 1
        copy_rate = i * 100 / all_files
        print(" 正在复制文件 :%s, 当前复制进度 :%.2f%%----->(%s/%s)" % (already_
copy_file, copy_rate, i, all_files))
        if copy_rate >= 100:
            break
    print(" 复制文件完成 ")
    p.join()
```

（4）调用函数开启复制，在 __main__ 部分，指定源文件夹和目标文件夹的路径，并调用 copy() 函数进行复制。

```
if __name__ == '__main__':
```

```
    src_folder = 'src_dir'
    dst_folder = 'dest_dir'
    start = time.time()
    copy(src_folder, dst_folder)
    end = time.time()
    print("复制所花时间为:%s" % (end - start))
```

13.7.3　实现效果

运行 pool_copy.py 程序，它会使用进程池并行复制源文件夹下的所有文件到目标文件夹中，并在控制台打印每个文件的复制进度。最后，输出“复制文件完成”表示所有文件复制任务已完成，实现效果如图 13-3 所示。

```
正在拷贝文件:99.txt,当前拷贝进度:99.00%----->(990/1000)
正在拷贝文件:990.txt,当前拷贝进度:99.10%----->(991/1000)
正在拷贝文件:991.txt,当前拷贝进度:99.20%----->(992/1000)
正在拷贝文件:992.txt,当前拷贝进度:99.30%----->(993/1000)
正在拷贝文件:993.txt,当前拷贝进度:99.40%----->(994/1000)
正在拷贝文件:994.txt,当前拷贝进度:99.50%----->(995/1000)
正在拷贝文件:995.txt,当前拷贝进度:99.60%----->(996/1000)
正在拷贝文件:996.txt,当前拷贝进度:99.70%----->(997/1000)
正在拷贝文件:997.txt,当前拷贝进度:99.80%----->(998/1000)
正在拷贝文件:998.txt,当前拷贝进度:99.90%----->(999/1000)
正在拷贝文件:999.txt,当前拷贝进度:100.00%----->(1000/1000)
拷贝文件完成
拷贝所花时间为:3.6379427909851074
```

图 13-3　批量文件进行复制

小　　结

本章主要讲解了多任务的概念和优势，以及实现多任务的两种方式：并发和并行；进程和线程的概念，以及它们之间的关系和区别；使用 multiprocessing 模块创建进程的方法，包括使用 Process 类和 Pool 类；如何启动、结束和等待进程的执行；几种常用的进程间通信方法，包括使用队列、管道和共享内存进行数据交换；使用 threading 模块创建线程的方法，包括使用 Thread 类和继承 Thread 类，如何启动、结束和等待线程的执行，几种常用的线程间通信方法，包括使用锁、事件和队列进行数据交换。通过本章的学习，可以更深入地了解多任务的概念和应用，并掌握进程和线程的创建和使用方法，以及进程和线程之间的通信方式，从而能够在实际工作中灵活运用多任务编程，提高程序的效率和性能。

习　题

一、选择题

1. 多进程和多线程的区别是（　　）。

   A. 多进程可以充分利用多核 CPU 的优势，而多线程不能

   B. 多线程可以充分利用多核 CPU 的优势，而多进程不能

   C. 多进程和多线程都可以充分利用多核 CPU 的优势

   D. 多进程和多线程都不能充分利用多核 CPU 的优势

2. 多进程和多线程的适用场景是（　　）。

   A. 多进程适用于 IO 密集型任务，多线程适用于 CPU 密集型任务

   B. 多进程适用于 CPU 密集型任务，多线程适用于 IO 密集型任务

   C. 多进程和多线程都适用于 IO 密集型任务

   D. 多进程和多线程都适用于 CPU 密集型任务

3. 多线程的优势是（　　）。

   A. 执行效率高，资源占用少　　B. 可以充分利用多核 CPU 的优势

   C. 可以实现任务的并行处理　　D. 可以实现任务的分配和协同

4. 多进程和多线程的通信方式包括（　　）。

   A. 共享内存　　B. 消息队列

   C. 管道　　D. 所有选项都正确

5. 下列描述了多任务的概念是（　　）。

   A. 同时进行多个任务　　B. 依次执行多个任务

   C. 同时执行多个子任务　　D. 同时执行多个线程

6. 进程和线程的主要区别是（　　）。

   A. 进程是程序的执行实例，线程是进程的执行实体

   B. 进程是操作系统分配资源的最小单位，线程是程序执行的最小单位

   C. 进程可以独立执行，线程必须依赖于进程

   D. 进程可以并行执行，线程只能并发执行

7. 下列创建进程的方式是（　　）。

   A. 使用 fork() 方法系统调用　　B. 使用 create() 方法系统调用

   C. 使用 start() 方法　　D. 使用 run() 方法

8. 进程间通信的常用方法有（　　）。

   A. 共享内存　　B. 文件

   C. 管道　　D. 所有选项都正确

9. 下列创建线程的方式是（　　）。

   A. 使用 fork() 方法系统调用　　B. 使用 create() 方法系统调用

   C. 使用 start() 方法　　D. 使用 run() 方法

10. 线程间通信的常用方法有（　　）。

    A. 共享内存　　B. 锁

    C. 条件变量　　D. 所有选项都正确

二、编程题

1. 编写一个程序，使用多进程并行计算 1 到 100 的平方和，并输出结果。

2. 编写一个程序，使用多线程并行下载多个图片文件，并保存到本地。

3. 编写一个程序,使用多进程并发执行多个任务,每个任务计算一个数的阶乘,并输出结果。

4. 编写一个程序，使用多线程实现一个计数器，每隔一秒钟输出当前的计数值。

5. 编写一个程序，使用多进程和多线程混合编程，实现一个简单的生产者 - 消费者模型，生产者生产数据，消费者消费数据。

6. 编写一个程序，使用多进程和多线程混合编程，实现一个简单的爬虫程序，爬取某个网站的数据并保存到本地。

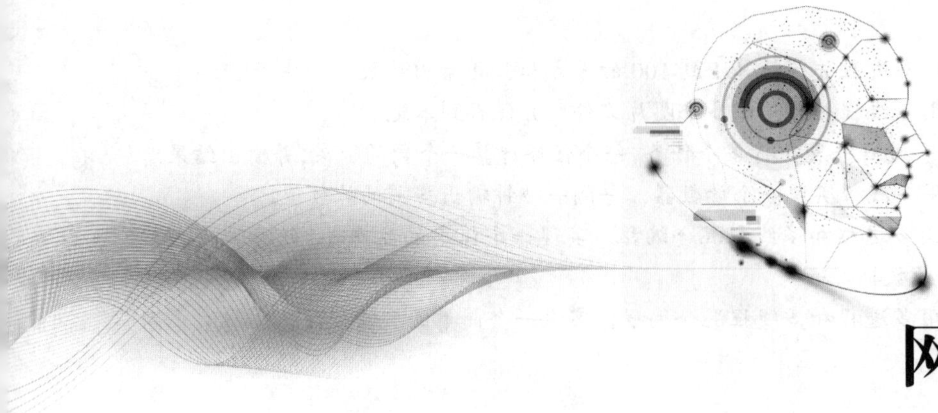

第14章 网络编程

本章导学：

网络编程在Python语言中具有广泛的应用和重要的作用，是提升开发效率和实现高性能网络应用的重要工具，例如网站开发、网络爬虫、分布式系统和网络通信等。本章将学习网络编程的相关知识，主要有以下几个方面：

（1）OSI网络模型各层的功能及相关协议；

（2）HTTP的基本工作原理和常见的请求和响应报文结构；

（3）TCP的报文结构、连接建立和断开的过程，以及可靠传输的机制；

（4）UDP的特点和适用场景、UDP套接字编程的基本操作；

（5）Socket模块进行网络编程，包括创建套接字、建立连接、发送和接收数据等操作，网络安全的基本概念和常见的安全漏洞。

通过学习本章知识，可以更好地理解和应用网络编程，学习如何保护网络应用和数据安全，实现各种网络应用和服务。

学习目标：

- 掌握OSI网络七层模型。
- 掌握HTTP的版本及报文结构。
- 掌握TCP报文结构以及三次握手和四次挥手。
- 掌握TCP套接字编程。
- 掌握UDP套接字编程。
- 掌握网络编程的实践应用。

14.1 网络基础

14.1.1 OSI网络七层模型

1. OSI的概念

OSI（open system interconnection）网络七层模型是国际标准化组织（ISO）制定的一个用于

计算机或通信系统间互联的标准体系，也被称为 OSI 参考模型。该模型将网络通信过程划分为七个层次，包括应用层、表示层、会话层、传输层、网络层、数据链路层、物理层，如图 14-1 所示。

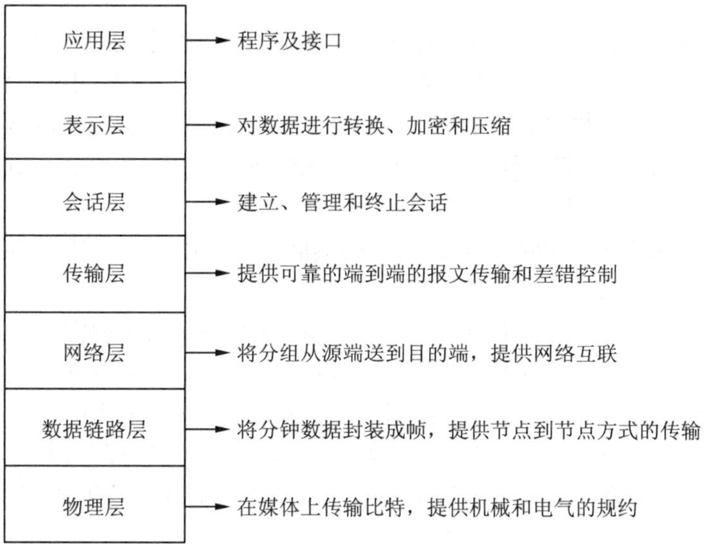

图 14-1　OSI 参考模型

OSI 模型中每个层次都有它的功能和作用，从底层的物理传输到顶层的应用接口，每个层次通过定义一组协议和服务，依赖于下一层来实现自己的功能，为上一层提供服务，从而实现了网络通信的灵活性和可扩展性。

OSI 模型提供了一个通用的框架，使得不同的系统可以通过相同的协议和服务进行互联，从而实现了跨平台和互操作性，它使得网络协议的设计和实现变得更加简单和灵活，并促进了不同厂商之间的互操作性，确保不同系统之间的兼容性和互通性。

2. OSI 模型的优点

OSI 模型的优点在于提供了一个统一的框架，使得网络通信变得更加模块化、标准化和可扩展，促进了不同系统之间的互联和通信。

将网络的通信过程划分为更小巧、更便捷的部件，有助于各个部件的开发、设计和故障排除。例如在故障排除时，可以根据故障现象的具体表现，逐层检查，从而更容易定位和解决问题。

通过网络组件的标准化，允许多个供应商进行开发，OSI 模型定义了每个层次的功能和接口，通过统一的标准，不同供应商可以根据模型进行开发，从而实现互操作性。例如，以太网和 TCP / IP 协议是基于 OSI 模型的标准化设计，不同供应商的网络设备和系统可以相互兼容和通信。

通过定义模型每一层的功能，鼓励产业的标准化：OSI 模型明确规定了每个层次的功能和任务，促进了产业的标准化，确保系统的兼容性和互操作性。例如，HTTP 协议和 SMTP 协议等应用层协议就是基于 OSI 模型的标准化设计。

允许各种类型的网络硬件和软件相互通信：OSI 模型提供了一个通用的框架，使得不同类型的网络硬件和软件可以相互通信。通过各层的功能和接口定义，不同设备和系统可以遵循相同的规则进行通信。例如，无线局域网（WLAN）可以通过 OSI 模型中的物理层和数据链路层与有线网络进行交互。

防止对某一层所做的改动影响到其他层，有利于开发：OSI 模型的每个层次具有相对独立的功能和接口，层与层之间的界面清晰明确，当需要引入新的技术或协议时，只需要在特定层次进行改动，不会影响到其他层次的功能。这种分层的设计使得开发更加灵活和可靠。例如，在应用层引入新的协议不会影响到底层的物理层和数据链路层的功能。

3. OSI 各层功能介绍

1）应用层

应用层（application layer）是 OSI 模型中的最顶层，它提供了用户和应用程序之间的接口，负责直接向用户提供服务，并完成用户在网络上的各种工作，应用层在其他六层的基础上，建立和结束与用户之间的联系，提供各种网络服务和应用所需的协议，并完成网络用户提出的各种网络服务及应用所需的监督、管理和服务等各种协议。此外该层还负责协调各个应用程序间的工作。

应用层的主要功能包括以下几个方面：

（1）提供网络应用程序与网络操作系统之间的联系：应用层负责建立和维护应用程序与网络操作系统之间的通信连接。

（2）提供各种网络服务和应用：应用层负责提供各种网络服务和应用，满足用户在网络上的需求。例如，电子邮件、文件传输、远程登录等都是应用层提供的服务和应用。

（3）管理和协调应用程序间的工作：应用层负责协调不同应用程序之间的工作，确保它们能够正确地进行通信和交互。例如，在一个网页中，应用层可以协调浏览器、图像加载器、视频播放器等应用程序的工作，使得它们能够协同工作并提供完整的网页体验。

应用层的协议主要包括以下几个方面：

（1）HTTP（超文本传输协议）：用于在客户端和服务器之间传输超文本文档，是万维网的基础协议。通过 HTTP 用户可以在浏览器中访问网页、发送表单数据等。

（2）FTP（文件传输协议）：用于在客户端和服务器之间传输文件。

（3）SMTP（简单邮件传输协议）：用于电子邮件的传输，负责将邮件从发送方传输到接收方的邮件服务器。

除了以上协议，应用层还包括很多其他的协议，如 DNS 协议（域名系统）、POP3 协议（邮局协议）等，每个协议都提供不同的服务和功能，满足不同用户的需求。

2）表示层

表示层（presentation layer）是 OSI 模型中的第六层，主要负责数据的表示、编码和压缩，以确保不同系统之间的数据格式和语义的一致性。它的作用是处理数据的格式转换、加密和解密，以及数据的压缩和解压缩，表示层的功能包括以下几个方面：

（1）数据格式处理：表示层协商和建立数据交换的格式，解决各应用程序之间在数据格式表示上的差异。不同应用程序可能使用不同的数据格式，如 ASCII 码、Unicode、二进制等，表示层负责将这些不同的数据格式转换为统一的格式，以便在网络中进行传输和解释。

（2）数据的编码：表示层处理字符集和数字的转换。不同的计算机系统和应用程序可能使用不同的编码方式来表示字符和数字，如 ASCII 码、UTF-8、ISO-8859 等。表示层负责将这些不同的编码方式进行转换，以确保数据在网络中正确传输和解释。

（3）压缩和解压缩：为了减少数据的传输量，表示层可以对数据进行压缩。压缩算法可以将数据压缩为更小的体积，从而减少传输时间和带宽消耗。在接收端，表示层负责对压缩的数据进行解压缩，使其恢复为原始的数据格式。

（4）数据的加密和解密：为了提高网络的安全性，表示层可以对数据进行加密。加密算法可以将数据转换为密文，只有具有相应解密密钥的接收端才能解密并恢复原始数据。通过加密，可以保护数据在传输过程中的机密性和完整性。

3）会话层

会话层（session layer）是 OSI 模型中的第五层，它在表示层和传输层之间，负责建立、管理和终止会话（会话是两个应用程序之间的通信会话），并提供会话层的服务，如同步和检查点。会话层的功能包括以下几个方面：

（1）建立、维护和终止会话：会话层允许用户在两个实体设备之间建立、维持和终止会话。负责协调两个会话进程之间的通信，确保会话的正确进行。

（2）会话流量控制：会话层提供会话流量控制和交叉会话功能。它可以管理会话中的发送顺序，确保数据按照正确的顺序传输，并控制会话的带宽和速率，以避免过载和拥塞的发生。

（3）寻址：会话层使用远程地址建立会话连接。远程地址是为用户专门设计的，更便于用户记忆，例如域名。通过远程地址，会话层可以找到目标应用程序，并与其建立连接。

（4）出错控制：虽然会话层的主要任务是数据交换的建立、保持和终止，但实际的工作是接收来自传输层的数据，并负责纠正错误。

会话层在网络通信中起到了重要的作用，它负责协调应用程序之间的会话连接，并提供数据交换的管理和控制。

4）传输层

传输层（transport layer）是 OSI 模型中的第四层，它位于网络层和会话层之间，主要负责为主机间的不同进程提供通信服务，并屏蔽了下面层的核心网络细节，提供端到端的可靠数据传输服务，负责将数据分段并为每个段提供必要的错误检测和纠正，传输层向上面的层提供通信服务，将数据从会话层接收并在必要时进行分割，然后将数据传递到网络层，并确保数据能够正确无误地传输，传输层的功能包括以下几个方面：

（1）传输连接管理：传输层提供建立、维护和拆除传输连接的功能。它可以为高层提供面向连接和面向无连接的两种服务。面向连接的服务使用 TCP 协议，它通过建立可靠的连接来传输数据，并在数据传输完成后关闭连接。面向无连接的服务使用 UDP 协议，它不需要建立连接，直接将数据发送出去。

（2）处理传输差错：传输层提供可靠的面向连接的数据传输服务，包括差错控制和流量控制，当使用 TCP 协议进行数据传输时，传输层会对数据进行分段，并为每个分段添加序号和校验和，以确保数据的完整性和正确性。如果接收端收到有错误的分段，传输层会要求发送端重新发送。

5）网络层

网络层（network layer）是 OSI 模型中的第三层，位于数据链路层和传输层之间，主要负责在网络中进行数据包的路由和转发，将数据包从源主机传输到目的主机，实现跨网络的通信，主要任务是通过路由选择算法，为报文或分组选择最适当的路径，控制数据链路层与传输层之间的信息转发。网络层的功能包括以下几个方面：

（1）寻址：网络层使用逻辑地址（如 IP 地址）来解决不同子网之间的寻址问题。每个子网中的设备都被分配一个唯一的地址，以识别和找到网络中的设备。网络层通过逻辑地址来进行寻址，使得数据能够正确地传送到目标设备。

（2）交换：网络层规定了不同的信息交换方式。常见的交换技术包括线路交换技术、存储转发技术（包括报文交换技术和分组交换技术）等。这些技术可以实现数据的高效传输和交换。

（3）路由算法：当源节点和目的节点之间存在多条路径时，网络层可以根据路由算法选择最佳路径，并将数据从发送端传送到接收端。

（4）连接服务：网络层提供连接服务，与数据链路层的流量控制不同，网络层的连接服务控制的是从源节点到目的节点之间的流量。它的目的是防止阻塞，并进行差错检测，以确保数据的正确无误传输。

网络层的主要协议包括：

（1）IP（网际协议）：IP 是网络层最重要的协议之一，它提供了数据在网络中的传输服务。IP 使用逻辑地址来寻址，可以将数据包从源节点传输到目的节点，同时确保数据包按照正确的顺序到达。

（2）ICMP（互联网控制信息协议）：ICMP 主要用于网络层的错误处理和诊断。它可以发送错误报文和探测报文，以检测网络的状态和故障，并将相关信息反馈给网络管理员。

（3）ARP（地址解析协议）：ARP 用于将逻辑地址（如 IP 地址）映射到物理地址（如 MAC 地址），以便数据链路层向正确的设备发送数据。ARP 通过广播方式来查询目标设备的物理地址，并将查询结果缓存到本地，以提高查询效率。

（4）RARP（逆地址解析协议）：RARP 与 ARP 协议相反，它用于将物理地址映射到逻辑地址，以便网络设备可以获得自己的 IP 地址。

6）数据链路层

数据链路层（data link layer）负责将物理层传输的比特流转换为逻辑帧，并在物理层之上进行流控和错误检测，通过各种控制协议，将有差错的物理信道变为无差错的、能可靠传输数据帧的数据链路。在计算机网络中由于各种干扰的存在，物理链路是不可靠的。数据链路层的功能主要包括以下几个方面：

（1）封装和解封装：数据链路层负责将网络层传递下来的数据报封装成数据帧。数据帧是数据链路层的基本传输单位，包括数据和控制信息。在发送端，数据链路层将数据帧添加首部和尾部，形成完整的帧。在接收端，数据链路层从接收到的帧中提取出数据和控制信息，并传递给网络层。

（2）物理地址寻址：数据链路层使用物理地址（如 MAC 地址）来寻址，在本地局域网中唯一标识每个网络设备。

（3）差错检测和纠正：数据链路层使用差错检测技术来检测传输过程中可能发生的位错误。常用的差错检测方法包括循环冗余检测（CRC）和帧检验序列（FCS）。

7）物理层

物理层（physical layer）是计算机网络中最底层的一层，主要负责将比特流从发送端传输到接收端，并确保数据能够在物理介质上可靠地传输，物理层的主要任务包括以下几个方面：

（1）传输介质选择：物理层需要选择适合的传输介质，如双绞线、同轴电缆、光纤等。不同的传输介质具有不同的传输速率、传输距离和抗干扰能力，物理层需要根据具体需求选择合适的传输介质。

（2）传输方式选择：物理层需要选择适合的传输方式，如点对点传输和广播传输。点对点传输适用于只有两个节点之间的通信，而广播传输适用于多个节点共享传输介质的情况。

（3）编码和调制：物理层需要将数字信号转换为模拟信号进行传输，或者将模拟信号转换为数字信号进行处理。编码和调制的目的是提高信号的传输效率和抗干扰能力。

（4）时钟同步：物理层需要确保发送端和接收端的时钟保持同步，以便正确解读传输的比特流。

（5）差错检测和纠错：物理层需要在传输过程中检测并纠正可能发生的比特错误，以保证数据的可靠传输。

14.1.2　TCP / IP 四层模型

TCP / IP 四层模型分为应用层、传输层、网络层和网络接口层，其中的应用层对应 OSI 七层模型中的应用层、表示层和会话层；传输层对应 OSI 七层模型中的传输层；网络层对应 OSI 七层模型中的网络层；网络接口层对应 OSI 七层模型中的数据链路层和物理层。TCP / IP 四层模型和 OSI 参考模型的对应关系如图 14-2 所示。

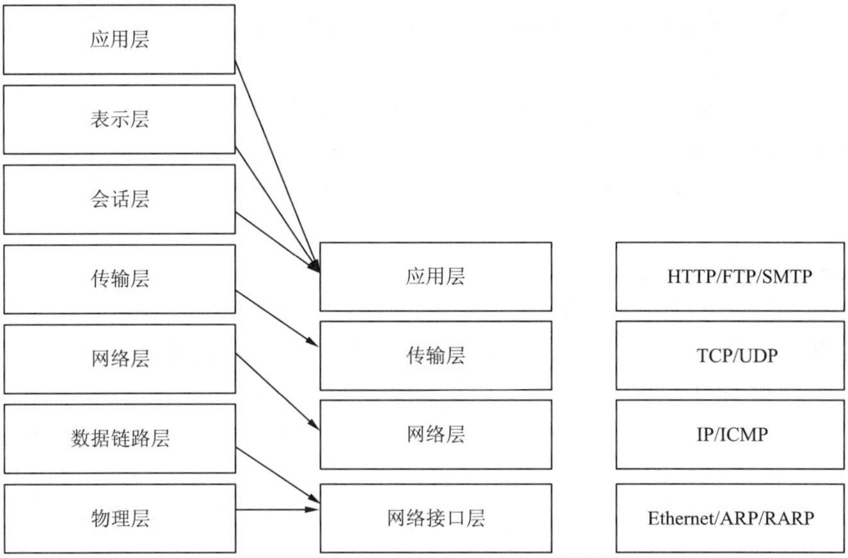

图 14-2　TCP / IP 模型

（1）应用层（application layer）：对应 OSI 参考模型的应用层、表示层和会话层，应用层是最靠近用户的一层，它负责处理网络应用程序与用户之间的交互。

（2）传输层（transport layer）：对应 OSI 参考模型的传输层。传输层主要负责提供端到端的可靠数据传输。它使用 TCP（传输控制协议）和 UDP（用户数据报协议）两种协议来实现不同的传输方式。

（3）网络层（network layer）：对应 OSI 参考模型的网络层。网络层负责处理数据在网络中的传输和路由选择。

（4）网络接口层（network interface layer）：对应 OSI 参考模型的数据链路层和物理层。网络接口层位于 TCP / IP 四层模型的最底层，它负责将数据从网络层传输到物理层，并在不同的物理网络之间进行数据的传输和转发。

14.1.3　HTTP

1. HTTP 的概念

HTTP 的全称是 hypertext transfer protocol，即超文本传输协议，它是一种应用层协议，它定义了客户端和服务器之间进行通信的规则，用于在 Web 浏览器和 Web 服务器之间进行数据传输和交互，它的设计简单、灵活，使得 Web 应用能够方便地进行数据传输和交互。

2. HTTP 的特点

HTTP 协议具有简单、高效、灵活、可扩展等特点，使得它成为 Web 应用中最重要和常用的协议之一。HTTP 的主要特点包括以下几点：

（1）无连接性（connectionless）：每个 HTTP 请求 / 响应都是独立的，客户端发送请求后，服务器响应完毕后就会断开连接。这种特点使得 HTTP 的传输效率较高，但也导致每次请求都需要重新建立连接，增加了一定的开销。

（2）无状态性（stateless）：HTTP 本身是无状态的，即服务器不会记住之前的请求，每个请求都是独立的。

（3）基于文本（text-based）：HTTP 的报文格式是基于文本的，使用 ASCII 码表示。这种特点使得 HTTP 的数据传输相对简单和易于理解，但也导致了传输效率相对较低。

（4）支持多媒体（supports multimedia）：HTTP 不仅可以传输 HTML 文档，还可以传输其他类型的数据，如文本、图片、音频、视频等。

（5）可扩展性（extensibility）：HTTP 的头部使用键值对的形式，可以通过添加自定义的头部字段来扩展协议的功能。

（6）支持缓存（caching support）:HTTP 支持缓存机制，客户端可以缓存服务器返回的数据，避免重复请求。

3. HTTP 的发展历程

HTTP 的发展历程可以追溯到 20 世纪 90 年代初期，随着互联网的快速发展，人们迫切需要一种能够在不同系统之间传输数据的标准协议。最早的 HTTP 版本是 HTTP0.9,在 1991 年引入。它非常简单，只支持 GET 请求，并且没有定义响应头和状态码等元数据信息。

随后，于 1996 年引入了 HTTP1.0 版本。HTTP1.0 引入了多个新特性，如 POST 请求、响应状态码、请求头和响应头字段等。它是第一个得到广泛实现的 HTTP 版本。HTTP1.0 引入了请求方法的扩展，支持 POST、PUT、DELETE 等方法，允许更多类型的操作。它还引入了响应状态码，用于明确表示服务器对请求的处理结果。

随着互联网的进一步发展，HTTP1.0 的性能和效率逐渐变得不够满足需求。于 1997 年，HTTP1.1 版本被引入。HTTP1.1 是最广泛使用的 HTTP 版本，它引入了持久连接、管道化请求、分块传输编码等特性，提高了性能和效率。

随着移动互联网的兴起和 Web 应用的复杂性的增加，人们对 HTTP 的性能和效率提出了更高的要求。2015 年，HTTP2.0 版本被引入。HTTP2.0 基于 Google 的 SPDY 协议，提供了更快的传输速度和更高效的连接管理。HTTP2.0 通过多路复用、二进制分帧层、首部压缩、服务器推送、流量控制、数据传输优化等特性，提供了更快的传输速度和更高效的连接管理，进一步提升了 HTTP 的性能和可扩展性。

HTTP 经过多个版本的发展，从最早的简单版本到现在的高效版本，不断满足了互联网应用的需求。每个版本都引入了新的功能和特性，提高了传输效率、性能和可扩展性，HTTP 的发展历程是互联网发展的重要组成部分，为 Web 应用的传输和交互提供了坚实的基础。

4. HTTP 的报文结构

HTTP 的报文结构由请求报文和响应报文组成。

1）请求报文

请求报文结构，请求报文由请求行、请求头和请求正文三部分组成，请求报文结构如图 14-3 所示。

请求行：请求行包含请求方法、请求目标（URI）和 HTTP 版本，格式为：

```
Method Request-URI HTTP-version CRLF
```

其中，Method 表示请求方法，全大写表示，常见的请求方法有以下几种：

（1）GET: 最常用的请求方法，用于请求服务器发送某个资源。

（2）POST: 向服务器写入数据，常用于提交表单数据或上传文件等操作。

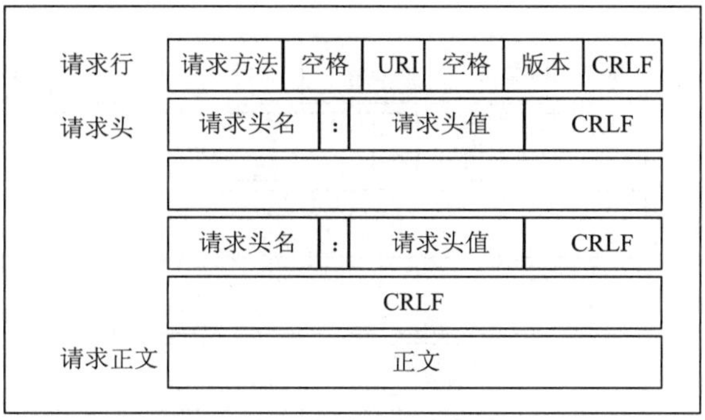

图 14-3　请求报文结构图

（3）PUT: 向服务器写入资源，与 GET 相反。

（4）DELETE: 请求服务器删除请求 URL 所指定的资源。

（5）HEAD: 类似于 GET 方法，但服务器在响应中只返回首部，不返回实际内容。

（6）OPTIONS: 请求获取服务器支持的 HTTP 方法。

Request-URI 表示请求地址，即请求的资源路径，可以是绝对路径或相对路径。

HTTP-version 表示请求的 HTTP 版本，常见的版本有 HTTP / 1.0 和 HTTP / 1.1。

CRLF 表示回车换行符，用于表示请求行的结束。

请求头由一系列键值对组成，用于描述请求的附加信息，用于告知服务器一些关于请求的信息，常见请求头有以下几种：

（1）User-Agent: 表示产生请求的客户端程序，例如，浏览器或 HTTP 客户端。

（2）Accept: 表示可接受的数据类型，用于告知服务器客户端能够处理的媒体类型。

（3）Accept-Language: 表示可接受的响应的语言，用于告知服务器客户端能够理解的语言类型。

（4）Accept-Encoding: 表示客户端请求的压缩方式，用于告知服务器客户端能够处理的压缩格式。

（5）Cookie: 表示客户端发送的 Cookie 信息，用于保持会话状态。

请求正文是可选的，用于向服务器传输数据。它通常在 POST 请求中使用，用于提交表单数据或上传文件等操作。请求正文的格式取决于请求头中的 Content-Type 字段，常见的 Content-Type 类型有以下几种：

（1）application / x-www-form-urlencoded: 表示表单数据以 URL 编码的形式进行传输。

（2）multipart / form-data: 表示表单数据以多部分的形式进行传输，常用于文件上传。

（3）application / json: 表示请求正文以 JSON 格式进行传输。

通过组合请求行、请求头和请求正文，HTTP 请求报文可以向服务器发送特定的请求，以获取所需的资源或执行特定的操作。请求报文的结构和内容对于实现客户端和服务器之间的通信至关重要。

2）响应报文

HTTP 的响应报文也是由三部分组成：响应行、响应头及响应正文，响应报文结构如图 14-4 所示。

响应行包含 HTTP 版本、状态码和状态消息，格式为

```
HTTP-version Status-Code Status-Message
```

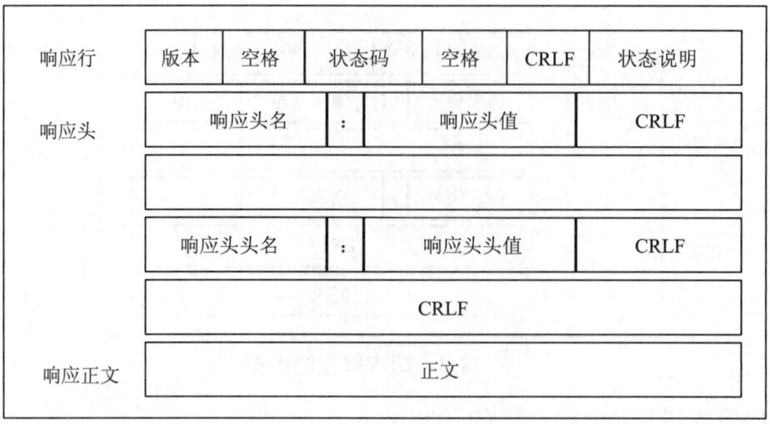

图 14-4 响应报文结构图

状态码是服务器对请求的处理结果的数字代码，常见的 HTTP 状态码及其含义如下：

（1）200 OK：请求成功，服务器成功处理了请求并返回所请求的资源。

（2）204 No Content：服务器成功处理了请求，但在响应报文中没有返回实体的主体部分。

（3）301 Moved Permanently：请求的资源已永久移动到新的 URL，需要更新书签或链接。

（4）302 Found（moved temporarily）：请求的资源临时移动到新的 URL，需要继续使用原始 URL。

（5）304 Not Modified：所请求的资源未修改，服务器返回此状态码时，不会返回任何资源，客户端可以直接使用缓存文件。

（6）400 Bad Request：客户端发送的请求语法错误，服务器无法理解。

（7）401 Unauthorized：请求需要用户身份验证，客户端需要在请求中提供有效的身份验证信息。

（8）403 Forbidden：服务器拒绝请求，可能是因为没有访问权限。

（9）404 Not Found：服务器无法找到所请求的 URL，通常是不存在的资源。

（10）500 Internal Server Error：服务器内部错误，无法完成请求。

（11）502 Bad Gateway：作为网关或代理工作的服务器尝试执行请求时，从远程服务器接收到了一个无效响应。

（12）503 Service Unavailable：服务器当前无法为请求提供服务，通常是由于服务器过载或维护。

（13）504 Gateway Timeout：网关或代理服务器在规定的时间内未能从远端服务器获取到请求。

（14）500 表示服务器内部错误等。这些状态码可以帮助客户端和服务器进行通信，以便更好地处理请求和响应。

响应头由一系列键值对组成，用于描述响应的附加信息，常见的响应头包括 Content-Type、Content-Length、Set-Cookie 等，用于告知客户端一些关于响应的信息。

响应正文是可选的，用于向客户端返回数据，它通常包含服务器返回的 HTML、JSON、文件等内容，格式取决于 Content-Type 字段。

14.1.4 TCP

1. TCP 的概念

TCP（transmission control protocol）是一种面向连接的、可靠的、基于字节流的传输层协议，提供了可靠的、有序的、全双工的数据传输，并通过使用校验和、确认机制和重传机制等机制来保证数据的完整性和可靠性。TCP 的主要特点和功能包括以下几点：

（1）可靠性：TCP 使用确认机制和重传机制来确保数据的可靠传输。发送方在发送数据后会等待接收方的确认，如果没有收到确认，就会重新发送数据，直到接收方成功接收。

（2）有序性：TCP 会按照发送顺序将数据包传递给应用层，即使在网络传输过程中，数据包的顺序发生变化，TCP 也会进行重新排序，确保接收方按照正确的顺序接收数据。

（3）流量控制：TCP 使用滑动窗口机制来控制发送方发送数据的速率，以避免接收方被过多的数据包淹没，导致丢包或拥塞。接收方可以通过调整窗口大小来告知发送方自己的接收能力。

（4）拥塞控制：TCP 使用拥塞控制机制来监测网络的负载情况，避免网络拥塞的发生。它会根据网络的拥塞程度动态调整发送数据的速率，以保持网络的稳定性和可靠性。

（5）连接管理：TCP 是面向连接的协议，它使用三次握手和四次挥手的方式来建立和终止连接。三次握手用于建立连接，并进行双方的初始化，四次挥手用于终止连接，双方协商关闭连接并释放资源。

2. TCP 报文详解

TCP 报文是在 TCP 中用于传输数据的基本单位，它包含了 TCP 头部和 TCP 数据两部分，如图 14-5 所示。

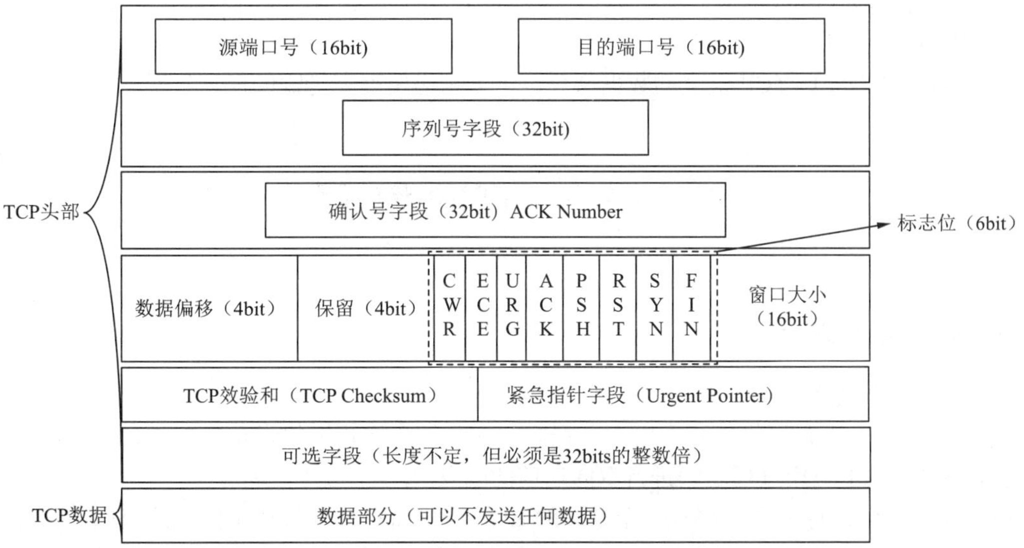

图 14-5　TCP 协议报文

（1）源端口号（source port）：占 16 位，表示发送方的应用程序的端口号。

（2）目的端口号（destination port）：占 16 位，表示接收方的应用程序的端口号。

（3）序列号字段（sequence number）：占 32 位，表示本报文段所发送数据的第一个字节的编号。在 TCP 连接中，发送的数据会按顺序编号，接收方根据序号来组装数据。

（4）确认号字段（acknowledgment number）：占 32 位，表示接收方期望收到的下一个报文段的第一个字节数据的编号。

（5）数据偏移（data offset）：占 4 位，表示 TCP 报文头部的长度，也就是数据部分起始处距离 TCP 报文起始处的字节偏移量。

（6）保留（reserved）：占 4 位，用于预留未来使用的空间。

（7）标志位（flags）：占 6 位，用于指示 TCP 报文的各种标志和控制信息。常用的标志位如下：

① CWR（congestion window reduce）：拥塞窗口减少标志，用来表明接收方收到了设置了 ECE 标志的 TCP 包，并通过减小发送窗口来降低发送速率。

② ECE（ecn echo）：用来在 TCP 三次握手时表明一个 TCP 端是具备 ECN（显式拥塞通告）功能的。

③ URG（urgent）：表示本报文段中是否包含紧急数据。URG = 1 时表示有紧急数据，紧急指针字段才有效。

④ ACK（acknowledgment）：表示确认号字段是否有效。ACK = 1 时表示有效，只有当 ACK = 1 时，确认号字段才有效。

（8）窗口大小（window size）：占 16 位，表示从确认号开始还可以接收多少字节的数据量，也表示当前接收端的接收窗口还有多少剩余空间。窗口大小用于 TCP 的流量控制。

（9）TCP 校验和（TCPchecksum）：占 16 位，用于确认传输的数据是否有损坏。发送方根据数据内容计算一个校验和，接收方根据接收的数据计算一个校验和，两者必须相同才能证明数据有效。

（10）紧急指针字段（urgent pointer）：仅当标志位中的 URG = 1 时才有意义。它指出本报文段中紧急数据的字节数。

（11）可选字段（options）：长度不定，但必须是 32 位的整数倍。可选项字段用于扩展 TCP 头部，并可以包含一些自定义的信息。

（12）数据（data）：TCP 报文的数据部分，可以是应用程序传输的任意数据。

14.2 TCP 编 程

14.2.1 socket 的概念

1. socket 的概念

套接字（socket）是网络编程中的一个概念，它是用于实现网络通信的一种机制，可以看作是网络中不同主机上应用进程之间进行双向通信的端点。

在 TCP / IP 中，每个主机都有一个唯一的 IP 地址，而每个运行在主机上的应用进程都会被分配一个唯一的端口号。套接字通过将 IP 地址、协议类型（如 TCP 或 UDP）以及端口号组合在一起，来唯一标识网络中的一个进程。

套接字可以分为客户端和服务器端。客户端向服务器端发送数据，而服务器端接收并处理这些数据。客户端和服务器端通过套接字进行通信，实现数据的传输和交互。socket 结构图如图 14-6 所示。

2. socket 的分类

流式套接字（SOCK_STREAM）：以字节流方式传输数据，实现 TCP 网络传输方案。它是面向连接的，可靠的。

数据报套接字（SOCK_DGRAM）：以数据形式传输数据，实现 UDP 网络传输方案。它是无连接的，不可靠的

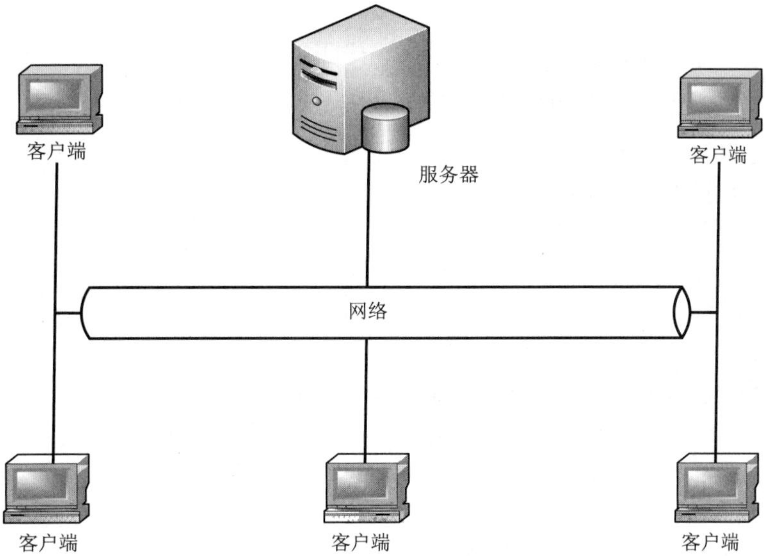

图 14-6　socket 结构图

3. socket 的编程步骤

（1）创建 socket 对象时需要指定协议类型（如 TCP 或 UDP）以及地址族（如 IPv4 或 IPv6）。常见的 socket 对象创建方式有 socket(AF_INET,SOCK_STREAM) 和 socket(AF_INET,SOCK_DGRAM)。

（2）使用 bind() 方法绑定 socket 时需要指定服务器端的 IP 地址和端口号。

（3）使用 connect() 方法连接 socket 时需要指定服务器端的 IP 地址和端口号。

（4）使用 send() 和 recv() 方法发送和接收数据时，需要将数据转换为字节流进行传输。可以将数据发送给对方。

（5）使用 close() 方法关闭 socket 释放资源。

14.2.2　socket 相关函数

在 Python 中，可以使用 socket 模块提供的函数来创建和操作套接字。常用的 socket 相关函数见表 14-1。

表 14-1　常用的 socket 相关函数

函　数	功　能
socket()	创建套接字
bind()	在指定主机的端口绑定监听
listen()	在绑定端口上开启监听
accept()	等待客户端连接，连接后返回客户端地址
send()	发送数据，data 是二进制数据
recv()	接收数据
close()	关闭套接字连接
connect()	请求连接服务端

1. socket() 函数

socket() 函数是 socket 模块中的一个重要函数，用于创建一个新的套接字对象，其语法结构如下：

```
socket(family,type,proto = 0,fileno = None)
```

其中，family 指定地址族，可以使用以下常量：

- AF_INET：IPv4 地址族；
- AF_INET6：IPv6 地址族；
- AF_UNIX：UNIX 域套接字。

type 指定套接字类型，可以使用以下常量：

- SOCK_STREAM 流式套接字（TCP）；
- SOCK_DGRAM 数据报套接字（UDP）；
- SOCK_RAW 原始套接字，可以访问底层网络协议。

proto 可选参数，指定协议类型，默认为 0，表示使用默认协议。

fileno 可选参数，用于指定一个现有的文件描述符来创建套接字对象，返回值即返回一个新的套接字对象。

【示例 14.1】使用 socket() 函数创建套接字。

```
import socket
# 创建一个 TCP 套接字对象
sockfd = socket.socket(family=socket.AF_INET,type = socket.SOCK_STREAM)
```

在上述代码中，创建了一个 TCP 套接字对象并将其赋值给 sockfd 变量，以便后续使用该套接字进行网络通信操作，比如与服务器建立连接、发送和接收数据等。

2. bind() 函数

bind() 函数是套接字对象的一个方法，用于将套接字绑定到指定的地址，其语法结构如下：

```
sockfd.bind(address)
```

其中，address 要绑定的地址，是一个元组表示的 IP 地址和端口号。

【示例 14.2】bind() 函数将套接字绑定到指定地址。

```
import socket
# 创建一个 TCP 套接字对象
sockfd = socket.socket(family = socket.AF_INET,type = socket.SOCK_STREAM)
# 绑定套接字到本地 IP 地址和端口号
sockfd.bind(('127.0.0.1', 8080))
```

在上述代码中，将套接字绑定到指定的地址，以便后续可以监听该地址上的连接请求，或者通过该地址进行通信。

3. listen() 函数

listen() 函数是套接字对象的一个方法，用于开始监听连接请求，其语法结构如下：

```
sockfd.listen(backlog)
```

其中 backlog 指定连接请求的最大数量，即连接请求队列的长度，默认值为 socket.SOMAXCONN，表示系统默认值。

【示例 14.3】使用 listen() 函数开始监听连接请求。

```
import socket
# 创建一个 TCP 套接字对象
sockfd = socket.socket(family=socket.AF_INET,type=socket.SOCK_STREAM)
# 绑定套接字到本地 IP 地址和端口号
sockfd.bind(('127.0.0.1', 8080))
```

```
# 开始监听连接请求
sockfd.listen(5)
```

在上述代码中，将套接字绑定到指定的地址，并开始监听该地址上的连接请求。一旦有连接请求到达，可以通过后续的 accept() 函数来接受连接并进行处理。

4. accept() 函数

accept() 函数是套接字对象的一个方法，用于接受连接请求并返回一个新的套接字对象和客户端地址，其语法结构如下：

```
connfd, addr = sockfd.accept()
```

其中 connfd 一个新的套接字对象，用于与客户端进行通信。addr 是客户端的地址，通常是一个元组表示的 IP 地址和端口号。

【示例 14.4】accept() 函数接受连接请求。

```
import socket
# 创建一个 TCP 套接字对象
sockfd = socket.socket(family=socket.AF_INET,type=socket.SOCK_STREAM)
# 绑定套接字到本地 IP 地址和端口号
sockfd.bind(('127.0.0.1', 8080))
# 开始监听连接请求
sockfd.listen(5)
while True:
    # 接受连接请求并返回新的套接字对象和客户端地址
    connfd, addr = sockfd.accept()
    # 关闭与客户端的连接
    connfd.close()
```

在上述代码中，使用 socket() 函数创建了一个 TCP 套接字对象，并将其赋值给 sockfd 变量。使用 bind() 函数将套接字绑定到本地 IP 地址 127.0.0.1 和端口号 8080 上。使用 listen() 函数开始监听连接请求，指定最大连接请求数量为 5。在一个循环中通过 accept() 函数接受连接请求，并返回一个新的套接字对象 connfd 和客户端地址 addr。通过 connfd 与客户端进行通信和处理请求。最后，调用 close() 函数关闭 connfd 套接字对象，关闭与客户端的连接。

5. send() 函数

send() 函数是套接字对象的一个方法，用于发送数据到已连接的套接字，其语法结构如下：

```
n = connfd.send(data)
```

其中 data 表示要发送的数据，可以是字符串或字节流。n 是成功发送的字节数。

【示例 14.5】使用 send() 函数发送数据。

```
import socket
# 创建一个 TCP 套接字对象
sockfd = socket.socket(family=socket.AF_INET,type=socket.SOCK_STREAM)
# 连接到服务器
sockfd.connect(('127.0.0.1', 8080))
# 要发送的数据
data = 'Hello, server!'
# 发送数据并返回成功发送的字节数
n = sockfd.send(data.encode())
# 打印成功发送的字节数
print('Successfully sent', n, 'bytes')
```

在上述代码中，将字符串编码为字节流，并通过 send() 函数发送，并打印成功发送的字节数。

6. recv() 函数

recv() 函数是套接字对象的一个方法，用于从已连接的套接字接收数据，其语法结构如下：

```
data = connfd.recv(bufsize)
```

其中 bufsize 表示最多接收的字节数。返回值 data 表示接收到的数据，为字节流。

【示例 14.6】使用 recv() 函数接收数据。

```
import socket
# 创建一个 TCP 套接字对象
sockfd = socket.socket(family=socket.AF_INET,type=socket.SOCK_STREAM)
# 连接到服务器
sockfd.connect(('127.0.0.1', 8080))
# 接收数据
data = sockfd.recv(1024)
# 将接收到的字节流解码为字符串
received_data = data.decode()
# 打印接收到的数据
print('Receiveddata:',received_data)
```

在上述代码中，指定最多接收 1024 个字节的数据。接收到的字节流通常需要解码为字符串，可以使用 decode() 函数将字节流解码为字符串。最后，打印接收到的数据。

7. close() 函数

close() 函数是套接字对象的一个方法，用于关闭套接字连接，其语法结构如下：

```
sockfd.close()
```

【示例 14.7】close() 函数关闭套接字连接。

```
import socket
# 创建一个 TCP 套接字对象
sockfd = socket.socket(family=socket.AF_INET,type=socket.SOCK_STREAM)
# 连接到服务器
sockfd.connect(('127.0.0.1', 8080))
# 关闭套接字连接
sockfd.close()
```

在上述代码中，使用 socket() 函数创建了一个 TCP 套接字对象，并将其赋值给 sockfd 变量。

使用 connect() 函数连接到服务器的 IP 地址 127.0.0.1 和端口号 8080 上。

通过调用 close() 函数关闭套接字连接。

8. connect() 函数

connect() 函数是套接字对象的一个方法，用于连接到指定的地址，其语法结构如下：

```
sockfd.connect(address)
```

其中 address 表示要连接的服务器的地址。可以是一个元组，包含服务器的 IP 地址和端口号。

【示例 14.8】使用 connect() 函数连接到服务器。

```
import socket
# 创建一个 TCP 套接字对象
sockfd = socket.socket(family=socket.AF_INET,type=socket.SOCK_STREAM)
# 连接到服务器
sockfd.connect(('127.0.0.1', 8080))
```

在上述代码中，先使用 socket() 函数创建了一个 TCP 套接字对象，并将其赋值给 sockfd 变量。然后通过调用 connect() 函数，连接到服务器上。

14.2.3　TCP 套接字编程

1. TCP 客户端服务器交互流程

整个 TCP 客户端服务器交互流程可以分为以下几个步骤：

（1）创建套接字：首先，使用 socket.socket() 函数创建一个套接字对象，并指定地址族为 socket.AF_INET，类型为 socket.SOCK_STREAM，即创建一个流式套接字。

（2）绑定地址和端口：使用 bind() 函数将套接字绑定到指定地址和端口上。

（3）开启监听：使用 listen() 函数开启套接字的监听模式，指定监听队列的大小为 5。这样，套接字就可以接受客户端的连接请求了。

（4）接受客户端连接：通过调用 accept() 函数，套接字进入阻塞状态，等待客户端的连接请求。一旦有客户端连接成功，accept() 函数将返回一个新的套接字对象和客户端的地址。

（5）处理客户端请求：通过前面返回的套接字对象进行客户端请求的处理。使用 recv() 函数接收客户端发送的消息，可指定消息的最大长度。使用 send() 函数向可客户端发送消息。

（6）关闭连接：使用 close() 函数关闭客户端的套接字连接。

2. TCP 套接字编程服务端代码实现

【示例 14.9】TCP 套接字编程服务端代码。

```
import socket
# 创建流式套接字
sockfd = socket.socket(socket.AF_INET, socket.SOCK_STREAM)
# 在本机 8888 端口绑定监听
sockfd.bind(('127.0.0.1', 8888))
# 开启监听，监听队列大小为 5
sockfd.listen(5)
while True:
    print("Waiting for connect....")
    try:
        # 阻塞等待客户端连接
        connfd, addr = sockfd.accept()
        print("Connect from:", addr)
    except KeyboardInterrupt:
        print(" 退出服务 ")
        break
    while True:
        # 接收客户端消息
        data = connfd.recv(1024)
        if not data:
            break
        print(" 接收到的消息是 :", data.decode())
        # 向客户端发送消息
        n = connfd.send(b'Receive your message')
        print(" 发送了 %d 个字节数据 " % n)
    connfd.close()
sockfd.close()
```

服务端运行结果：

```
Waiting for connect. ...
Connect from: ( '127.0.0.1',61767)
接收到的消息是 :hello
发送了 20 个字节数据
```

```
Waiting for connect. . ..
```

3. TCP 套接字编程客户端代码实现

【示例 14.10】TCP 套接字编程客户端代码。

```
import socket
# 创建流式套接字
sockfd = socket.socket(socket.AF_INET, socket.SOCK_STREAM)
# 连接服务端
server_addr = ('127.0.0.1', 8888)
sockfd.connect(server_addr)
while True:
    data = input("发送消息:")
    if not data:
        break
    # 向服务端发送消息
    sockfd.send(data.encode())
    # 从服务端接收到的消息
    recv_data = sockfd.recv(1024)
    print("From Server:", recv_data.decode())
sockfd.close()
```

客户端运行结果：

```
发送消息:hello
From Server: Receive your message
发送消息:
Process finished with exit code 0
```

TCP 套接字编程整个过程分为以下几个步骤：创建套接字、绑定地址和端口、开启监听、接受客户端连接、处理客户端请求、关闭连接和关闭套接字。

14.3 UDP 编 程

14.3.1 UDP

UDP（userdatagram protocol）是无连接、不可靠的数据传输协议，它不保证数据的可靠传输，也不保证数据的顺序传输。UDP 相比于 TCP 协议，具有传输速度快、实时性强等优点，适用于对数据准确性要求不高、实时性要求高的场景，例如，在线游戏、视频直播等。

UDP（userdatagram protocol）是一种无连接、不可靠的传输层协议，具有以下特点：

（1）无连接性：UDP 不需要在发送数据之前先建立连接，也不需要对数据进行确认和重传。发送方直接将数据打包成数据报发送，接收方收到数据报后直接提取数据，无须双方之间的握手和维护连接状态。

（2）不可靠性：UDP 不保证数据的可靠传输，它不对数据的发送和接收进行确认，也不重传丢失的数据报。因此，如果某个数据报在传输过程中丢失或损坏，接收方将无法得知。

（3）高效性：UDP 的无连接性和不可靠性使得它的开销较小，传输效率较高。它不需要建立和维护连接状态，也不需要进行确认和重传操作，因此在网络传输中的开销较小。

（4）面向报文：UDP 将应用层传输的数据按照数据报进行封装和传输，每个数据报包含了完整的数据和相关的控制信息，接收方按照数据报的边界进行处理。

（5）无拥塞控制：UDP 没有拥塞控制机制，即使网络出现拥塞，发送方也不会降低发送速率，而是继续发送数据。这可能会导致网络拥塞进一步加剧，造成数据丢失或延迟。

（6）UDP 适用于对实时性要求较高、但对数据可靠性要求较低的应用场景，如音视频传输、实时游戏等。但需要注意的是，在使用 UDP 时，需要在应用层对数据的校验、重传和排序等进行处理，以保证数据的正确性和完整性。

14.3.2　UDP 相关函数

在 Python 中，UDP 相关函数提供了 UDP 通信所需的基本功能，通过 UDP 函数，可以创建 UDP 套接字对象，绑定套接字到指定的地址和端口号，发送数据到指定的目标地址，接收来自其他主机的数据，并在不需要时关闭套接字。

1. recvfrom() 函数

recvfrom() 函数是 Python 中用于接收 UDP 数据的方法。它的语法结构如下：

```
data, addr = sockfd.recvfrom(bufsize)
```

其中，sockfd 是一个已创建的套接字对象，bufsize 是接收缓冲区的大小。该方法会阻塞程序的运行，直到接收到数据为止。该方法返回一个包含接收到的数据和发送方地址的元组。data 是一个字节序列，包含了接收到的数据内容。addr 是一个元组，包含了发送方的 IP 地址和端口号。

使用 recvfrom() 方法接收 UDP 数据的过程如下：

（1）创建一个 UDP 套接字对象，可以使用 socket.socket() 方法来创建。

（2）调用 recvfrom() 方法进行数据的接收。可以通过设置 bufsize 参数来指定接收缓冲区的大小。

（3）程序会阻塞在 recvfrom() 方法上，直到接收到数据。

（4）接收到的数据会保存在 data 变量中，可以根据需要进行处理。

（5）发送方的 IP 地址和端口号会保存在 addr 变量中，可以根据需要进行处理。

需要注意的是，接收缓冲区的大小应根据实际情况来设置。如果接收的数据超过了缓冲区的大小，数据会被截断。如果接收的数据比缓冲区小，缓冲区中可能会包含之前接收到的数据。另外，recvfrom() 方法也可以接收其他参数，如 flags 等，用于设置接收数据的方式和选项。但一般情况下，只需要使用 bufsize 参数即可。

2. sendto() 函数

sendto() 函数是 Python 中用于发送 UDP 数据的函数，其语法结构如下：

```
n = sockfd.sendto(data, addr)
```

其中，sockfd 表示套接字对象，通过 socket.socket() 函数创建，它表示要发送数据的套接字。data 为要发送的数据，可以是字符串或字节类型，在发送之前，会将其转换为字节类型。addr 为目标地址，是一个元组，包含目标 IP 地址和端口号。函数返回值 n 表示实际发送的字节数。

使用 sendto() 函数，可以将指定的数据发送给指定的目标地址。在 UDP 通信中，由于 UDP 是无连接的，发送数据时不需要事先建立连接。数据将被封装成 UDP 数据包，包含目标地址和端口号，然后通过套接字发送出去。

需要注意的是，UDP 是一种不可靠的协议，因此无法保证数据的可靠性和顺序性。在使用 sendto() 函数发送数据时，可能会遇到数据丢失、乱序等问题，需要在应用层对数据进行处理。

14.3.3 UDP 套接字编程

1. 注意事项

在进行 UDP 套接字编程时，需要注意以下几点：

（1）UDP 是无连接的协议，发送数据时不需要事先建立连接。因此，每次发送数据都需要指定目标地址。

（2）UDP 是不可靠的协议，无法保证数据的可靠性和顺序性。因此，在应用层需要对数据进行处理，例如，设置超时重传机制、设置序列号等。

（3）在发送和接收数据时，需要进行数据类型的转换。发送时，可以使用 encode() 函数将字符串转换为字节类型。接收时，可以使用 decode() 函数将字节类型转换为字符串。

（4）在进行网络通信时，需要确保服务器和客户端使用相同的协议、IP 地址和端口号。

（5）套接字编程中，异常处理是必要的。可以使用 try…except 语句来捕获异常，处理可能出现的错误情况。

2. UDP 客户端服务器交互流程步骤

（1）服务器端创建数据报套接字：在服务器端创建一个数据报套接字，使用 socket.socket() 函数创建套接字对象。这里使用的是 IPv4 和 UDP，因此传入参数为 socket.AF_INET 和 socket.SOCK_DGRAM。

（2）服务器端绑定端口监听：将服务器的套接字绑定到一个地址和端口号上，以便监听来自客户端的数据。这里使用的是 bind() 函数，传入参数为服务器的地址和端口号。

（3）服务器端接收消息：服务器通过 recvfrom() 函数接收来自客户端的数据。该函数需要指定接收缓冲区的大小，并返回接收到的数据和发送方的地址信息。

（4）服务器端发送消息：服务器通过 sendto() 函数将回复消息发送给客户端。该函数需要传入要发送的数据和客户端的地址信息。

（5）服务器端关闭套接字：在完成数据交互后，服务器通过 close() 函数关闭套接字，释放资源。

（6）客户端创建数据报套接字：客户端也需要创建一个数据报套接字，使用与服务器端相同的参数。

（7）客户端发送消息：客户端通过 sendto() 函数将要发送的消息以字节类型发送给服务器端。

（8）客户端接收消息：客户端通过 recvfrom() 函数接收来自服务器端的回复消息。该函数需要指定接收缓冲区的大小，并返回接收到的数据和发送方的地址信息。

（9）客户端关闭套接字:在完成数据交互后,客户端通过 close() 函数关闭套接字,释放资源。

整个过程可以简述为服务器端先绑定端口并监听，然后接收来自客户端的消息，并回复消息给客户端；客户端先创建套接字，然后发送消息给服务器端，并接收服务器的回复消息。

3. UDP 套接字编程服务端代码实现

【示例 14.11】UDP 套接字编程服务端代码。

```
import socket
# 创建数据报套接字
sockfd = socket.socket(socket.AF_INET, socket.SOCK_DGRAM)
# 绑定端口监听
server_addr = ('127.0.0.1', 8088)
sockfd.bind(server_addr)
# 接收消息
```

```
data, addr = sockfd.recvfrom(1024)
print("接收到的消息是:", data.decode())
# 发送消息
sockfd.sendto(b"I Received, Thank you", addr)
# 关闭套接字
sockfd.close()
```

服务端运行结果：

```
从('127.0.0.1', 49393)接收到的消息是:你好
```

4. UDP 套接字编程客户端代码实现

【示例 14.12】UDP 套接字编程客户端代码。

```
import socket
# 创建数据报套接字
sockfd = socket.socket(socket.AF_INET, socket.SOCK_DGRAM)
addr = ('127.0.0.1', 8088)
data = input("输入消息:")
# 发送消息
sockfd.sendto(data.encode(), addr)
# 接收消息
msg, addr = sockfd.recvfrom(1024)
print("Message:", msg.decode())
sockfd.close()
```

客户端运行结果：

```
输入消息: 你好
Message: I Received,Thank you
```

14.4 项目实训

14.4.1 实训需求

信息时代，微信作为一款综合性的即时通信软件，是当前非常火爆的一个聊天软件，具有多种功能，其中，可以通过微信可以实现给其他人发信息，还可以接收其他人发来的信息。现需要编写一个程序，模拟一个简单的聊天功能，可以实现客户端和服务器之间的信息收发。

14.4.2 实训步骤

（1）在 chart_server.py 文件中编写服务端程序。首先，导入 socket 模块，创建一个服务端的 socket 对象，并使用 bind() 方法将其绑定到本地的 8888 端口。其次，使用 listen() 方法开始监听客户端的连接请求。然后，使用 accept() 方法接收客户端的连接，并返回一个新的 socket 对象和客户端的地址。接着，在一个无限循环中，使用 recv() 方法接收客户端发送的消息，并将其打印出来。最后，使用 input() 方法获取输入的消息，并使用 send() 方法将其发送给客户端。

```
import socket
server = socket.socket(socket.AF_INET, socket.SOCK_STREAM)
# 绑定当前设备 8888 端口
server.bind(('0.0.0.0', 8888))
```

```
server.listen()
sock_cli, addr = server.accept()

while True:
    data = sock_cli.recv(1024)
    print("客户端:", data.decode('utf8'))
    input_msg = input("服务器:")
    sock_cli.send(input_msg.encode('utf8'))
```

（2）在 chart_client.py 文件中编写客户端程序。同样导入 socket 模块，创建一个客户端的 socket 对象，并使用 connect() 方法连接到服务端的 IP 地址和端口号。在一个无限循环中，使用 input() 方法获取输入的消息，并使用 send() 方法将其发送给服务端。然后使用 recv() 方法接收服务端发送的消息，并将其打印出来，实现代码如下。

```
import socket

client = socket.socket(socket.AF_INET, socket.SOCK_STREAM)
client.connect(('127.0.0.1', 8888))
while True:
    send_msg = input("客户端:")
    client.send(send_msg.encode('utf8'))
    recv_data = client.recv(1024)
    print("服务端:", recv_data.decode('utf8'))
```

14.4.3 实现效果

首先运行 chart_server.py，再运行 chart_client.py，然后便可在服务端和客户端之间开启聊天。

（1）客户端运行结果：

```
客户端发出信息：你好，服务器
客户端收到信息：你好，客户端
客户端发出信息：来聊天吧
客户端收到信息：好的，你想聊什么
客户端发出信息∵聊聊未来的梦想吧
```

（2）服务端运行结果：

```
服务端收到信息：你好，服务器
服务端发出信息：你好，客户端
服务端收到信息：来聊天吧
服务端发出信息：好的，你想聊什么
服务端收到信息：聊聊未来的梦想吧
服务端发出信息：
```

小　结

本章主要介绍了 OSI 网络七层模型，包括物理层、数据链路层、网络层、传输层、会话层、表示层和应用层，以及每层的功能和作用；HTTP 的版本，包括 HTTP / 1.0 和 HTTP / 1.1，以及 HTTP 的报文结构，包括请求报文和响应报文的格式和组成部分；TCP 协议的报文结构，包括 TCP 头部和 TCP 数据部分；TCP 的定义和特点，以及在 Python 中使用 socket 模块进行 TCP 套接字编程的相关函数和方法。介绍了 UDP 的定义和特点，以及在 Python 中使用 socket 模块进行 UDP 套接字编程的相关函数和方法，包括 socket()、bind()、sendto() 和 recvfrom() 等。

通过学习本章内容，可以掌握网络通信中的协议和套接字编程的基本知识和技能，从而能够实现简单的网络通信和网络应用开发。

习　题

一、选择题

1. OSI 网络七层模型中，负责将数据转化为电信号在物理媒介上进行传输是（　　）。

A. 物理层　　B. 数据链路层　　C. 网络层　　D. 传输层

2. HTTP 的（　　）版本引入了持久连接，可以复用连接，减少了连接的建立和关闭的开销。

A. HTTP / 1.0　　B. HTTP / 1.1　　C. HTTP / 2　　D. HTTP / 3

3. TCP 的四次挥手过程中，表示客户端希望关闭连接是（　　）。

A. 第一次挥手　　B. 第二次挥手　　C. 第三次挥手　　D. 第四次挥手

4. 在 TCP 套接字编程中，用于建立连接的函数是（　　）。

A. bind()　　B. listen()　　C. accept()　　D. connect()

5. 在 UDP 套接字编程中，用于发送数据包给对方的函数是（　　）。

A. bind()　　B. listen()　　C. accept()　　D. sendto()

二、简答题

1. OSI 网络七层模型中，每一层的功能是什么？举例说明各层的具体作用。

2. HTTP 有哪些常见的版本？它们之间有什么区别？

3. HTTP 请求报文和响应报文的结构是怎样的？请详细解释每个部分的含义和作用。

4. TCP 的三次握手过程是什么？为什么需要进行三次握手？

5. TCP 协议的四次挥手过程是什么？为什么需要进行四次挥手？

6. 在 Python 中，如何使用 Socket 模块创建一个 TCP 服务器和 TCP 客户端？

7. 在 Python 中，如何使用 Socket 模块创建一个 UDP 服务器和 UDP 客户端？

8. TCP 和 UDP 分别适用于哪些场景？请举例说明。

9. 在网络编程中，socket 编程中的 bind()、listen()、accept()、connect()、send() 和 recv() 等函数分别有什么作用？

10. 什么是 socket 编程中的 TCP 套接字和 UDP 套接字？它们之间有什么区别？